Werkzeugkasten
Wissensmanagement

Angelika Mittelmann

Werkzeugkasten Wissensmanagement

Gastbeiträge
von
Manfred della Schiava
Simon Dückert
Grit Terhoeven

Bibliografische Information der Deutschen Nationalbibliothek

Die Deutsche Nationalbibliothek verzeichnet diese Publikation in der Deutschen Nationalbibliografie; detaillierte bibliografische Daten sind im Internet über http://dnb.d-nb.de abrufbar.

Impressum:

© 2011 Angelika Mittelmann

Herstellung und Verlag:
Books on Demand GmbH, Norderstedt

ISBN 978-3-8423-7087-6

Danksagung

Dieses Buch wäre nie geschrieben worden und hätte nicht die Qualität erreicht, wenn nicht viele „gute Geister" mich in vielerlei Hinsicht unterstützt hätten. Als erste möchte ich Brigitte Melzig nennen, die mich während der gesamten Schreibphase begleitet, jede Methode gelesen und auf Verständlichkeit sowie Fehler geprüft hat.

Mein Dank gilt ebenfalls der Autorin und den Autoren der Gastbeiträge, die mich auch bei meinem Vorhaben bestärkt und fachlich beraten haben:

o *Grit Terhoeven* – TransferWerk

o *Manfred della Schiava* – quICK win Produktivitätsanalyse

o *Simon Dückert* – Expert Debriefing

Martina Augl (Critical Incident Technik), Andreas Brandner (Wissensorientiertes Mitarbeitergespräch), Christine Erlach (Narrativer Wissenstransfer), Anne-Rose Haarmann (Wissensstafette), Irene Häntschel-Erhart (K2BE Roadmap), Gertrud Mittelmann (Lerntagebuch), Michaela Strutzenberger (Wissensstafette) und Josef Oberneder (Knowledge Flow Meeting) sind mir bei den genannten Methoden mit Rat und Tat zur Seite gestanden.

Die Methodenauswahl selbst und die Struktur der Methodenbeschreibung haben durch ihr wertvolles Feedback wesentlich beeinflusst: Dagmar Auer, Franz Auinger, Sabine Baillon, Rudolf Dornik, Wolfgang Dust, Willi Geisbauer, Ingrid Heinz, Gerhard Kapl, Andrea Kirschbichler, Richard Pircher, Erich Platzer, Georg Sagerer, Gerhard Schatzl, Wieland Stützel und Kurt Wöls.

Anja Westerfrölke hat mich zur farblichen, grafischen und typografischen Gestaltung des Buches dankenswerterweise beraten. Christian Leeb unterstützt die Verbreitung dieses Buches durch Nutzung seines weitläufigen persönlichen Netzwerkes.

Last but not least hat mir meine Familie nicht nur durch viel Geduld, sondern auch tatkräftig geholfen. Meine Schwiegertochter Daniela hat die Grafik des Buchtitels gestaltet. Mein Mann Rudolf hat mir nicht nur Feedback zum gesamten Buchinhalt gegeben, sondern auch alle Grafiken rund um den Semantischen Raum entworfen und das Buch druckfertig gemacht. Meine Schwester Ilse Wagner hat in altbewährter Weise das Buch Korrektur gelesen.

Geleitworte

Vom Faustkeil zur Kompetenzmatrix

Die Entwicklung der Menschheit lässt sich an ihren Werkzeugen ablesen: Vom Faustkeil zum Laserschneider wurden die Hilfsmittel zur Bewältigung von Aufgaben ständig weiter ausdifferenziert. Ihre Beherrschung erfordert Grundlagenwissen und z.T. langjährige Erfahrung. Mit der zunehmenden Bedeutung von Informationen und Wissen als (Re-)produktionsfaktoren benötigen wir anstelle der Faustkeile „Hirnkeile", die uns helfen, Informations- und Wissensflüsse in unterschiedlichen Kontexten in Gang zu setzen, ihnen Richtung zu geben und sie aufrecht zu erhalten. Hierbei gilt das Prinzip „Die Aufgabe und die Fähigkeiten der Anwender bestimmen das Werkzeug".

Wir benötigen Werkzeuge zum Lernen, zum Austauschen, Strukturieren, Aufbewahren und (Wieder-)finden unseres Wissens. Zur Bewältigung spezifischer Aufgabengebiete entstanden Handwerksgilden und akademische Disziplinen, deren Identität von ihren Methoden und Werkzeugen geprägt wird. Die Zünfte führen meist ein charakteristisches Werkzeug in ihrem Wappen. Welches Werkzeug würde die Zunft der Wissensmanager in ihrem Wappen führen? Wäre es ein Wissensbaum, ein Kompetenzrad oder ein großes Ohr als Symbol fürs Zuhören?

Mit der Professionalisierung von Wissensmanagement benötigen wir auch eine Systematisierung seiner Werkzeuge. Hierzu leistet das vorliegende Buch einen hervorragenden Beitrag.

Ich wünsche den Werkzeugen viele kompetente Anwender und zufriedene Nutzer!

Wiesbaden, im Sommer 2011
Prof. Dr. Klaus North

Einen One-Size-Fits-All-Ansatz gibt es nicht

In den letzten 20 Jahren sind viele Bücher zu Wissensmanagement erschienen und der Leser fragt sich jetzt vielleicht „Warum noch eines?". Der Grund mag in den Erkenntnissen liegen, die in der Vergangenheit in Bezug auf die noch junge Disziplin gewonnen wurden. Es hat sich die Einsicht verbreitet, dass der reine Fokus auf IT-Lösungen (wir erinnern uns an die mittlerweile berüchtigte „Wissensdatenbank") genauso wie andere monodisziplinäre Ansätze zu kurz greifen und wenig erfolgversprechend sind.

Wissensmanagement ist vielmehr als Management-Innovation für das 21. Jahrhundert zu verstehen, in dem Wissen die Schlüsselressource ist und Wissensgesellschaften erfolgreich sein werden. Da Lernen der Prozess ist, der zu mehr oder besserem Wissen führt, ist es die Hauptaufgabe des Managements, ihre Organisationen so zu führen und zu gestalten, dass sie sich zu einer Lernenden Organisation entwickeln. Das D-A-CH Wissensmanagement Glossar definiert eine Lernende Organisation als Organisation mit der Fähigkeit, Wissen zu entwickeln, zu erwerben und zu (ver-)teilen sowie ihr Verhalten auf Basis neuer Einsichten zu verändern. Wissensmanagement hat also mit der Veränderung von Führungsprinzipien und -praktiken und nicht mit der Einführung technischer Systeme zu tun.

Diese notwendigen Veränderungen sind aber in der Praxis nicht so leicht zu bewerkstelligen, da eingefahrene Systeme ein großes Beharrungsvermögen haben. Der motivierte Aktivist in einer Organisation, der oft nicht in den Reihen des Top-Managements angesiedelt ist, muss einen für seine Organisation passenden Weg finden. Eine Standardlösung, ein 3-Schritt-Vorgehensmodell oder einen One-Size-Fits-All-Ansatz gibt es aufgrund der Verschiedenartigkeit von Organisationen nicht.

Genau an dieser Stelle ist die vorliegende Methodensammlung mit ihrer großen Bandbreite außerordentlich wertvoll. Der Praktiker kann sie sowohl im Prozess der Visions- als auch der Maßnahmenfindung verwenden, um systematisch die geeigneten Werkzeuge auszuwählen und auf den Erfahrungen vieler Praktiker aufzubauen. Ich wünsche mir, dass die Sammlung in den kommenden Jahren um viele weitere Methoden und Erfahrungen ergänzt wird und dabei hilft, Wissensmanagement zu einer weltweiten Massenbewegung zu machen.

Nürnberg, im Juni 2011
Simon Dückert, CEO der Cogneon GmbH

Wissen entzieht sich einem klassischen Managementansatz

Wenn ich „Werkzeugkasten" und „Wissensmanagement" höre, dann werde ich unweigerlich skeptisch: Ein Werkzeugkasten sagt ja normalerweise nichts über den sinnvollen Gebrauch eines Werkzeugs aus, und Wissensmanagement ist aus meiner Sicht ein schon lange strapaziertes Wort, weil Wissen alles und nichts ist und Wissen sich einem klassischen Managementansatz entzieht.

Umso mehr bin ich von der professionellen Systematik und verständlichen Beschreibung von über 60 Methoden begeistert, die Angelika Mittelmann übersichtlich und praxisnahe – mit tollen Beispielen untermauert und mit Literaturangaben hinterlegt – in diesem Buch darlegt.

Ein Muss für alle Wissens-Praktiker und solche, die es noch werden wollen, also für uns alle!

Linz, im Juni 2011
Christian H. Leeb, serial entrepreneur

Inhaltsverzeichnis

ÜBERBLICK UND NAVIGATIONSHILFE   **13**

Semantischer Raum des Wissensmanagements 13

Die fünf Fächer des Werkzeugkastens 17

Navigieren im Semantischen Raum 20

1   DIE EIGENEN KOMPETENZEN ENTWICKELN   **23**

MURDER-Schema 24

Denkstühle 28

Mikrolernen 30

Serious Games 34

Lernpartnerannonce 38

Lernpartnerschaft 40

Coaching 43

Mentoring 45

Lerntagebuch 47

Mikroartikel 50

Persönliche Wissensbank 52

Portfolio und E-Portfolio 54

Kompetenz-Portfolio 60

Wissensorientiertes Mitarbeitergespräch 62

2   ORGANISATIONALES LERNEN ENTFALTEN   **65**

Wissensentwicklungskarten 66

Manöverkritiksitzung 68

Befragung 71

Lessons Learned Prozess 74

Storytelling 80

Narrativer Wissenstransfer (Story Telling) 84

Expert Debriefing 95

Wissensmeeting 104

Knowledge Flow Meeting 108

Lerntag 112

Aktionslernen 113

Projektlernen 116

Tobin's q 119

3   BEZIEHUNGEN UND KOMMUNIKATION   123

Egozentrierte Beziehungslandkarte 124

Wissensträgerkarten 127

Soziale Netzwerkanalyse 130

Beziehungsmanagement 137

Sechs Denkhüte 139

Wissensnetzwerk 142

Kommunikationsforum 147

Knowledge Café 150

Dialog 155

Pausenraum 160

4   WISSENSSTRUKTUREN UND -BESTÄNDE   163

Mind Mapping 164

Assoziationspaarbildung 166

Metapher 169

Morphologisches Tableau 171

Checkliste 174

Handbuch 176

FAQ 177

LernCard 178

Wissenskarten 180

Argumentationskarten 186

Wissensbestandskarten 190

Wissensstrukturkarten 192

Ontologieentwicklung 196

5   PROZESSE MIT WISSENSORIENTIERUNG   201

Wissensanwendungskarten 202

Job Rotation 203

Planspiel 205

Szenariotechnik 209

Critical Incident Technik 213

Wissensorientierte Geschäftsprozessanalyse 218

Partisanen Methode 225

K2BE Roadmap 227

quICK win Produktivitätsanalyse 244

Wissensmanagement Benchmarking 248

Balanced Scorecard 256

Wissensbilanz 262

EPILOG   271

INDEX   273

Überblick und Navigationshilfe

Ohne Wissen ist jede Handlung nichts,
ohne Handlung ist jedes Wissen nichts.

Wissensmanagement ist mittlerweile den Kinderschuhen entwachsen. In vielen Unternehmen hat es einen gewissen Stellenwert erlangt, in manchen wird ihm strategische Bedeutung beigemessen. Ob und inwieweit Wissensmanagement in einem Unternehmen Eingang gefunden hat, ist daran zu erkennen, welche und wie viele Werkzeuge des Wissensmanagements zum Einsatz kommen sowie in welcher Kombination sie benutzt werden. Den mit Wissensmanagement Beauftragten stellt sich immer wieder die Frage, ob die richtigen Werkzeuge verwendet werden bzw. ob andere oder weitere noch besser geeignet wären, die Unternehmensziele zu unterstützen.

Der vorliegende Werkzeugkasten wendet sich an diese Praktiker. Gut sortiert, findet der erfahrene Wissensmanager für viele seiner Herausforderungen im Wissensmanagement-Alltag die passenden Methoden und Werkzeuge. Es wird weitgehend auf die Beschreibung von Grundlagen verzichtet, sie werden als gegeben vorausgesetzt.

Die Bandbreite der über 60 Methoden ist so gewählt, dass ein breites Spektrum von Anwendungsfällen abgedeckt werden kann. Methoden, die dem persönlichen Wissensmanagement dienen, sind hier zu finden bis hin zu Einführungsmethoden für organisationales Wissensmanagement oder Steuerungsmethoden für das intellektuelle Kapital eines Unternehmens. Viele der Methodenbeschreibungen sind so abgefasst, dass sie - etwas Erfahrung im Wissensmanagement vorausgesetzt - unmittelbar angewendet werden können.

Semantischer Raum des Wissensmanagements

Ein Werkzeugkasten ist nur dann gut verwendbar, wenn man benötigte Werkzeuge rasch findet. In handelsüblichen Werkzeugkästen sind Fächer eingebaut, in die die Werkzeuge passgenau einsortiert werden können. Für den Werkzeugkasten Wissensmanagement ist dafür der Semantische Raum des Wissensmanagements (siehe Abbildung 1) eingerichtet. Dieser spannt sich über neun Entitäten (Wissensträger, Organisationen, Prozesse, Kompetenzen, Beziehungen, Wissensgebiete, Kategorien, Wissensobjekte, Orte) auf, die im Fokus von Wissensmanagementaktivitäten liegen. Jede Methode findet darin ihren spezifischen Platz und kann dort leicht gefunden werden.

Die Entitäten tragen im Kontext des Semantischen Raums folgende Bedeutungen:

 Mit der Entität *Wissensträger* (Wt) sind alle Menschen gemeint, die im Laufe ihres Lebens Wissen und Erfahrungen gesammelt haben, die für andere wertvoll sein können. Im Kontext von Wissensmanagement ist es besonders wichtig, dass die Wissensträger bereit sind, ihren Wissens- und Erfahrungsschatz mit anderen zu teilen.

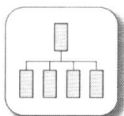 Die Entität *Organisationen* (Or) umschließt soziale Gefüge von Menschen, die gemeinsam ein bestimmtes Ziel verfolgen. Organisationen können Unternehmensteile, einzelne Unternehmen oder Unternehmensnetzwerke sein.

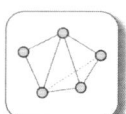 Die Entität *Beziehungen* (Bz) trägt im Semantischen Raum zwei deutlich unterscheidbare Bedeutungen. Zum einen umfassen sie die sozialen Bindungen zwischen Wissensträgern. Zum anderen repräsentieren sie Zusammenhänge zwischen verschiedenen Entitäten und dienen damit der Strukturierung von Wissensgebieten.

 Die Entität *Prozesse* (Pr) beinhaltet alle Abläufe in einem Unternehmen, die die Herstellung von Produkten oder die Erbringung einer Dienstleistung zum Ziel haben. Oft wird diese Entität auch als Geschäftsprozess bezeichnet.

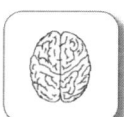 Die Entität *Kompetenzen* (Ko) umspannt die Fähigkeiten, Fertigkeiten, das Wissen und die Erfahrungen eines Wissensträgers oder einer Organisation. Nicht damit gemeint ist die Zuständigkeit oder das Zuständigsein einer Person für die Erbringung einer bestimmten Leistung oder für die Lösung eines Problems.

 Die Entität *Wissensgebiete* (Wg) schließt alle Themen und Begriffe klar unterscheidbarer Fachbereiche ein. Synonym für Wissensgebiete werden die Begriffe Wissensbereich oder Wissensdomäne verwendet.

 Die Entität *Kategorien* (Ka) enthält alle Grundbegriffe eines Wissensgebiets. Diese Grundbegriffe können in ihrer Bedeutung klar voneinander abgegrenzt werden. Sie dienen in weiterer Folge der Beschlagwortung von Wissensobjekten.

 Die Entität *Wissensobjekte* (Wo) inkludiert sowohl die physischen als auch die virtuellen Artefakte, in denen die Wissensträger ihr Wissen und ihre Erfahrungen manifestieren.

 Die Entität *Orte* (Ot) umfasst sowohl physische Orte wie zB Gebäude oder Zimmer als auch virtuelle Orte wie Fileserver oder virtuelle Kommunikationsräume im Internet.

Dreh- und Angelpunkt jeder Wissensmanagementaktivität sind die *Wissensträger*, die damit im Zentrum bzw. am höchsten Punkt des Semantischen Raums zu finden sind. Wissensträger haben *Kompetenzen*, führen *Prozesse* aus und arbeiten in und für *Organisationen*. Organisationen besitzen ebenso wie Wissensträger Kompetenzen und betreiben Prozesse, um ihren Geschäftszweck zu erfüllen.

Da *Beziehungen* von besonderer Bedeutung für das Wissensmanagement sind, scheinen sie als eigene Entität im Semantischen Raum auf. Beziehungen können nicht nur zwischen Wissensträgern, sondern auch zwischen *Wissensgebieten* und *Kategorien* bestehen. Wissensgebiete umfassen Kategorien, die die Kernbegriffe des jeweiligen Wissensgebietes repräsentieren. Für das Wissensgebiet „Wissensmanagement" können das zB die Kategorien „Wissen" und „Lernen" sein.

Wissensgebiete manifestieren sich in *Wissensobjekten*. In diesen beschreiben die Wissensträger ihr dokumentierbares Wissen. Die Kategorien nutzen sie als Schlüsselwörter für die Beschlagwortung der Wissensobjekte. Sowohl Wissensträger als auch Wissensobjekte befinden sich an physischen oder virtuellen *Orten*. Wissensträger sind zB in einem bestimmten Gebäude und Raum zu finden und haben sich mit Hilfe ihres Computers in ein virtuelles soziales Netz eingeklinkt. Wissensobjekte können als Bücher oder Zeitschriften u.ä. an einem bestimmten Ort zu finden sein oder als elektronische Artefakte auf einem Fileserver oder in einer Datenbank liegen.

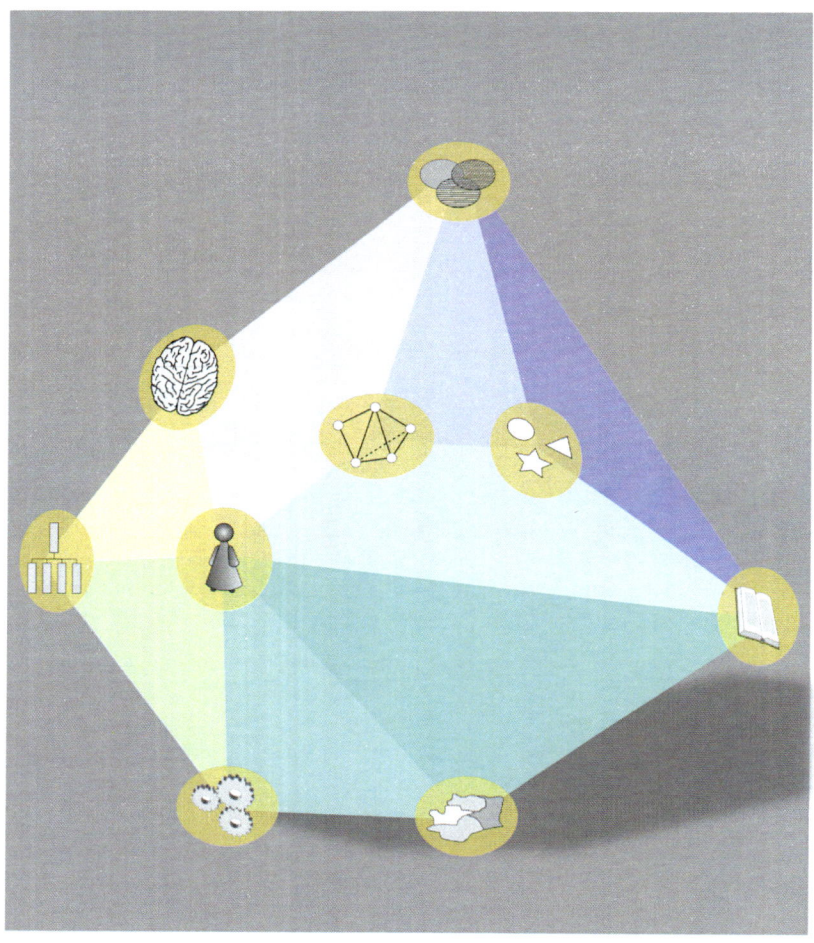

Abbildung 1: Semantischer Raum des Wissensmanagements

Jeder Methode sind jene Entitäten zugeordnet, die charakteristisch für diese Methode sind. Es sind meist drei Entitäten einer Methode zugeordnet. Die fünf Kapitel des Buches entsprechen Clustern mit ähnlichen Methoden-Zuordnungen. Sie umfassen Teilgebiete des Semantischen Raums, die sich mehr oder weniger überdecken.

Die fünf Fächer des Werkzeugkastens

Das **erste Kapitel** umfasst den Semantischen Raum rund um die Entitäten Kompetenzen und Wissensträger. Es enthält Methoden, die bei der Entwicklung der eigenen Kompetenzen zum Einsatz kommen können:

Werkzeug-Name	Entitäten								
	Wt	Or	Pr	Ez	Ko	Wg	Ka	Wo	Ot
Coaching	X			X	X				
Denkstühle	X		X		X				
Kompetenz-Portfolio	X				X				
Lernpartnerannonce	X			X					
Lernpartnerschaft	X			X	X				
Lerntagebuch	X				X			X	
Mentoring	X			X	X				
Mikroartikel	X				X			X	
Mikrolernen	X		X		X				
MURDER Schema	X				X	X			
Persönliche Wissensbank	X				X	X			
Portfolio und E-Portfolio	X				X			X	
Serious Games	X				X	X			
Wissensorientiertes Mitarbeitergespräch	X		X		X				

Das **zweite Kapitel** hat die Entitäten Kompetenzen und Organisationen im Fokus. In diesem Gebiet des Semantischen Raums sind Methoden für die Entfaltung organisationlen Lernens zu finden:

Werkzeug-Name	Entitäten								
	Wt	Or	Pr	Bz	Ko	Wg	Ka	Wo	Ot
Aktionslernen		X	X		X				
Befragung	X		X		X				
Expert Debriefing	X				X	X			
Knowledge Flow Meeting		X			X	X			
Lerntag		X			X	X			
Lessons Learned Prozess		X	X		X				
Manöverkritiksitzung		X	X		X				
Narrativer Wissenstransfer (Story Telling)		X			X			X	
Projektlernen	X	X			X				
Storytelling		X		X	X				
Tobin's q		X			X				
Wissensentwicklungskarten		X	X		X				
Wissensmeeting		X			X			X	

Im **dritten Kapitel** stehen die Entitäten Beziehungen und Organisationen im Mittelpunkt. Dieses Teilgebiet des Semantischen Raums ist den Methoden rund um Beziehungsmanagement und Wissenskommunikation gewidmet:

Werkzeug-Name	Entitäten								
	Wt	Or	Pr	Bz	Ko	Wg	Ka	Wo	Ot
Beziehungslandkarte, egozentrierte	X			X					
Beziehungsmanagement	X			X	X				
Denkhüte		X	X	X					
Dialog		X		X	X				
Knowledge Café		X		X	X				
Kommunikationsforum		X		X	X				
Pausenraum		X		X					X
Soziale Netzwerkanalyse	X	X		X					
Wissensnetzwerk		X		X		X			
Wissensträgerkarten	X			X		X			

Das **vierte Kapitel** dreht sich rund um die Entitäten Wissensobjekte und Kategorien. Die Methoden in dieser Gegend des Semantischen Raums unterstützen bei der Wissensstrukturierung und dem -bestandsmanagement:

	Entitäten								
Werkzeug-Name	*Wt*	*Or*	*Pr*	*Ez*	*Ko*	*Wg*	*Ka*	*Wo*	*Ot*
Argumentationskarten	X	X					X		
Assoziationspaarbildung		X		X			X		
Checkliste		X	X					X	
FAQ		X				X		X	
Handbuch		X	X					X	
LernCard	X					X		X	
Metapher		X		X			X		
Mind Mapping	X	X				X	X		
Morphologisches Tableau		X		X			X		
Ontologieentwicklung		X		X		X	X		
Wissensbestandskarten	X							X	X
Wissenskarten		X		X			X		
Wissensstrukturkarten	X			X			X		

Im **fünften Kapitel** sind die aufwändigsten Methoden rund um die Entitäten Prozesse und Organisationen versammelt. Sie decken ein ausgedehntes Gebiet des Semantischen Raums ab mit Methoden zur Einführung von Wissensmanagement, der Standortbestimmung von Wissensmanagement in einer Organisation bis hin zur Steuerung des intellektuellen Kapitals eines Unternehmens:

	Entitäten								
Werkzeug-Name	*Wt*	*Or*	*Pr*	*Bz*	*Ko*	*Wg*	*Ka*	*Wo*	*Ot*
Balanced Scorecard		X	X		X				
Critical Incident Technik	X		X		X				
Job Rotation	X		X		X				
K2BE Roadmap	X	X	X						
Partisanen Methode		X	X			X			
Planspiel		X	X		X				
quICK win		X				X		X	
Szenariotechnik		X				X		X	
Wissensanwendungskarten	X		X					X	
Wissensbilanz		X	X	X	X				
Wissensmanagement Benchmarking		X	X		X				
Wissensorient. Geschäftsprozessanalyse	X	X	X						

Navigieren im Semantischen Raum

Bei der Suche nach Methoden empfiehlt es sich wie folgt vorzugehen:

o   Zunächst legt man anhand des semantischen Raums aus Abbildung 1 fest, für welche Entitäten die Methode zum Einsatz kommen soll. Sucht man zB Methoden für das persönliche Wissensmanagement, wird man die Methoden mit der Entität „Wissensträger" sichten. Sind Methoden für das organisationale Wissensmanagement gefragt, sind diejenigen, die mit der Entität „Organisationen" gekennzeichnet sind, mit hoher Wahrscheinlichkeit die richtigen.

o   Zur weiteren Einschränkung der Suche überlegt man sich, ob es eher um Methoden zB für die Wissensdokumentation (Entitäten „Wissensobjekte" und „Orte"), Wissensstrukturierung (Entitäten „Wissensgebiete", „Kategorien" und „Beziehungen"), Wissenserzeugung (Entitäten „Kompetenzen" und „Beziehungen"), Wissenstransfer (Entitäten „Beziehungen" und „Wissensobjekte") oder Wissensanwendung (Entitäten „Prozesse" und „Wissensobjekte") geht.

o   Danach kann man mit Hilfe der obigen Tabellen die passenden Methoden mit den entsprechenden Entitäten bzw. Entitätenbündel auswählen.

Jede Methodenbeschreibung enthält neben der Verortung der Methode im Semantischen Raum, eine Kurzcharakterisierung der Methode (*Die Methode*), Ziel(e) der Methode (*Ziele und Nutzen*) und Vorgangsweise bei der Anwendung der Methode (*Anwendung*). Bei vielen Methoden ist zur besseren Illustration ein *Beispiel* skizziert. Unter *Varianten* werden Methoden mit einer ähnlichen Zielsetzung und Vorgehensweise aufgeführt. Am Ende scheinen alle *Referenzen* auf, aus denen Material verwendet wurde.

Die Methoden des Werkzeugkastens können entsprechend der Zielsetzung und vorliegenden Situation miteinander kombiniert werden, um die persönlichen Kompetenzen und/oder die einer Organisation wachsen und gedeihen zu lassen. Wissensmanagement entfaltet damit seine Wirksamkeit im jeweiligen Einsatzgebiet.

Werkzeuge im Kapitel 1

MURDER Schema
Lesemethode um Texte besser zu verstehen und zu behalten

Denkstühle
Kreativitätstechnik zur Ideenentwicklung und Bewertung

Mikrolernen
Methode zum gesteuerten informellen Lernen

Serious Games
Computerspiele, die auf spannende Art und Weise Wissen vermitteln

Lernpartnerannonce
Methode zum Finden passender Lernpartner

Lernpartnerschaft
Lernmethode für Personen, die mit- und voneinander lernen wollen

Coaching
Führungsinstrument zum Entwickeln neuer Fertigkeiten von Mitarbeitern

Mentoring
Entwicklungswerkzeug für die längerfristige Begleitung von Mitarbeitern

Lerntagebuch
Ein Werkzeug zum Reflektieren und Dokumentieren von Gelerntem

Mikroartikel
Dokumentationsmethode für stark kontextabhängiges Wissen

Persönliche Wissensbank
Dokumentationsmethode für das Kern- und Spezialwissen einer Person

Portfolio und E-Portfolio
Methode um den Entwicklungstand eigener Kompetenzen zu zeigen

Kompetenz-Portfolio
Grafische Darstellung eigener Kompetenzen nach Qualität und Nützlichkeit

Wissensorientiertes Mitarbeitergespräch
Mitarbeitergespräch, bei dem Wissensziele und wissensorientiertes Verhalten zur Sprache kommen

Die eigenen Kompetenzen entwickeln

1 Die eigenen Kompetenzen entwickeln

Kompetenzen, Wissensträger & Co

In diesem Kapitel finden sich Methoden, die der Kompetenzentwicklung eines Wissensträgers dienen. Im Semantischen Raum bewegen wir uns daher rund um die Entitäten *Kompetenzen* und *Wissensträger*.

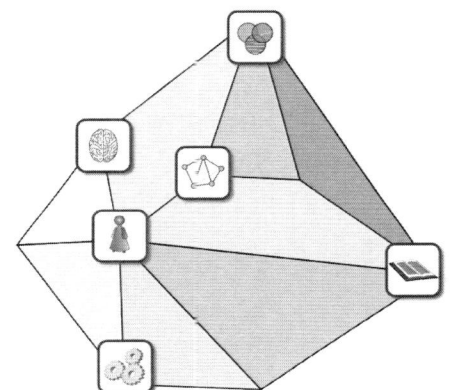

Wissensträger bauen ihre Kompetenzen auf und aus, indem sie (lernpartnerschaftliche) *Beziehungen* knüpfen, sich Denk-, Lern- und Reflexions-*Prozessen* unterwerfen und ihre Erkenntnisse und Lernerfahrungen in *Wissensobjekten*, die bestimmten *Wissensgebieten* zugeordnet werden können, zusammenfassen.

Der Rundgang beginnt mit Lese- und Denkmethoden (MURDER-Schema, PQ4R, Denkstühle), die die Entitäten *Wissensgebiete* und *Prozesse* berühren. Er führt weiter über individuelle Lernmethoden (Mikrolernen, Serious Games) zu lernpartnerschaftlichen Methoden (Lernpartnerannonce, Lernpartnerschaft, Coaching, Mentoring), die natürlich die Entität *Beziehungen* benötigen.

Die nächste Station umfasst Dokumentationsmethoden für Gelerntes (Lerntagebuch, Mikroartikel, Persönliche Wissensbank, Portfolio und E-Portfolio), deren sichtbare Ergebnisse *Wissensobjekte* sind. Den Abschluss bilden die beiden Methoden Kompetenz-Portfolio und wissensorientiertes Mitarbeitergespräch, die die Kompetenzentwicklung eines Mitarbeiters in den betrieblichen Kontext stellen und daher wieder die Entität *Prozesse* berührt.

Diese Methodenauswahl kann genutzt werden, um sich sein individuelles Methodenset für den Auf- und Ausbau der eigenen Kompetenzen zusammenzustellen.

MURDER-Schema

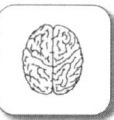

Das MURDER-Schema verhilft zu einem besseren Behalten und vertieftem Verständnis von Fachliteratur. Es dient daher dem gezielten Wissens- bzw. Kompetenzausbau über bestimmte Wissensgebiete.

Ein Wissensträger baut seine Kompetenzen in einem bestimmten Wissensgebiet aus. Im Semantischen Raum ist daher diese Methode zwischen *Wissensträger*, *Wissensgebiete* und *Kompetenzen* angesiedelt.

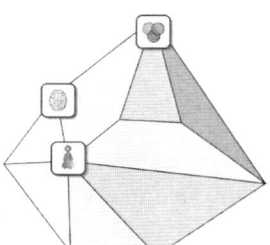

Die Methode

Das MURDER-Schema ist eine Lesemethode, die von Danserau et al. (1979) aus der SQ3R-Technik entwickelt wurde. Der Name der Methode leitet sich aus den Anfangsbuchstaben der (englischen) Arbeitsschritte ab. Bei dieser Lesestrategie werden Primär- und Sekundärstrategien miteinander verknüpft.

Primärstrategien haben einen unmittelbaren Einfluss auf die Verarbeitung von Informationen (verstehen, behalten, etc.). *Sekundärstrategien* dienen i. A. zur Selbststeuerung im Lernprozess.

Ziel und Nutzen

Untersuchungen belegen, dass beim herkömmlichen Durchlesen von Fachliteratur nur ca. 50 Prozent des Inhalts sofort nach der Lektüre wiedergegeben werden können. Die Behaltensquote erhöht sich nur unwesentlich bei wiederholtem Lesen. Ziel dieser Methode ist es, Texte durch die Fokussierung der Aufmerksamkeit besser zu verstehen und zu behalten. Sie unterstützt das Arbeiten mit schwierigen Texten und verhilft zu einem vertieften Textverständnis, was das eigene Wissen über ein bestimmtes Thema gezielt erweitert.

Die eigenen Kompetenzen entwickeln

Anwendung

Verstehensstrategien sollen im Lernstrategieprogramm **MURDER 1** dem Lernenden bei der Integration, Reorganisation, Verknüpfung und Ausarbeitung des Lernmaterials helfen.

Abruf- und Anwendungstrategien unterstützen im Lernstrategieprogramm **MURDER 2** den Lernenden beim Abrufen und Anwenden des Gelernten.

Primärstrategien		
Verstehensstrategien (MURDER 1)		**Abruf- und Anwendungs-strategien (MURDER 2)**
setting the mood to study eine geeignete Lernatmosphäre schaffen	M	setting the mood to study eine geeignete Lernatmosphäre schaffen
reading for understanding Lesen, um zu verstehen	U	understanding the requirements of the task die Anforderungen der Aufgabe verstehen
recalling the material sich den Stoff wieder ins Gedächtnis rufen	R	recalling the main ideas relevant to the task requirements die aufgabenrelevanten Hauptthemen wiedergeben
digesting the material den Stoff verarbeiten	D	detailing the main ideas with specific information die Hauptthemen mit spezifischen Informationen vertiefen
expanding knowledge via self-inquiry Wissen durch Selbstbefragung erweitern	E	expanding the information into an outline die Information im Hinblick auf die Aufgabe strukturieren und vervollständigen
reviewing the effectiveness of studying die Wirkung der Lernphase überprüfen	R	reviewing the effectiveness of studying die Adäquatheit des Lernergebnisses überprüfen

Sekundärstrategien

o   Zielsetzung(en) und Zeitplanung

o   Konzentrations-Management
    (Konzentrationssteuerung und –aufrechterhaltung)

o   Selbstwahrnehmung und Selbstdiagnose
    (Überwachung des Lernvorganges und Diagnose des eigenen Fort-
    schritts beim Lernen)

Referenzen

Christmann, Ursula; Groeben, Norbert (1999): *Psychologie des Lesens.* In:
Bodo Franzmann, Klaus Hasemann, Dietrich Löffler, Erich Schön (Hrsg.):
Handbuch Lesen. München: Saur, S. 145-223.

Dansereau, Donald F. et al. (1979): *Development and evaluation of a learning strategy training program.* In: Journal of Educational Psychology 71,
1(1979), S. 64-73.

Rösch, Hubert (1999): *Lerntechniken und Lernstrategien.* Seminarunterla-
ge, Oberwittelsbach, S. 22.

Variante PQ4R Methode

Die PQ4R-Methode ist eine einfach anwendbare Lesemethode. Sie dient im
Gegensatz zum MURDER-Schema einer möglichst vollständigen Erfassung
eines Textes und kommt ohne eigene Anwendungs- oder Sekundärstrategien aus. Der Name leitet sich aus den (englischen) Anfangsbuchstaben der
sechs Phasen (Preview, Question, Read, Reflect, Recite, Review) ab.

Die Methode umfasst im Detail folgende sechs Phasen:

1. Vorprüfung (Preview)

Überfliegen aller Kapitel, um die allgemeinen Themen zu bestimmen, die
darin behandelt werden. Identifizieren der Abschnitte, die als Einheit zu
lesen sind. Finden von Überschriften für die einzelnen Abschnitte.

Anwenden der folgenden vier Schritte (2, 3, 4, 5) auf jeden Abschnitt.

2. Fragen (Questions)

Formulieren von Fragen zu den Abschnitten. Oftmals genügt eine Umfor-
mulierung der Abschnittsüberschriften, um eine angemessene Frage zu
stellen.

3. Lesen (Read)

Sorgfältiges Lesen des Abschnitts, indem man versucht, die Fragen zu beantworten, die man dazu gestellt hat.

4. Nachdenken (Reflect)

Während man den Text liest, darüber nachdenken, indem man versucht ihn zu verstehen, Beispiele zu finden und den Text in Bezug zum eigenen Vorwissen setzt.

5. Wiedergeben (Recite)

Nachdem man einen Abschnitt fertig bearbeitet hat, versucht man sich an die darin enthaltenen Informationen zu erinnern. Man versucht, die Fragen zu beantworten, die man zu diesem Abschnitt formuliert hat.

Wenn man sich nicht genügend erinnern kann, dann liest man diejenigen Passagen nochmals, die beim Erinnern Schwierigkeiten bereitet haben.

6. Rückblick (Review)

Nachdem man den ganzen Text (das Kapitel, den Artikel) durchgearbeitet hat, geht man ihn nochmals in Gedanken durch und ruft sich die wichtigsten Punkte ins Gedächtnis. Man versucht wiederum, die Fragen zu beantworten, die man gestellt hat.

Referenzen

Abs, Hermann J.; Allgöwer, Monika; Bill, Bettina (2000): *PQ4R-Methode*. In: Besser Lehren. Methodensammlung, Heft 2, Weinheim: Deutscher Studienverlag, S. 80f.

Salhab, Markus: *PQ4R-Methode eine Textverarbeitungsstrategie*. http://www.psychologie.uni- freiburg.de/einrichtungen/Paedagogische/ lernen/strategie/pq4r/first.html, Abruf: 11.09.2010.

Denkstühle

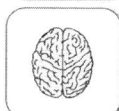

Die Denkstühle unterstützen den persönlichen Ideenentwicklungs- und -bewertungsprozess durch realen Perspektivenwechsel. Der Anwender kann sein kreatives Potenzial zur vollen Entfaltung bringen.

Ein Wissensträger baut seine Kompetenzen durch einen systematisierten Denkprozess aus. Daher befindet sich diese Methode im Semantischen Raum zwischen *Wissensträger*, *Prozese* und *Kompetenzen*.

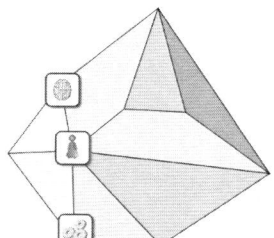

Die Methode

Die Denkstühle sind eine von Walt Disney praktizierte Kreativitätstechnik. Er benutzte sie zur Ideenentwicklung und -bewertung für neue Filmprojekte. Berichten zufolge setzte er sich dabei jeweils auf einen anderen Stuhl, um die Rolle des Träumers, Realisten und Kritikers nacheinander einzunehmen. Diese Vorgehensweise sollte ihm dabei helfen, seinen persönlichen Ideenentwicklungsprozess qualitativ zu verbessern. Später soll er sogar verschiedene Räume verwendet haben.

Ziel und Nutzen

Ziel dieser Methode ist es, sich durch physischen Perspektivenwechsel optimale Bedingungen für Ideenentwicklung zu schaffen. Durch das reale Wechseln zwischen den Stühlen wird es leichter, sich in die jeweilige Rolle zu versetzen und diese voll zur Entfaltung zu bringen.

Anwendung

Es werden drei Stühle bereitgestellt, je einen jeweils für die Rolle des Träumers, des Realisten und des Kritikers. Unterstützend kann auch die Auswahl geeigneter Sitzmöbel wirken (zB Ohrensessel für den Träumer, Bürostuhl für den Realisten, Holzstuhl für den Kritiker). Wichtig ist, dass man voll und ganz in der Rolle, die der jeweilige Stuhl repräsentiert, aufgeht.

Die eigenen Kompetenzen entwickeln

Auf dem Stuhl des Träumers:

Auf diesem Stuhl ist alles erlaubt, außer ernsthaft über das Problem/die Idee nachzudenken. Man lässt seiner Phantasie freien Lauf, denkt über Unmögliches nach, spielt mit den Möglichkeiten, verfolgt waghalsige Verbindungen und abartige Wege. Vor allem aber nimmt man die Sache mit Spaß und Humor. Realisierbarkeit und Finanzierbarkeit spielen keine Rolle. Trotz dieses spielerischen Zugangs vergisst man nicht alle Ideen und Lösungsmöglichkeiten zu notieren.

Auf dem Stuhl des Realisten:

Als nächstes nimmt man auf dem Stuhl des Realisten Platz. Nun geht es darum nüchtern und pragmatisch vorzugehen. Man versucht die verrückten Ideen des Träumers weiterzuentwickeln, um zu innovativen, aber auch gangbaren, pragmatischen Lösungen zu kommen. Das Ergebnis dieser Untersuchungen wird wieder notiert.

Auf dem Stuhl des Kritikers:

Der letzte Stuhl, auf den man sich setzt, ist der des Kritikers. Hier geht es darum, jede Idee auf den Prüfstand zu stellen. Folgende Fragen sollte man sich dazu stellen: Für wen könnte sie interessant sein? Will ich sie selbst? Lässt sie sich überhaupt umsetzen? Rentiert sie sich?

Ideen, die diese „Testfragebatterie" erfolgreich bestanden haben, können nun getrost in die Umsetzung gehen.

Die praktische Anwendung dieser Methode ist nicht ganz so einfach, wie sie klingt. Es erfordert etwas Übung, um sich in die jeweilige Rolle zu versetzen und diese während der Sitzung nicht zu verlassen. Als hilfreich hat sich erwiesen, vor der ersten Anwendung die ausgewählten Stühle mit passenden Erlebnissen und Erinnerungen zu ankern. Auf dem Stuhl des Träumers ruft man sich eine Situation ins Gedächtnis, in der man besonders kreativ war. Man versucht diese Erinnerung so plastisch und intensiv nachzuempfinden wie möglich. Man bleibt in diesem Zustand, solange es angenehm ist. Danach versetzt man sich in einen neutralen Grundzustand. Diese Prozedur wiederholt man für die beiden anderen Stühle mit jeweils passenden Erinnerungen. Sollte man über keine adäquaten eigenen Erinnerungen verfügen, kann man sich auch an Situationen mit Personen erinnern, die die jeweilige Rolle idealtypisch verkörpert haben. Nach dieser gesamten Prozedur sind die Denkstühle nun einsatzbereit für die erste Anwendung.

Referenzen

Nöllke, Matthias (2006): *Kreativitätstechniken*. 5. Auflage, Planegg/München: Haufe, S. 87-89.

Moritz, André; Rimbach, Felix (2006): *Soft Skills für Young Professionals*. Offenbach: Gabal, S. 144.

Mikrolernen

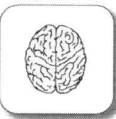

Mikrolernen dient dem Erwerb, Ausbau und Erhalt von Schlüsselkompetenzen. Der Lernprozess erfolgt mit Hilfe von möglichst kurzen Lerneinheiten.

Ein Wissensträger baut seine Kompetenzen durch eine spezielle Form des Lernprozesses aus. Daher befindet sich diese Methode im Semantischen Raum zwischen *Wissensträger*, *Prozesse* und *Kompetenzen*.

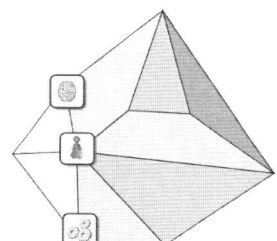

Die Methode

Mikrolernen (englisch *microlearning*) ist Lernen in kleinen Portionen, häufig auch unter Verwendung von spezieller Software auf dem PC oder Handy. Diese Form des Lernens weist im Unterschied zu klassischen Lernprozessen folgende Charakteristiken auf:

Merkmal	**Ausprägung**
Zeit	einige Sekunden bis max. 15 Minuten
Inhalt	einfache, rasch erfassbare Lerneinheiten
Form	Fakten, Episoden, Bilder, Metaphern
Feedback	direkt, sofort
Prozess	integriert, begleitend, wiederholend
Medien	Druck, elektronische, multi-media

Die eigenen Kompetenzen entwickeln

Mikrolernen kann auch als gesteuertes informelles Lernen bezeichnet werden, weil Lernende sich abseits von formalen Lernangeboten die Inhalte selbst wählen bzw. mitgestalten können.

Ziel und Nutzen

Ziel dieser Methode ist der Erwerb, die Erweiterung und Erhaltung von Schlüsselkompetenzen mit Hilfe von kleinen, kurzen Lerneinheiten. Der Lernprozess selbst kann auf unkomplizierte Weise in den Arbeitsalltag integriert werden, weil er orts- und zeitunabhängig stattfinden kann. Der Lernende kann ihn ganz seinen individuellen Bedürfnissen anpassen. Mikrolernen unterstützt damit auf ideale Weise lebenslanges Lernen.

Anwendung

Beim Mikrolernen geht es im ersten Schritt um die Entwicklung von geeigneten Mikrolerneinheiten und im zweiten Schritt um seine Integration in den Arbeitsalltag.

Entwicklung von Mikrolerneinheiten

Entsprechend den Charakteristiken des Mikrolernens sollten bei der Entwicklung von Mikrolerninhalten nachfolgende Gestaltungsprinzipien beherzigt werden.

Eine Mikrolerneinheit sollte rasch überblickbar sein. Gut geeignete Formate sind ein Wort oder eine Wortgruppe oder eine Zahl mit einer kurzen Erklärung, ein kurzer Text, ein selbstsprechendes Bild, ein Bild mit wenigen Zeilen erklärenden Texts. Die Verwendung von Analogien oder Metaphern (siehe dazu Seite 169) erleichtern das Erfassen des Inhalts.

Eine Mikrolerneinheit sollte klar ausdrücken, worum es geht, und eine in sich geschlossene Einheit bilden, die ohne Zusatzinformation auskommt. Sie sollte neben dem kurzen Lerninhalt Titel, Thema, Autor, Datum und Schlüsselwort(e) umfassen.

Der Mikrolernstoff sollte durch die Lernenden in Lerngemeinschaften aktiv koproduziert und modifiziert werden können. Jede im Internet zur Verfügung gestellte Mikrolerneinheit sollte eine eindeutig adressierbare Referenz haben, um von Lernern jederzeit abrufbar zu sein.

Im Rahmen der Planung und Erstellung von Mikrolerneinheiten sollte man Antworten zu folgenden Kernfragen finden:

o   Welches Thema bzw. welche Themen soll(en) behandelt werden?
o   Welche Schlüsselkompetenzen sollen erworben bzw. vertieft werden?

- Für welche Zielgruppe(n) sollen die Mikrolerninhalte entwickelt werden?
- In welcher Form sollen die Mikrolerneinheiten zur Verfügung gestellt werden?
- Soll der Mikrolernprozess individuell oder in einer Lerngemeinschaft ablaufen?
- In welche in sich geschlossenen Subthemen kann das Thema strukturiert werden (ev. Mind Map (siehe Seite 68) erstellen)?
- Welche Art der Umsetzung passt zum jeweiligen Subthema (Text, Bild, Bild und Text, etc.)?
- Für welches Subthema lassen sich welche passenden Analogien oder Metaphern finden?
- Welche Mikrolerneinheiten lassen sich wie zu Mikrolernsessions kombinieren?
- Sollen technische Hilfsmittel und wenn ja, welche sollen eingesetzt werden mit welchen Softwaresystemen?

Das Ergebnis dieses Schritts sind Mikrolerneinheiten, die das Thema dem Nutzer in kleinsten Portionen näher bringen.

Integration von Mikrolernen in den Arbeitsalltag

Für Mikrolernprozesse lassen sich vier Grundszenarien (siehe Abbildung 2) unterscheiden, die verschiedene Lernstrategien und -systeme erfordern.

Abbildung 2: Grundszenarien für Mikrolernprozesse

Die eigenen Kompetenzen entwickeln

Generell kann gesagt werden, dass Mikrolernen durch Technikunterstützung flexibler und vielfältiger eingesetzt werden kann.

Beispiel

Die einfachste Form von Mikrolernen ist das Lernen einer Fremdsprache mit Hilfe von LernCards (siehe Seite 178), auf deren Vorderseite die Vokabel und auf der Rückseite deren Übersetzung steht. Der Mikrolernprozess folgt dem bekannten Lernkartensystem. Das System umfasst einen Karteikasten mit zwei Fächern, eines für gelernte Lernkarten und eines für noch nicht gelernte oder nicht mehr gewusste bei der Wiederholung. LernCards eignen sich auch für einfaches Faktenwissen wie zB das Lernen der Hauptstädte aller Länder der Erde. Statt LernCards können auch Mikroartikel (siehe Seite 50) als Mikrolerninhalte zum Einsatz kommen.

Eine weitere einfache Mikrolernmethode ist, sich die Erinnerung, was man gerne tun oder nicht mehr tun möchte auf Notizzettel zu schreiben und in allen Taschen der Alltagskleidung zu verteilen. Bei jedem zufälligen In-die-Tasche-Greifen zieht man diesen Zettel heraus, liest ihn und erinnert sich wieder an den eigenen Vorsatz. Mit der Zeit gelingt es immer öfter das gewünschte Verhalten an den Tag zu legen.

Das Angebot von technikunterstütztem Mikrolernen im Internet ist sehr vielfältig und ständig in Bewegung. Daher kann an dieser Stelle kein Beispiel angeführt werden. Es lohnt sich jedenfalls bei Bedarf danach zu suchen.

Referenzen

Buchem, Ilona; Hamelmann, Henrike (2010): *Microlearning: a strategy for ongoing professional development*. eLearning Papers, Nr. 21, September 2010, ISSN 1887-1542. http://www.elearningeuropa info/files/media/ media23707.pdf, Abruf: 2.12.2010.

Hug, Theo (2005): *Micro Learning and Narration*. http://web.mit.edu/comm-forum/mit4/papers/hug.pdf, Abruf: 29.11.2010.

Serious Games

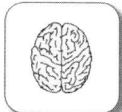

Serious Games ermöglichen ein risikofreies Ausprobieren von neuen Verhaltensweisen und Lernen aus Fehlern. Sie sind einem bestimmten Wissensgebiet zuordenbar.

Ein Wissensträger baut seine Kompetenzen in einem bestimmten Wissensgebiet aus. Im Semantischen Raum ist daher diese Methode zwischen *Wissensträger*, *Wissensgebiete* und *Kompetenzen* zu finden.

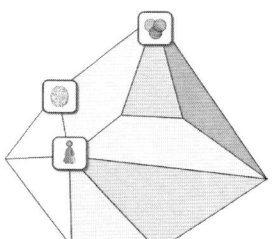

Die Methode

Serious Games (deutsch: ernste Spiele) sind Computerspiele, die auf spannende und unterhaltsame Art und Weise Wissen vermitteln und Fertigkeiten trainieren. Sie sind auf einen bestimmten Lernzweck ausgerichtet und nutzen Technologien der elektronischen Spieleindustrie. Zielgruppe sind alle Altersstufen. Die Lerninhalte und -aufgaben sind direkt in die Spielwelt integriert. Serious Games ähneln kommerziellen Computerspielen in ihren ausgeklügelten Spieleumgebungen.

Serious Games haben bereits eine lange Geschichte hinter sich. Sie sind eine der ältesten Formen von Spielen zur Wissensvermittlung. Ihre ältesten Vertreter datieren bis zu 3000 Jahre v. Chr. zurück. Die ersten Serious Games waren hauptsächlich Simulationen, die der Planung und Nachstellung von Kriegssituationen dienten. Das berühmteste Beispiel ist die Kriegsspiel-Kommode von 1812, die noch heute im Schloss Charlottenburg in Berlin bewundert werden kann (siehe: Spiegel Online Fotostrecke: http://www.spiegel.de/fotostrecke/fotostrecke-42723-8.html, Abruf: 15.1.2011).

Durch die heutigen computertechnischen Möglichkeiten erleben die Serious Games eine Renaissance. Außerhalb des militärischen Bereichs gibt es mittlerweile ein breites Angebot an ernsten Spielen (vor allem in englischer Sprache) für Bildung, Ausbildung, Medizin, Gesundheitsvorsorge, Werbung und Politik.

Ziel und Nutzen

Diese digitalen Lernspiele ermöglichen ein gefahrloses Ausprobieren und Lernen durch Fehler, ohne dass die Fehler negative Auswirkungen auf die Anwender in der realen Welt haben. Diese Art des Lernens wird durch ihren spielerischen Charakter als angenehm und motivierend empfunden. Je präziser die Zielformulierung und die Ausrichtung an der Zielgruppe sind, desto höher ist die Wirksamkeit bzw. der Lernerfolg dieser Spiele einzuschätzen

Anwendung

Der erste Schritt beim Einsatz von Serious Games ist die Festlegung des Lernziels und der Zielgruppe. Anschließend wird untersucht, ob es am Spielemarkt bereits ein passendes ernstes Spiel für diesen Zweck gibt. Wenn ein passendes gefunden wird, wird es angeschafft. Nach einer ausführlichen Testphase durch eine kleine Expertengruppe wird es den potenziellen Anwendern zugänglich und schmackhaft gemacht.

Im Fall einer Eigenentwicklung wird dafür gesorgt, dass ein angemessen großes Budget zur Verfügung steht und ein Projektteam gegründet wird. Die Entwicklung von Serious Games erfordert die enge Zusammenarbeit zwischen Fachexperten des betreffenden Kompetenzbereiches, professionellen Spieleentwicklern und Medienpädagogen. Je nach Art der Zielsetzung kann das Hinzuziehen eines Lern- und/oder Spielpsychologen von großem Nutzen sein. Diese Projektgruppe wickelt den Entwicklungsauftrag nach der für IT-Projekte üblichen Vorgehensweise ab.

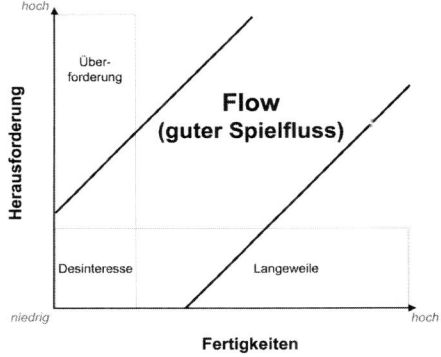

Abbildung 3: Zusammenhang zwischen Spielfluss,
Überforderung und Langeweile

Die eigenen Kompetenzen entwickeln   35

Unabhängig vom Lernzweck des Serious Game muss auf folgende Faktoren geachtet werden, damit das Lernspiel von den Anwendern angenommen wird:

o Qualität der technischen Funktionalität

o Spieledesign, das kommerziellen Spielen nicht nachstehen sollte

o Visuelle und akustische Qualität

o Interessanten Handlungsverlauf

o Möglichkeit der Partizipation

Neben diesen fünf Erfolgsfaktoren ist es mindestens genauso wichtig, dass der Anwender einen flüssigen Spielverlauf erlebt. Er darf weder überfordert noch gelangweilt werden (siehe Abbildung 3). Nur so kann seine Spielmotivation über einen längeren Zeitraum erhalten und damit Wissenszuwachs bzw. Verhaltensänderungen erreicht werden.

Als letzten Schritt sollte nach einer angemessenen Benutzungsdauer überprüft werden, ob und in welchem Ausmaß der Lernzweck bei den Anwendern erreicht wurde. Dies kann durch eine Befragung (siehe Seite 124) der Anwender und (im Unternehmenskontext) ihrer Führungskräfte erfolgen.

Beispiel

Beispiele aus dem Themenbereich *Gesundheit durch Sport* sind die seit einiger Zeit auf dem Markt befindlichen Exergames (= Kunstwort aus den Worten „exercise" für „Übung" und „games" für „Spiele") wie die Tanzmatte *Dance Dance Revolution* und *Wii Sports*.

Aus dem Themenbereich *Gesundheit durch gesunde Ernährung* ist als Beispiel *Das große Sarah Wiener Kochspiel* zu nennen. Es soll Kindern das Zubereiten von gesunden und schmackhaften Mahlzeiten näher bringen und sie vom Computer in die Küche locken. In *Fatworld* lernen Kinder und Jugendliche die positiven Auswirkungen eines gesunden Lebensstils kennen, in dem sie für einen selbst gewählten Avatar die Mahlzeiten auswählen sowie die Art und Dauer seiner sportlichen Betätigungen bestimmen. Die Auswirkungen ihrer Wahl sind dem Avatar unmittelbar anzusehen.

Im Themenbereich *Medizin* gibt es Serious Games, die therapieunterstützend wirken sollen. Mit dem Spiel *GlucoBoy* wird diabetischen Kindern das tägliche Blutzucker-Messen erleichtert. Mit einem Aufsatz für den Game Boy Advance kann Blut entnommen und der Blutzucker gemessen werden. Nur wer Blut gibt, kommt im Spiel weiter. Sind die Messwerte gut, sammelt der Spieler Bonuspunkte und bekommt Extra-Level freigeschaltet. Ein wei-

Die eigenen Kompetenzen entwickeln

terer bekannter Vertreter dieser Spielegattung ist *Re-Mission*. Durch dieses Spiel soll an einem bösartigen Tumor erkrankten Kindern oder Jugendlichen die Angst vor den notwendigen Therapien genommen werden. Sie begeben sich mit Hilfe des Nanoroberters Roxxi im Körper auf die Jagd nach Tumorzellen. Als Waffen dienen ihnen Chemo-Therapeutika, Antibiotika und andere Medikamente.

Über 50 weitere Beispiele inkl. Kurzbeschreibung verschiedenster Serious Games (in Englisch) sind zu finden unter: http://www.socialimpactgames.com/index.php, Abruf: 11.1.2011

Referenzen

Lampert, Claudia; Schwinge, Christiane; Tolks, Daniel (2009): *Der gespielte Ernst des Lebens: Bestandsaufnahme und Potenziale von Serious Games (for Health)*. MedienPädagogik, Zeitschrift für Theorie und Praxis der Medienbildung ISSN 1424-3636, Themenheft 15/16, http://www.medienpaed.com/15/lampert0903.pdf, Abruf: 11.1.2011.

Marr, Ann Christine (2010): *Serious Games für die Informations- und Wissensvermittlung*. B.I.T.online – Innovativ, Band 28, Wiesbaden: Dinges & Frick.

Ritterfeld, Ute; Cody, Michael J.; Vorderer, Peter (Hrsg., 2009): *Serious Games: Mechanisms and Effects*. New York, Oxford: Routledge Chapman & Hall.

Lernpartnerannonce

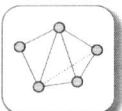

Mit Hilfe der Lernpartnerannonce kann ein geeigneter Lernpartner gesucht und gefunden werden.

Wissensträger gehen den ersten Schritt um Beziehungen aufzubauen. Diese Methode ist daher im Semantischen Raum zwischen *Wissensträger* und *Beziehungen* zu finden.

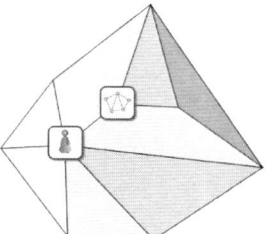

Die Methode

Eine Lernpartnerannonce ist eine Suchanzeige nach einem geeigneten Lernpartner. Diese Methode steht im unmittelbaren Zusammenhang mit der Methode Lernpartnerschaft (siehe Seite 40) und kann nicht getrennt von dieser eingesetzt werden.

Ziel und Nutzen

Ziel dieser Methode ist es, entsprechend den eigenen Zielen, Angeboten und Neigungen einen passenden Lernpartner zu finden.

Anwendung

Bei der Erstellung einer Lernpartnerannonce ist es hilfreich, sich an folgenden Fragen zu orientieren:

o Welche Kompetenzen und Eigenheiten bringe ich in eine Lernpartnerschaft mit?

o Was sollte mein Lernpartner/meine Lernpartnerin für Eigenschaften mitbringen?

o Mit welchem Thema möchte ich mich beschäftigen und was interessiert mich besonders am Thema?

o Welchen Detailfragen möchte ich nachgehen?

o Welche Alltagssituationen möchte ich besonders genau beobachten?

Eine Lernpartnerannonce enthält idealerweise folgende Informationen: Name des Lernpartner-Suchenden, Telefonnummer, Email-Adresse, Lernziele und Kompetenzangebote, optional Persönliches (siehe Abbildung 4).

Die eigenen Kompetenzen entwickeln

Beispiel

Lernpartner gesucht!

Ich suche:
einen Mann oder Frau, der/die mir
beim Einstieg in das SAP hilft.

Ich biete:
Expertenwissen in Microsoft Word
und Excel und/oder ein Festessen,
ich koche gut und gerne ;-).

Angebote bitte an:
Maria.Musterfrau@abcdefghij.com
Handy: 0999/12345678

Abbildung 4: Lernpartnerannonce

Referenzen

Briner-Lienhard, Petra; Geraets, Eva (2007): *Metakognition in der Volks-schule*. Diplomarbeit an der Hochschule für Heilpädagogik, Zürich, S. 23.

Lernpartnerschaft

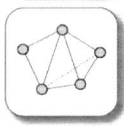

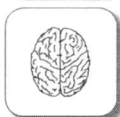

Eine Lernpartnerschaft wird zwischen höchstens drei Personen geknüpft, um mit- und voneinander zu lernen.

Wissensträger bauen also Beziehungen auf, um ihre Kompetenzen auszubauen. Im Semantischen Raum findet man diese Methode daher zwischen *Wissensträger*, *Beziehungen* und *Kompetenzen*.

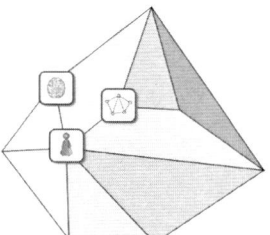

Die Methode

Eine Lernpartnerschaft ist ein freiwilliger temporärer Zusammenschluss von zwei bis drei Personen mit dem Ziel, mit- und voneinander zu lernen.

Ziel und Nutzen

Ziel dieser Methode ist es, sich gegenseitig im eigenen Kompetenzbereich aufzuqualifizieren sowie das eigene Lernverhalten kritisch zu hinterfragen und, wenn nötig, gemeinsam mit dem Lernpartner sukzessive zu verbessern.

Anwendung

Eine Lernpartnerschaft kann im Rahmen eines längerfristigen Ausbildungsprogramms oder als Wissenstransfer-Methode zwischen älteren und jüngeren Mitarbeitern in einer Organisation zum Einsatz kommen.

Im ersteren Fall wird sie als ergänzende Methode eingesetzt, um Trainingsinhalte selbstorganisiert im Rahmen der Lernpartnerschaftstreffen zu üben und zu vertiefen. Hier kann es sinnvoll sein, die Lernpartnerschaften auf bis zu fünf Personen auszudehnen.

Als Wissenstransfer-Methode wird sie direkt in den Arbeitsalltag der Lernpartner integriert. In diesem Kontext bilden meist zwei Personen mit einem deutlichen Altersunterschied eine Lernpartnerschaft. Dadurch soll erreicht werden, dass der jüngeren Generation erfolgsrelevantes Erfahrungswissen zuteil wird und die ältere Generation raschen und unkomplizierten Zugang zu kürzlich erworbenem „neuen" Wissen erhält.

Eine Lernpartnerschaft wird mit hoher Wahrscheinlichkeit gelingen, wenn die Lernpartner ...
... einander respektieren.
... neugierig auf die Lernangebote des anderen sind.
... ein persönliches Interesse am Erfolg des Lernprojekts haben.
... die Verantwortung für das Gelingen des Lernprojekts übernehmen.
... ihr Lernprojekt selbstständig nach eigenen Bedürfnissen gestalten.
... hohe Bereitschaft zeigen Erfahrungen auszutauschen.
... sich gerne gegenseitig beim Lernen unterstützen.
... sich wenn nötig, konstruktives Feedback geben.

Eine Lernpartnerschaft durchläuft üblicherweise folgende Phasen:

Vorbereitungsphase:

In dieser Phase machen sich die potenziellen Lernpartner klar, was sie lernen möchten und welche Kompetenzen sie anbieten können. Dies kann durch die Formulierung einer Lernpartnerannonce (siehe Seite 38) geschehen. Eine weitere Möglichkeit ist, Treffen für potenzielle Lernpartnersuchende zu organisieren, in denen sie ihren individuellen Lernbedarf und -angebote wie auf einem Marktplatz austauschen können. Wichtig bei der Auswahl ist, dass die Lernpartner einander sympathisch sind.

Planungsphase:

Die Lernpartner definieren zumindest ein, maximal drei Lernziele, wobei das gemeinsame Lernziel die Verbesserung des eigenen Lernverhaltens sein soll. Wichtig dabei ist, dass beide Lernpartner einen Nutzen aus der Zielerreichung ziehen. Entsprechend den vereinbarten Lernzielen erstellen die Lernpartner einen Plan, was bis wann gelernt werden soll (Lernpakete) und periodische Gesprächstermine zur Reflexion des Gelernten und des Lernverhaltens.

Lern- und Reflexionsphase:

Die Lernpartner bearbeiten miteinander (und/oder mit anderen Experten des jeweiligen Fachgebietes) die Lernpakete direkt im Arbeitsalltag (learning by doing) oder komplexere Themen außerhalb des Arbeitsumfeldes. Diese Inhalte versuchen sie soweit wie möglich in ihrem beruflichen Umfeld um zu setzen. Sie beobachten sich selbst beim Lernen und halten ihre Erkenntnisse in einem Lerntagebuch (siehe Seite 164) fest. Zu den vereinbarten Terminen treffen sich die Lernpartner, um ihre Lerntagebücher gemeinsam zu sichten und den Grad ihrer Lernzielerreichung zu überprüfen. Wichtig dabei ist, dass jeder sein eigenes Lernen kritisch hinterfragt und sich für kritische Anmerkungen des Lernpartners öffnet.

Abschlussphase:

Eine Lernpartnerschaft ist beendet, sobald die Lernpartner den Eindruck haben, ihre Lernziele in ausreichender Qualität erreicht zu haben. Die Lernpartner reflektieren ein letztes Mal ihre Lernerfahrungen und fassen sie in einem Abschlussdokument (je ein Teil jeder für sich und einen gemeinsamen Teil über die Erfahrungen in der Lernpartnerschaft selbst) zusammen. Anschließend feiern sie gemeinsam ihren Erfolg.

Referenzen

Krauss-Hoffmann, Peter; Sieland-Bortz, Manuela (2009): *Vorfahrt für Tandems: Wissenstransfer durch Lernpartnerschaften*. In: Lernfähig im Tandem. http://www.inqa.de/Inqa/Redaktion/Zentralredaktion/PDF/Publikationen/lernfaehig-im-tandem.pdf, Abruf: 29.05.2010, S. 19-23.

Die eigenen Kompetenzen entwickeln

Coaching

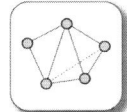

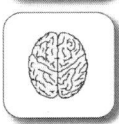

Coaching ist die Kunst, einer Person ihren individuellen Entwicklungsweg zu eröffnen und zu begleiten. Der Coach geht eine lernpartnerschaftliche Beziehung mit dieser Person ein.

Wissensträger bauen also Beziehungen auf um ihre Kompetenzen auszubauen. Daher befindet sich diese Methode im Semantischen Raum zwischen *Wissensträger, Beziehungen* und *Kompetenzen.*

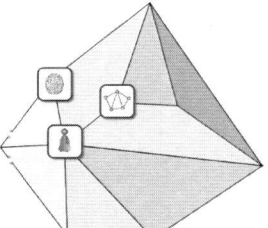

Die Methode

Coaching ist eine Form von lernpartnerschaftlicher Beziehung. Beim Coaching liegt der Fokus auf der Absicherung von Arbeitsergebnissen, deren Erbringung sich über einen längeren Zeitraum erstrecken kann. Der Ansatz der Unterstützung liegt im gemeinsamen Bearbeiten von Problemen mit dem Ziel, neue Fähigkeiten zu erwerben und zu erproben. Der Coach fungiert als neutraler Gesprächspartner, der seinem Coaching-Partner den Weg zur individuellen Weiterentwicklung erleichtert und begleitet.

Ziel und Nutzen

Ziel dieser Methode ist es, die Ergebnisse längerfristiger Aufgaben abzusichern und dabei neue Fähigkeiten des Mitarbeiters zu entwickeln.

Anwendung

Coaching kommt bei komplexen Aufgabenstellungen zum Einsatz. Daher kann und wird der Coach seinem Schützling (im Gegensatz zur Instruktion) keine Vorgangsweise vorgeben, sondern gemeinsam mit ihm zunächst die Problemstellung klären und die ersten Lösungsschritte planen.

In regelmäßigen Treffen werden die erreichten Ergebnisse besprochen, offene Probleme geklärt und die nächsten Umsetzungsschritte geplant. Sollten dabei Qualifikationsdefizite offen zu Tage treten, wird der Coach entsprechende Ausbildungsmaßnahmen vorschlagen.

Nach der Lösung der gestellten Aufgabe wird in einem abschließenden Treffen Feedback ausgetauscht. Der Coach teilt seinem Schützling mit, in welcher Qualität er seiner Beobachtung nach die erwünschten neuen Fähigkeiten erworben hat und welche Verbesserungspotenziale er darüber hinaus noch feststellen kann. Der Betroffene teilt seinem Coach mit, wie er das Coaching erlebt hat, welche Vorgangsweise im Nachhinein betrachtet für ihn förderlich bzw. hinderlich war.

Referenzen

Huck, H. H. (1993): *Coaching*. In: Strutz, Hans (Hrsg.): Handbuch Personalmarketing. 2. Auflage, Wiesbaden: Gabler.

Mittelmann, Angelika et al. (2000): *Geschäftsprozesse mit menschlichem Antlitz: Methoden des Organisationalen Lernens anwenden*. Band 1 der Schriftenreihe Wissens- und Prozessmanagement hrsg. von Gappmaier, M. und Heinrich, L. J., 2. Auflage, Linz: Trauner.

Probst, Gilbert J. B.; Büchel, Bettina S. T. (1998): *Organisationales Lernen*. 2. Auflage, Wiesbaden: Gabler.

Mentoring

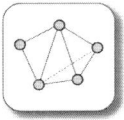
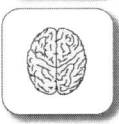

Mentoring ist wie Coaching eine Entwicklungs- und Lernbegleitungsmethode. Der Mentor knüpft wie der Coach eine lernpartnerschaftliche Beziehung, die allerdings längerfristiger angelegt ist.

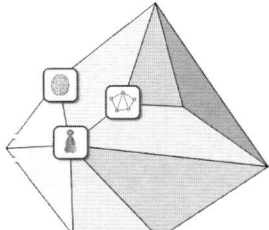

Wissensträger bauen Beziehungen auf, um ihre Kompetenzen auszubauen. Daher befindet sich diese Methode im Semantischen Raum zwischen *Wissensträger*, *Beziehungen* und *Kompetenzen*.

Die Methode

Mentoring ist eine Form von lernpartnerschaftlicher Beziehung. Man versteht darunter die Förderung und Begleitung des Entwicklungsprozesses eines Menschen durch einen lebenserfahrenen Partner im Sinne eines wohlwollenden Förderers. Die Begleitung erstreckt sich über einen längeren Zeitraum, im Extremfall über den gesamten Karriereweg. Der Mentor bemüht sich um einen Austausch auf Augenhöhe, hört dem Mitarbeiter zu, stellt Fragen und nimmt Gegenpositionen ein, um seinen Bewusstseins- und Kenntnisstand zu erweitern.

Die Bedeutung des Begriffs "Mentor" hat ihre Wurzeln in der griechischen Mythologie. Bevor der Held Odysseus seine Heimat Ithaka verließ, um gegen Troja zu kämpfen, beauftragte er einen hochgeschätzten, klugen Mann namens Mentor, sich während seiner Abwesenheit um die Erziehung seines Sohnes Telemachos zu kümmern. Unter einem "Mentor" wird daher ein allgemein geschätzter und beliebter Mensch verstanden, der Jüngere und weniger Erfahrene verantwortungsbewusst in ihrer Entwicklung begleitet. Ausgehend von den USA wurde Mentoring als bewusste und konsequente Methode eingeführt, um jüngere Nachwuchskräfte durch ältere und erfahrene Führungskräfte zu unterstützen und zu betreuen. Mittlerweile hat sich die Methode auch für die Entwicklung von neuen Fachkräften durch anerkannte Experten bewährt.

Ziel und Nutzen

Ziel dieser Methode ist es, jüngere Nachwuchskräfte durch ältere und erfahrene Führungskräfte zu unterstützen und zu betreuen, um sie möglichst umfassend auf ihre Führungsfunktion vorzubereiten bzw. ihr Führungsverhalten zu verbessern. Im Falle von neuen Fachkräften ist es das Ziel, sie möglichst effizient und so umfassend wie notwendig in ihr Fachgebiet einzuführen bzw. ihre Problemlösungskompetenz durch wertschätzende Kritik gezielt zu verbessern.

Anwendung

Voraussetzung für einen gelingenden Mentoring-Prozess ist, dass beide Partner diese Art von Lernbeziehung eingehen wollen. Mentoring wird im Rahmen von Einzelgesprächen abgewickelt und durchläuft üblicherweise folgende Phasen:

Einstimmungsphase:

In der Einstimmungsphase lernen sich der Mentor und sein Mentee kennen. Der Mentor baut durch geeignete Rahmenbedingungen (ungestörter Gesprächsort, entspanntes Gesprächsklima, empathisches Verhalten) Vertrauen auf und vereinbart mit seinem Mentee Entwicklungsziele. Sie klären auch, welche Anforderungen, persönlichen Bedürfnisse und Wünsche beide Partner an diese spezielle Gesprächsform stellen, wie ihre Rollen in der Zeit der Mentor-Betreuung zu sehen sind und wieviel Zeit sie sich dafür nehmen wollen.

Arbeitsphase:

In der nachfolgenden Arbeitsphase werden sowohl fachliche Themen (zB Arbeitssituation, kurzfristige Ziele, Hindernisse in der Arbeit) als auch die sozialen Beziehungen der beiden Partner zueinander und zu anderen wichtigen Kommunikationspartnern besprochen und reflektiert. Die Gesprächspartner fassen am Ende jedes Mentor-Gespräches die wichtigsten Punkte zusammen, tauschen Feedback über die Gesprächsführung aus und vereinbaren das nächste Gespräch.

Abschlussphase:

In der Abschlussphase werden alle Vorbereitungen zur Beendigung des Mentorings getroffen. Letzte Themenstellungen werden in der üblichen Form (siehe Arbeitsphase) bearbeitet. Die Gesprächspartner halten Rückschau über die gemeinsam verbrachte Zeit und tauschen Feedback aus. Sie dokumentieren auch ihre wichtigsten Erfahrungen im Rahmen des Mentoring-Prozesses und stellen sie Nachfolgenden zur Verfügung.

Referenzen

Mittelmann, Angelika et al. (2000): *Geschäftsprozesse mit menschlichem Antlitz: Methoden des Organisationalen Lernens anwenden*. Band 1 der Schriftenreihe Wissens- und Prozessmanagement hrsg. von Gappmaier, M. und Heinrich, L. J., 2. Auflage, Linz: Trauner.

Probst, Gilbert J. B.; Büchel, Bettina S. T. (1998): *Organisationales Lernen*. 2. Auflage, Wiesbaden: Gabler.

Lerntagebuch

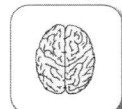

Ein Lerntagebuch unterstützt die optimale Gestaltung des eigenen Lernprozesses und dient der Dokumentation daraus resultierender Erkenntnisse und Erfahrungen. D.h. ein Wissensträger baut seine Kompetenzen durch Führen eines Lerntagebuches aus.

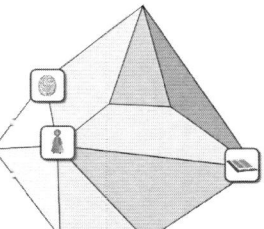

Diese Methode befindet sich daher im Semantischen Raum zwischen *Wissensträger*, *Kompetenzen* und *Wissensobjekte*.

Die Methode

Das Lerntagebuch ist eine Methode zur Selbstevaluation, mit deren Hilfe der eigene Lernprozess systematisch beobachtet und reflektiert werden kann. Ein Lerntagebuch enthält die schriftliche, chronologische Dokumentation von Gelerntem, Erfahrungen oder typischen Anwendungsszenarien für Gelerntes.

Ziel und Nutzen

Ziel dieser Methode ist es, durch die Dokumentation von Erfahrungen und typischen Wissensanwendungen sowohl die persönliche als auch die Wissensbasis einer Gruppe oder Organisationseinheit durch die Zusammenführung individueller Aufzeichnungen zu erweitern. Sie dient außerdem dazu den eigenen Lernprozess bewusster zu gestalten.

Anwendung

Die Führungskraft wirkt im Rahmen von wissensorientierten Mitarbeitergesprächen (siehe Seite 62) motivierend auf ihre Mitarbeiter ein, damit sie regelmäßig (zB wöchentlich) ihre Erfahrungen, die sie bei der Erledigung der täglichen Arbeit bzw. bei der Lösung von Problemen gemacht haben, reflektieren und (am besten) elektronisch dokumentieren.

Hilfreich sind dabei folgende Fragen:
o Was ist mir bei der Arbeitserledigung/Problemlösung Besonderes aufgefallen?
o Was habe ich Neues gelernt ...
   o ... in Bezug auf die Inhalte fachlicher und übergreifender Art (meine Fachkompetenz)?
   o ... in Bezug auf die Art und Weise der Arbeitserledigung bzw. Problemlösung (meine Methodenkompetenz)?
   o ... in Bezug auf mich als Person (meine personale und soziale Kompetenz)?
o Welche weiteren bzw. neuen Anwendungsszenarien fallen mir dazu ein?
o Was lässt sich wie verallgemeinern?

In regelmäßigen Abständen (z. B. quartalsweise) treffen sich die Gruppenmitglieder und tauschen sich über ihre wichtigsten Erfahrungen fachlicher und methodischer Art aus ihren Lerntagebüchern aus.

Beispiel

Ein Mitarbeiter, der seit einem halben Jahr ein größeres Projekt leitet, schrieb folgenden Lerntagebucheintrag nach einer Projektteamsitzung:

Kontext:
Wieder einmal wären sich Max und Susi über die Art und Weise der Bearbeitung eines ihrer Arbeitspakete in die Haare geraten, wenn ich nicht eingegriffen hätte. Ich hatte mir im Vorfeld eine neue Vorgangsweise zurechtgelegt, weil ich mit einem neuerlichen Auftreten dieser speziellen Situation gerechnet habe.

Meine neue Vorgangsweise:
Max wollte wie immer gleich mit der Bearbeitung loslegen, während Susi sich etwas Zeit nehmen wollte, um vorab eine ihr wichtig erscheinende

Voraussetzung zu klären, was Max kategorisch ablehnte. Bevor Susi wütend darauf reagieren konnte, stoppte ich die beiden ab und bat sie nach der Projektteamsitzung sich eine halbe Stunde Zeit zu nehmen, um mit mir darüber zu reden. In diesem Sechs-Augen-Gespräch kamen wir sehr rasch auf eine für beide annehmbare gemeinsame Vorgangsweise. Ich führte ihnen in diesem Gespräch vor Augen, dass unterschiedliche Herangehensweisen an eine Aufgabe die Qualität des Ergebnisses sehr positiv beeinflussen kann, wenn alle Beteiligten ihre unterschiedlichen Qualitäten schätzen und richtig einsetzen lernen.

Neues gelernt:
Es ist ratsam, sich für wiederkehrende Problemsituationen im Vorhinein Lösungsstrategien zu entwickeln. Im vorliegenden Fall war die Lösung in der Unterschiedlichkeit der beteiligten Charaktere zu finden und den Beteiligten diese Erklärung explizit anzubieten.

Verallgemeinerung:
In Zukunft werde ich schon beim Projektstart ein Teamprofil erstellen und den Projektteammitgliedern näher bringen lassen, damit sie schneller lernen mit unterschiedlichen Herangehensweisen konstruktiv umzugehen.

Referenzen

Mittelmann, Angelika et al. (2000): *Geschäftsprozesse mit menschlichem Antlitz: Methoden des Organisationalen Lernens anwenden.* Band 1 der Schriftenreihe Wissens- und Prozessmanagement hrsg. von Gappmaier, M. und Heinrich, L. J., 2. Auflage, Linz: Trauner Universitätsverlag.

Stangl, Werner (2010): *Lerntagebücher als Werkzeuge für selbstorganisiertes Lernen.* http://arbeitsblaetter.stangl-taller.at/LERNTECHNIK/ Lerntagebuch.shtml, Abruf: 25.04.2010.

Mikroartikel

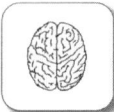

Ein Mikroartikel dient der Dokumentation von Erkenntnissen und Erfahrungen. D.h. ein Wissensträger baut seine Kompetenzen durch Schreiben von Mikroartikeln aus.

Diese Methode befindet sich daher im Semantischen Raum zwischen *Wissensträger*, *Beziehungen* und *Kompetenzen*.

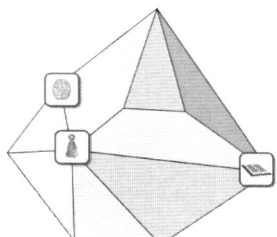

Die Methode

Mikroartikel umfassen maximal eine Textseite. Sie beinhalten eine kurze Problembeschreibung in Form einer Geschichte und die Erfahrungen, die daraus gewonnen werden können. Die Erzählform einer Geschichte sorgt dafür, dass dem Leser der Kontext des Problems nahe gebracht wird.

Ziel und Nutzen

Ziel von Mikroartikeln ist es, sehr kontextabhängiges Wissen leichter dokumentier- und wiederauffindbar zu machen.

Anwendung

Ein Mikroartikel kann wie folgt strukturiert sein:

Thema   Kurzcharakterisierung des Inhalts als Überschrift

Geschichte   Knappe Schilderung des Sachverhalts

Einsichten   Erfahrungen, die man daraus gewonnen hat

Folgerungen   Schlüsse, die man aus den Erfahrungen zieht

Anschlussfragen   Fragen, die offen geblieben sind, als Denkanstöße

Die Abschnitte "Folgerungen" und "Anschlussfragen" können auch fehlen. Mikroartikel sind auch geeignet, um in einem Lerntagebuch die wichtigste Lernerfahrung des Tages zu dokumentieren.

Thema:

Die Kunst des Nein-Sagens oder der Fluch der Desorganisation

Geschichte:

Laut Tagesplan war von der Ankunft im Büro bis 9:00 geplant, alle Vorbereitungsarbeiten für die beiden darauffolgenden Tage zu erledigen. Dazu fuhr ich extra mit dem Auto etwas früher wie gewöhnlich ins Büro. Sollte die Zeit am Morgen nicht reichen, war geplant, es nach dem letzten Besprechungstermin (Ende ca. 16:30) zu erledigen. De facto erledigte ich dringende Emails, ließ mich von Kollegen mit durchaus wichtigen Fragen und Diskussionen von meinem Plan abbringen. Die ganze Vorbereitungsarbeit erledigte ich nach meinem letzten Besprechungstermin. Sie dauerte bis 19 Uhr. In Summe schlauchte mich dieser Tag so sehr, dass es meine Familie zu spüren bekam.

Einsichten:

Der beste Plan hilft nichts, wenn man ihn nicht einhalten kann. Am Abend hat man zwar viel Ruhe, aber nicht mehr soviel Kraft, um wirklich gute Arbeit zu leisten. Ich bringe es nicht fertig, Kollegen "abzuwimmeln", auch wenn es auf Kosten meiner Energiereserven geht.

Folgerungen:

Workshops sollte man früher vorbereiten. Mit Kollegen eine Sperrzeit vereinbaren oä.

Anschlussfragen:

Was kann man tun, damit man seine Pläne besser verwirklichen kann? Wie kann man "Sperrzeiten" durchsetzen?

Referenzen

Willke, Helmut (2001): *Sytemisches Wissensmanagement*. 2. neubearbeitete Auflage, Stuttgart: UTB.

Persönliche Wissensbank

Der Aufbau und die Pflege einer Persönlichen Wissensbank dienen dem Kompetenzerhalt und -ausbau einer Person. Sie zeigt die Struktur der spezifischen Wissensgebiete einer Person und enthält Referenzen auf zugehörige Artefakte.

Daher ist diese Methode im Semantischen Raum zwischen *Wissensträger*, *Wissensgebiete* und *Kompetenzen* zu finden.

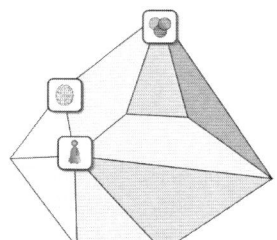

Die Methode

Eine Persönliche Wissensbank enthält das dokumentierbare Kern- und Spezialwissen einer Person.

Ziel und Nutzen

Das Anlegen und die ständige Aktualisierung der Persönlichen Wissensbank führen zu einem stetigen und zielgerichteten Kompetenzaufbau. Sie fördert die Kenntnis des eigenen Wissensprofils und ermöglicht die konsequente Weiterentwicklung der eigenen Fähigkeiten und Fertigkeiten durch systematisches Lernen aus Fehlern und durch gezieltes Experimentieren sowie durch die konsequente Dokumentation persönlicher Erfahrungen.

Anwendung

Aufbau und Pflege einer Persönlichen Wissensbank erfordert folgende Schritte:

1. Strukturaufbau:

Abhängig vom eigenen Kompetenzprofil legt man für jedes relevante Wissensgebiet einen Ordner und sinnvolle Unterordner an. Maximal drei Ordnerebenen haben sich in der Praxis als sinnvoll erwiesen. Es empfiehlt sich auch, die gleiche Struktur sowohl für elektronische als auch für Papierdokumente zu verwenden. Zur Strukturierung und Visualisierung können Mind Maps (siehe Seite 164) ergänzend verwendet werden.

2. Erstbefüllung:

Je Wissensgebiet sammelt man bereits vorhandene Artefakte (Artikel, Präsentationen, Tabellen, Bilder, Videos, Podcasts, etc.) und verschiebt sie in die passenden Ordner. Sollte dabei ein Artefakt zu mehr als einem Ordner passen, legt man es in den „passenderen" ab und hinterlegt im anderen einen Verweis auf dieses Artefakt. Eine weitere bzw. ergänzende Möglichkeit ist, die Artefakte mit passenden Schlagwörtern zu versehen. Man erleichtert sich durch diese Vorgangsweise das Wiederauffinden benötigter Artefakte. Diese Erstbefüllung stellt einen gewissen Aufwand dar, der aber durch die massive Reduktion von Suchzeiten gerechtfertigt ist.

3. Wartung:

Damit die Persönliche Wissensbank auf Dauer ihren Wert für ihren Besitzer behält bzw. steigert, sollte man sie regelmäßig warten. Man *ergänzt* relevante, neue Artefakte (z. B. Dokumentationen wichtiger eigener Erfahrungen aus unterschiedlichen Arbeits- und Lebenssituationen, Foliensätze von eigenen Vorträgen, selbst verfasste Artikel, eigene Zusammenfassungen von wichtigen Zusammenhängen), *überarbeitet* nicht mehr ganz aktuelle Artefakte und *löscht* veraltete Artefakte.

Referenzen

Mittelmann, Angelika et al. (2000): *Geschäftsprozesse mit menschlichem Antlitz: Methoden des Organisationalen Lernens anwenden.* Band 1 der Schriftenreihe Wissens- und Prozessmanagement hrsg. von Gappmaier, M. und Heinrich, L. J., 2. Auflage, Linz: Trauner.

Probst, Gilbert J. B.; Eppler, Martin J. (1998): *Persönliches Wissensmanagement in der Unternehmensführung - Ziele, Strategien, Instrumente.* In: zfo 3/1998, S. 147-151.

Portfolio und E-Portfolio

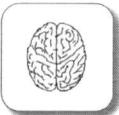

Ein Portfolio unterstützt den eigenen Lernprozess und dient der Präsentation daraus resultierender Ergebnisse. D.h. ein Wissensträger baut seine Kompetenzen durch Führen eines Portfolios aus.

Diese Methode befindet sich daher im Semantischen Raum zwischen *Wissensträger*, *Beziehungen* und *Kompetenzen*.

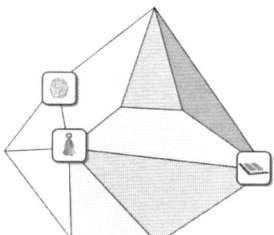

Die Methode

Das Wort „Portfolio" setzt sich aus den beiden lateinischen Wörtern „portare" (= tragen) und „folium" (= Blatt) zusammen. Portfolio bedeutet also eine Mappe, die Blätter enthält. Für bildende Künstler, Architekten oder Designer ist es selbstverständlich, eine Meistermappe griffbereit zu haben, um potenziellen Kunden die besten Arbeiten zeigen zu können. Aus dieser Tradition hat sich die im Folgenden dargestellte Portfolio-Methode entwickelt.

Ein Portfolio ist eine Methode, mit deren Hilfe eine Person oder eine Organisation Artefakte (Bücher, Fachartikel, Präsentationen, Tabellen, Bilder, Videos, Podcasts, Modelle, Prototypen, etc.) auswählt und präsentiert, um den Entwicklungsweg und -stand ihrer Kompetenzen zu zeigen. Wenn die Sammlung die besten Arbeiten umfasst, spricht man von einem *Produkt-* oder *Ergebnisportfolio*. Sind darin Artefakte enthalten, die den Lernprozess bzw. Entwicklungsweg seines Besitzers zeigen, handelt es sich um ein *Entwicklungsportfolio*. E-Portfolios sind eine digitale Sammlung von Artefakten und gleichzeitig Lernwerkzeug.

Ziel und Nutzen

Die Arbeit mit Portfolios erhöht die Lernmotivation und Eigenverantwortung, fördert sowohl die Selbstorganisation als auch die Selbstreflexion. Sie unterstützt beim Setzen und Verfolgen von individuellen Entwicklungszielen. Darüber hinaus werden die Lernenden zur Beurteilung der Qualität der erworbenen Kompetenzen und Lernergebnisse angeregt, was zur Klarheit über eigene Stärken und Schwächen beiträgt. Durch zielgerichtete Präsen-

Die eigenen Kompetenzen entwickeln

tation der individuellen Bildungs- und Berufsbiografie inkl. der zugehörigen Artefakte entsteht ein erweitertes Profil, das dem Unternehmen nach eigenem Ermessen zur Verfügung gestellt werden kann. Diese individuellen Portfolios können als Bausteine für ein organisationales Portfolio dienen.

Ein organisationales Portfolio unterstützt bei der Einschätzung des Entwicklungsstands der Organisation. Darauf aufbauend kann die strategische Stoßrichtung samt erforderlicher organisationsentwicklerischer Maßnahmen abgeleitet werden.

Anwendung

Ein individueller Portfolio-Prozess orientiert sich am Lernprozess einer Person. Folgende Schritte werden dabei durchlaufen:

Zielsetzung festlegen:

Der erste Schritt zu einer erfolgreichen Portfolio-Arbeit ist die Festlegung, was der Besitzer mit dem Portfolio erreichen will. Die ehrliche Beantwortung folgender Fragen ist dafür hilfreich:

o Für welche Problemstellungen möchte ich nachhaltige Lösungen finden?

o Wo sehe ich für mich einen Lernbedarf?

o Was ist mein Lernziel?

o Zu welchem Zweck (Ergebnis- oder Entwicklungsportfolio) möchte ich mein Portfolio erstellen?

o Wer außer mir soll das Portfolio zu Gesicht bekommen?

Portfolio strukturieren:

Ausgehend vom Ergebnis der Überlegungen im ersten Schritt kann nun die Struktur und äußere Form des Portfolios festgelegt werden. Als grobe Struktur bietet sich an:

A Motivation und Zielsetzung

1 Problemstellung, Lernbedarf oder Lernziel
2 Zweck des Portfolios
3 Begründung für die Verwendung des Portfolios
4 Darstellung der Vorgehensweise bei der Verwendung

B Selbstdarstellung und Status Quo

1 Biografische Daten und Foto

2   Bildungs- und Berufsbiografie
3   Selbsteinschätzung der eigenen Kompetenzen
4   Fremdeinschätzungen

C   Mein Lernprozess

1   Eigene Lernbedürfnisse und -fähigkeiten
2   Meine Lern- und Arbeitstechniken
3   Dokumentation des Lernprozesses (Lernpakete und Zeitschiene)
4   Beurteilungskriterien

D   Dossier

1   Dokumentation gelungener Arbeiten
2   Erfahrungs- und Reflexionsdokumente über Arbeiten und Lernschritte
3   Abschlüsse, Zertifikate, andere Qualifikationsbeschreibungen
4   Sprachleveleinschätzung der Fremdsprachenkenntnisse nach dem europäischen Sprachenpass

Je nach gewähltem Zweck des Portfolios kann der Abschnitt C weggelassen werden. Ein Portfolio sollte für potenzielle Leser ansprechend und übersichtlich gestaltet werden. Es ist quasi wie ein Aushängeschild für die Selbstvermarktung anzusehen.

Material sammeln und auswählen:

Sobald ein Lernpaket abgeschlossen ist, kann mit der Sammlung und Sichtung vorhandener Materialien begonnen werden. Im Vordergrund steht hier die prinzipielle Verwendbarkeit für das Portfolio. Bei jeder Arbeit in der Sammlung fragt man sich, inwieweit sie die Beurteilungskriterien erfüllt und was das Besondere an ihr ist, was ihre Aufnahme in das Portfolio rechtfertigt.

Auswahl reflektieren und begründen:

Der Reflexion kommt in der Portfolioarbeit besondere Bedeutung zu. Es ist wichtig, sowohl den eigenen Lernprozess als auch dessen Ergebnisse kritisch zu hinterfragen. Die Reflexion jeder Arbeit kann durch folgende Fragen angeregt werden:

o   Warum sehe ich dies als beste Arbeit von mir an?

o   Was ist mir in der Bearbeitung bereits gelungen? (Schwierigkeiten und ihre Bewältigung, erste Hypothesen und Lösungen, Überprüfung und Anwendung, neu erworbene Methoden)

o   Wie habe ich die Arbeit ausgeführt und vervollständigt?

Die eigenen Kompetenzen entwickeln

- o Was zeigt das Ergebnis von mir und meiner Arbeit?
- o Wo sehe ich noch Schwachstellen und Lernmöglichkeiten?
- o Was würde ich beim nächsten Mal anders machen?
- o Worin unterscheidet sich dieses beste Ergebnis von dem vorherigen besten Ergebnis?
- o Wie bezieht sich das Ergebnis auf bisher Gelerntes?
- o Auf welche Bereiche ließe sich das Gelernte übertragen?

Zielerreichung und Portfolio evaluieren:

In diesem Schritt weitet man den Blick von den Einzelergebnissen auf das Gesamtergebnis aus. Man beurteilt, welche Ziele man in welcher Qualität erreicht hat. Zur Gewährleistung eines kontinuierlichen Lernprozesses formuliert man weitere oder weiterführende Zielsetzungen und steigt damit wieder bei Schritt eins ein.

Ein Portfolio kann einen Lernenden sein Leben lang begleiten und wird so zu einem unschätzbar wertvollen Wissens- und Erfahrungsschatz.

Einführung von Portfolioarbeit im organisationalen Kontext

Wenn ein Unternehmen Portfolioarbeit im Rahmen von Entwicklungsprogrammen einsetzen möchte, empfehlen sich folgende Schritte:

- o Festlegung der Zielsetzung
- o Festlegung der Portfolio-Struktur
- o Festlegung der informationstechnischen Unterstützung und Systemauswahl
- o Festlegung der Kompetenzen, die entwickelt werden sollen, und Beurteilungskriterien
- o Einschulung der Trainer in die Portfolioarbeit
- o Einschulung der Teilnehmer am Entwicklungsprogramm in die Portfolioarbeit
- o Veröffentlichung von Teilnehmerportfolios oder Ausschnitten von Portfolios (zB besonders gelungene Arbeiten)

Die Einführung von Portfolios auf organisationaler Ebene ist ein Schritt vom individuellen zum organisationalen Lernen.

Beispiel

Als Beispiel dient hier der Auszug aus einem Portfolio eines Projektmanagers, der seine Arbeit in Projekten aktiv zur Weiterentwicklung seiner Kompetenzen nutzt.

A Motivation und Zielsetzung

1   Für das Projekt xy habe ich mir zum Ziel gesetzt, meine Teamentwicklungskompetenz zu vertiefen.

2   Dieses Portfolio dient primär dem Zweck meine Lernschritte zu reflektieren und zu dokumentieren. Es handelt sich also um ein Entwicklungsportfolio, das ich mit meinem Linienvorgesetzten im nächsten Mitarbeitergespräch besprechen werde, um gemeinsam weitere Entwicklungsmaßnahmen daraus abzuleiten.

3   Ich habe diese Form der Dokumentation gewählt, weil ich mir von dieser Art der Dokumentation tiefergehende Erkenntnisse erwarte.

4   Einmal im Monat und bei besonderen Ereignissen im Team werde ich eine Reflexionssequenz über den Teamstatus in Bezug auf meine Teamentwicklungsmaßnahmen für mich allein und mit dem Projektteam machen.

B Selbstdarstellung und Status Quo

1   nicht ausgeführt

2   nicht ausgeführt

3   Auf der vierstufigen Skala „kennen/können/beherrschen/umfassend beherrschen" schätze ich mich bei „beherrschen" ein.

4   Diese Einschätzung wurde im letzten Mitarbeitergespräch von meinem Linienvorgesetzten bestätigt.

C Mein Lernprozess

1   n.a.

2   n.a.

3   Lernpaket 1: Teamrollen feststellen und nutzen (Projektstart)
    Lernpaket 2: Teambarometer einführen und nutzen (während der gesamten Projektlaufzeit)

4   Beurteilungskriterien: Angemessenheit und Wirkung der ausgewählten Teamentwicklungsmethoden (qualitative Beurteilung durch Interviews mit Teammitgliedern durch unabhängigen Dritten)

Die eigenen Kompetenzen entwickeln

D Dossier

1 zu Lernpaket 1: siehe Dokument „Ergebnis Teamrollentest"
   zu Lernpaket 2: siehe Dokument „Teambarometer"

2 siehe Dokument: „Ableitungen aus Teamrollentest"
   siehe Dokument: „Auswertung und Reflexion Teambarometer"

3 n.a.

4 n.a.

Referenzen

Bisovsky, Gerhard; Schaffert, Sandra (2009): *Lehren und Lernen mit dem E-Portfolio*. http://www.die-bonn.de/doks/bisovsky0901.pdf, Abruf: 20.10.2010.

Brunner, Ilse; Häcker, Thomas; Winter, Felix (Hrsg., 2006): *Das Handbuch Portfolioarbeit*. Velber: Kallmeyer.

Plamenik, Beatrix (2001): *Vom Lesetagebuch zum Portfolio. Ein Baustein für das eigenverantwortliche Arbeiten und Lernen*. Graz: Pädagogisches Institut des Bundes in der Steiermark, Themenhefte Heft 7.

Kompetenz-Portfolio

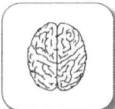

Die Erstellung eines Kompetenz-Portfolios dient dem Erkennen und Ausbau individueller Kompetenzen.

Daher befindet sich diese Methode im Semantischen Raum zwischen *Wissensträger* und *Kompetenzen*.

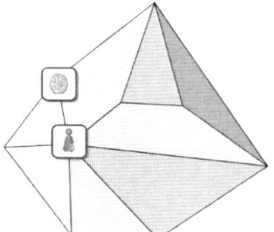

Die Methode

Ein persönliches Kompetenz-Portfolio ist eine grafische Darstellung der eigenen Kompetenzen unter dem Blickwinkel der Qualität und Nützlichkeit.

Ziel und Nutzen

Basis jeden Wissens ist Lernen. Um sein eigenes Wissen zielgerichtet weiterentwickeln zu können, ist es notwendig, seine eigenen Kompetenzen und Entwicklungsfelder zu kennen.

Anwendung

Zur Erstellung eines persönlichen Kompetenz-Portfolios werden folgende Schritte bearbeitet:

1. Erfassung meiner derzeitigen Kompetenzfelder:

"Was kann ich derzeit?" Auflistung ev. gegliedert nach Fach-, Methoden- und sozialen Kompetenzfeldern.

2. Beurteilung dieser Kompetenzen nach Qualität und Nutzen:

"Wie gut kann ich es derzeit? Wie groß ist der Nutzen für meinen Arbeitgeber, für mich persönlich?"
Einordnung der Kompetenzfelder in das Portfolio nach Qualität und Nutzen

3. Definition der persönlichen Entwicklungsziele:

"Wo möchte ich besser werden und warum? Wie werde ich erkennen, dass ich mein Ziel erreicht habe?" Ableitung von drei möglichst konkreten Zielen

4. Erstellung des Soll-Portfolios:

Darstellung der zukünftigen Position der Kompetenzfelder im Portfolio

5. Ableitung Aktionsplan:

"Welches Wissensziel möchte ich bis wann in welcher Qualität erreicht haben? Wer kann mir in welcher Form bei der Erreichung meiner Ziele helfen?" Ableitung der drei nächsten konkreten Schritte zur Zielerreichung

Beispiel

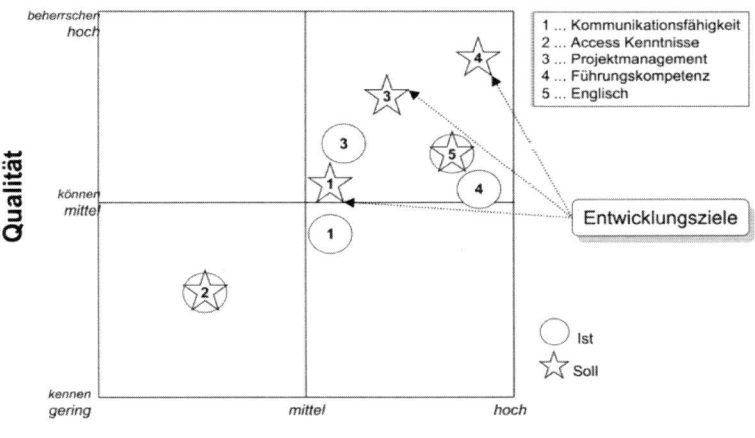

Abbildung 5: Beispiel eines Kompetenz-Portfolios

Wissensziel (zu 4):

Ich möchte bis Ende des Jahres 20xx meine Führungskompetenz von *können* auf *beherrschen* ausbauen. Die Zielerreichung werde ich daran erkennen, dass ich bei der Leitung des Projekts XY konfliktbehaftete Führungssituationen problemlos bewältigen kann.

Aktionsplan (zu 4):

1. Dokumentation aller konfliktbelasteten Führungssituationen inkl. Lösungswege ab sofort.
2. Auswahl eines Projekt-Coach und Abstimmung meines Wissensziel bis Ende Q2/xx.
3. Besuch des Seminars „Führen von großen Teams" bis Q3/xx.

Wissensorientiertes Mitarbeitergespräch

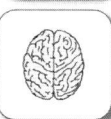

Das wissensorientierte Mitarbeitergespräch kanalisiert die Lernprozesse und den Kompetenzaufbau eines Mitarbeiters.

Daher befindet sich diese Methode im Semantischen Raum zwischen *Wissensträger*, *Prozesse* und *Kompetenzen*.

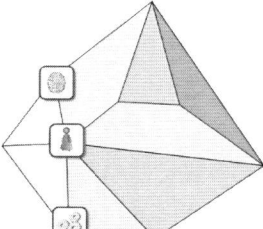

Die Methode

Ein wissensorientiertes Mitarbeitergespräch ist ein Mitarbeitergespräch, bei dem Wissensziele und wissensorientiertes Verhalten neben den üblichen Gesprächsthemen zur Sprache kommen.

Ziel und Nutzen

Die Ressource Wissen wird immer mehr zum wettbewerbsentscheidenden Faktor. Wissen ist untrennbar mit Personen verbunden, daher ist es wichtig, bereits beim einzelnen Mitarbeiter das Bewusstsein für einen pfleglichen Umgang mit seinem Wissen zu wecken und zu stärken. Dies gelingt am besten über seine direkte Führungskraft. Als passendes Führungsinstrument bietet sich das Mitarbeitergespräch an.

Anwendung

Die üblichen Gesprächsthemen wie Rückblick auf die vergangene Periode, aktuelle und zukünftige Aufgabengebiete sowie gegenseitiges Feedback werden ergänzt um die Vereinbarung von Wissenszielen für die jeweiligen speziellen Wissensgebiete des Mitarbeiters. Die Führungskraft könnte z. B. mit ihrem Mitarbeiter vereinbaren, dass er innerhalb der nächsten zwölf Monate zwei Weiterbildungsveranstaltungen in seinem Fachgebiet für seine KollegInnen plant und abhält. Im Rahmen des gegenseitigen Feedbacks besprechen Mitarbeiter und Führungskraft inwieweit sie wissensorientiertes Verhalten und Fähigkeiten weiterentwickelt haben.

Wissensorientiertes Verhalten umfasst:

o   aktiv nach Hilfe fragen, wenn man sie benötigt,

o   Gelerntes (zB aus Projekten) routinemäßig sichern und gezielt an andere weitergeben sowie

o   sich immer wieder nach Verbesserungsmöglichkeiten beim nächsten Mal fragen.

Wissensorientierte Fähigkeiten sind:

o   explizieren können von implizitem Wissen, was bedeutet sein Erfahrungswissen anderen verständlich erklären zu können,

o   aktiv zuhören können, d.h. sich bei seinem Gesprächspartner durch Nachfragen zu vergewissern, ob man alles richtig verstanden hat,

o   komplexe Sachverhalte kurz und prägnant auf den Punkt bringen können sowie

o   Zusammenhänge grafisch übersichtlich aufbereiten können.

Abschließend vereinbaren sie Maßnahmen zur Weiterentwicklung dieser Fähigkeiten und Fertigkeiten, bei denen sie Entwicklungsbedarf festgestellt haben.

Beispiel

Zur nachhaltigen Unterstützung der Wissensweitergabe und der Kompetenzentwicklung hat Harmonic Drive in Limburg (www.harmonicdrive.de) in seine periodischen Mitarbeitergespräche und -beurteilungen folgende Fragen aufgenommen:

o   Was haben Sie im letzten Jahr getan, um Ihre eigene Kompetenz zu steigern?

o   Was haben Sie getan, um Ihr Wissen an Kollegen weiterzugeben oder im Informationssystem zu verankern?

o   Was haben Sie zur Entwicklung neuer Produkte beigetragen bzw. haben Sie einen Verbesserungsvorschlag eingereicht?

Referenzen

Bellinger, Andréa; Krieger, David J. (Hrsg., 2006): *Wissensmanagement für KMU*. Zürich: Vdf Hochschulverlag.

Lembke, Gerald (2007): *Persönliches Wissensmanagement*. Perspektive blau, Jänner 2007, http://www.perspektive-blau.de/artikel/0701a/0701a.pdf, Abrufdatum: 14.04.2009.

Werkzeuge im Kapitel 2

Wissensentwicklungskarten
Darstellungswerkzeug für Wissen/Kompetenzen zur optimalen Abwicklung der Geschäftsprozesse

Manöverkritiksitzung
Teambesprechung, um unmittelbar aus Erfolgen/Fehlschlägen zu lernen

Befragung
Methode zum Erschließen impliziten Wissens durch gezieltes Fragen

Lessons Learned Prozess
Lernprozess, durch den systematisch neue Erfahrungen integriert werden

Storytelling
Methode zum Austausch und Verdichtung von Wissen und Erfahrungen

Narrativer Wissenstranfer (Story Telling)
Methodische Erfassung und Transfer von implizitem Erfahrungswissen

Story-Telling-One-Day
Eintägige Variante des Narrativen Wissenstransfers

Expert Debriefing
Methode zur Wissensbewahrung ausscheidender Experten

Wissensmeeting
Besprechung zur gezielten Entwicklung bzw. Transfer von Wissen

Knowledge Flow Meeting
Methode für die schnelle Wissensentwicklung in Organisationen

Lerntag
Zusammenkunft von Mitarbeitern zur Vermittlung von Fachwissen

Aktionslernen
Erfahrungsorientierter Ansatz zur Entwicklung von Managementfähigkeiten

Projektlernen
Nutzung von Projektarbeit zum individuellen und organisatorischen Lernen

Tobin's q
Einschätzungsmethode für das intellektuelle Kapital eines Unternehmens

2 Organisationales Lernen entfalten

Kompetenzen, Organisationen & Co

In diesem Kapitel finden sich Methoden, die der Kompetenzentwicklung einer Organisation dienen. Im Semantischen Raum bewegen wir uns rund um die Entitäten *Kompetenzen* und *Organisationen* in enger Verbindung mit der Entität *Wissensträger*, ohne die es keine Organisation gäbe.

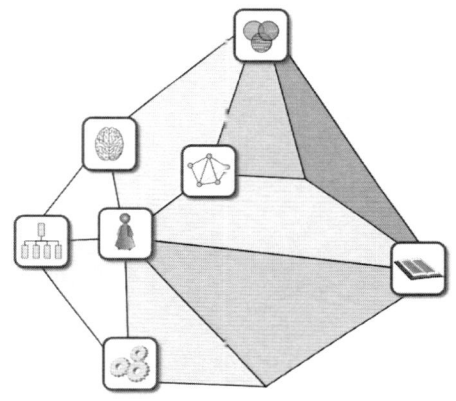

Organisationen bauen ihre Kompetenzen auf und aus, indem ihre Wissensträger *Prozesse* betreiben und optimieren, *Beziehungen* pflegen und diese für ihr Lernen aus Erfahrungen nutzen. Sie strukturieren ihre *Wissensgebiete* samt zugehörigen *Wissensobjekten* und stellen deren Beziehungen untereinander und zu den Wissensträgern dar, um Transparenz über vorhandenes und benötigtes Wissen zu erlangen.

Die Rundreise in diesem Gebiet des Semantischen Raums beginnt mit einer Methode für Wissenstransparenz (Wissensentwicklungskarten). Sie führt weiter über eine breite Auswahl von Methoden zur Wissens- und Erfahrungssicherung (Manöverkritiksitzung, Befragung, Lessons Learned Prozess, Storytelling, Narrativer Wissenstransfer, Story-Telling-One-Day, Expert Debriefing). Hier beginnt der Übergang zu den Methoden, die nicht nur der Wissenssicherung, sondern auch der Wissens- und Kompetenzentwicklung dienen (Wissensmeeting, Knowledge Flow Meeting, Lerntag, Aktionslernen, Projektlernen). Den Abschluss bildet eine Methode, die einer groben Abschätzung des vorhandenen intellektuellen Kapitals einer Organisation dient (Tobin's q).

Diese Methodenauswahl kann genutzt werden, um den Weg einer Organisation in Richtung organisationales Lernen zu begleiten.

Wissensentwicklungskarten

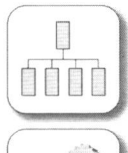

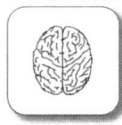

Wissensentwicklungskarten beschreiben das Wissen bzw. Kompetenzen, die Organisationen für das Betreiben und Optimierung ihrer Prozesse benötigen.

Daher befindet sich diese Methode im Semantischen Raum zwischen *Organisationen*, *Prozesse* und *Kompetenzen*.

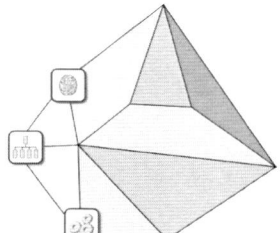

Die Methode

Wissensentwicklungskarten enthalten im Gegensatz zu den Wissensanwendungskarten nicht das Anwendungswissen selbst, sondern welches Wissen und welche Kompetenzen die Organisation für die optimale Abwicklung ihrer Geschäftsprozesse benötigt.

Ziel und Nutzen

Ziel von Wissensentwicklungskarten ist es, die Identifikation von Wissenslücken zu erleichtern und damit schließen zu helfen. Die Erreichung von operativen Wissenszielen wird dadurch unterstützt.

Anwendung

Bei der Erstellung von Wissensentwicklungskarten ist der Schulterschluss zwischen den Experten des jeweiligen Wissensgebiets und der Personalentwicklung unerlässlich. Die Fachexperten listen auf, was jemand wissen und können muss, um beliebige Aufgabenstellungen in dem Wissensgebiet erfolgreich bewältigen zu können. Die Personalentwickler übersetzen diese Listen in einen Anforderungskatalog von Kompetenzen, die meist noch in drei Kompetenzstufen (Kenner, Könner, Experte) gegliedert sind (siehe Beispiel in Abbildung 6). Die Führungskräfte verwenden den jeweils für ihre Organisationseinheit relevanten Ausschnitt aus diesem Katalog im Mitarbeitergespräch (siehe Seite 62) für die Einschätzung des aktuellen Entwicklungsstands ihrer Mitarbeiter und als Grundlage für die Vereinbarung von Weiterbildungsmaßnahmen.

Beispiel

Wissensmanagement		
Kenner	*Könner*	*Experte*
Begriffe: Wissen, Wissens- management	Methoden des persönlichen Wissensmgmt.	Vorgehensmodelle zur Einführung von Wissensmgmt.
Persönlicher und organisationaler Nutzen	Methoden des organisationalen Wissensmgmt.	Moderation von Communities of Practice
Barrieren des Wissens- managements	Eigenes Wissen managen und wei- tergeben können	Org. Wissens- mgmt. Aktivitäten begleiten können

Abbildung 6: Ausschnitt aus einer Wissensentwicklungskarte für „Wissensmanagement"

Referenzen

Eppler, Martin J. (2001). *Making Knowledge Visible Through Intranet Knowledge Maps: Concepts, Elements, Cases.* http://csdl.computer.org/ comp/proceedings/hicss/2001/ 0981/04/09814030.pcf, Abruf: 28.06.2010.

North, Klaus; Reinhardt, Kai (2005): *Kompetenzmanagement in der Praxis. Mitarbeiterkompetenzen systematisch identifizieren, nutzen und entwickeln.* Wiesbaden: Gabler.

Ott, Florian (2003): *Wissenslandkarten als Instrument des kollektiven Wis- sensmanagement.* Diplomarbeit an der Wirtschaftsuriversität Wien, Institut für Unternehmensführung, http://fhib5jg.factlink.net/fsDownload/ DA_Wissenslandkarten.pdf?forumid=286&v=1&id=166113, Abruf: 25.05.2010.

Manöverkritiksitzung

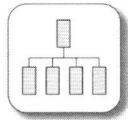

Erkenntnisse aus Manöverkritiksitzungen können meist sofort in den besprochenen Arbeitsprozessen nutzbringend verwertet werden. Die Wissensbasis des Teams wird ausgebaut.

Diese Methode ist daher im Semantischen Raum zwischen *Organisationen*, *Prozesse* und *Kompetenzen* zu finden.

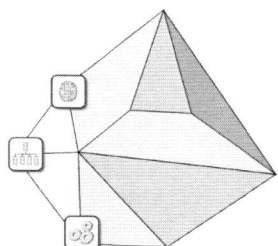

Die Methode

Eine Manöverkritiksitzung (englisch: After Action Review) ist eine max. 30 Minuten dauernde, fokussierte Teambesprechung unmittelbar nach Abschluss einer Aufgabe oder nach besonderen Ereignissen. Sie sollte immer dann durchgeführt werden, wenn es deutlich erkennbare, positive und/oder negative Abweichungen vom geplanten Vorgehen gibt und wenn die Aufgabe mit hohen Kosten bzw. Aufwand verbunden oder am kritischen Pfad ist.

Ziel und Nutzen

Ziel dieser Methode ist es, unmittelbar aus Erfolgen und Fehlschlägen zu lernen und die Erkenntnisse sofort in der nächsten Schicht oder im Arbeitsablauf am nächsten Tag nutzbringend einzusetzen. Das ermöglicht Kurskorrekturen während des Ablaufs auf Basis des Gelernten, die Optimierung der Zusammenarbeit im Team und den Aufbau einer kollektiven, handlungsorientierten Wissensbasis.

Eine Manöverkritiksitzung benötigt wenig Zeit und bringt rasch Erfolge. Die Methode kann schnell erlernt und eingesetzt werden. Sie hat eine niedrige Einstiegsschwelle auch für Ungeübte.

Anwendung

Manöverkritiksitzungen sofort abhalten:

Sofort nach einem kritischen Arbeitsschritt oder Ereignis versammeln sich alle Beteiligten an einem Ort in unmittelbarer Nähe der Arbeitsstätte, wo sie ungestört ihre Besprechung abhalten können. Ihre Erinnerungen sind noch frisch und das Gelernte kann dann sofort, sogar schon am nächsten Tag umgesetzt werden.

Für das richtige Klima sorgen:

Manöverkritiksitzungen gelingen am besten, wenn sie in einer Atmosphäre der Offenheit, gegenseitigen Wertschätzung und Lernbereitschaft aller Beteiligten abgehalten werden. Dienstalter und Hierarchie müssen während dieser Besprechungen außer Kraft gesetzt werden. Manöverkritiksitzungen umfassen Lernvorgänge, Kritik und Leistungsüberprüfungen haben hier keinen Platz.

Den richtigen Moderator auswählen:

Die Teilnehmer wählen aus ihrer Mitte einen Moderator, der dafür sorgt, dass alle Erfahrungen und Erkenntnisse zur Sprache kommen. Er soll nicht selbst Antworten geben, sondern den Teilnehmern helfen Antworten zu finden.

Die vier Kernfragen behandeln:

1. Was hätte passieren sollen?
Der Moderator sollte damit beginnen, den Vorgang in einzelne Aktivitäten zu zerlegen, von denen jede ein Ziel und einen Maßrahmenplan hinterlegt hat oder haben sollte. Die Diskussion beginnt mit der ersten Frage „Was hätte passieren sollen?"

2. Was ist wirklich passiert?
Die Teilnehmer müssen die Fakten, nicht Meinungen (!) zusammentragen, was wirklich passiert ist. Es geht hier darum, Lernpunkte oder Probleme zu finden und nicht Schuldige.

3. Warum gab es Abweichungen?
Der Plan wird mit dem tatsächlichen Geschehen verglichen. Die Erfolge und Defizite werden so identifiziert und diskutiert.

4. Was können wir daraus lernen?
Es werden Maßnahmen abgeleitet, die eine Wiederholung der Erfolge und eine Reduzierung der Defizite ermöglichen. Die Maßnahmen sollen so definiert werden, dass sie möglichst sofort umsetzbar sind.

Schwerpunkte festhalten:

Der Moderator hält auf dem Flipchart die wichtigsten Punkte fest, was geplant war und was tatsächlich passiert ist, sowie die abgeleiteten Maßnahmen. Dies erleichtert das Teilen der Lernerfahrungen im Team und bildet die Basis für ein breiteres Lernprogramm in der Organisation.

Variante 2-5-1 Storytelling

Diese Methode wurde von Lt Col Karuna Ramanathan und seinem Team beim Militär von Singapur entwickelt. Ramanathan führte diese Variante ein, weil das Militärpersonal aufgrund ihrer Kultur in Manöverkritiksitzungen sehr zurückhaltend war. Folgende Methode, das „2-5-1 Storytelling", wurde eingeführt, um das Kommunizieren von Erfahrungswissen zu erleichtertern und damit den Nutzen von Manöverkritiksitzungen zu erhöhen:

- o **2 Hände - 2 Abschnitte**
  1 - Wer Sie sind
  2 - Zusammenfassung Ihrer Erfahrung
- o **5 Finger**
  Kleiner Finger – was während des Einsatzes nicht genügend Aufmerksamkeit bekommen hat
  Ringfinger – welche Beziehungen geknüpft wurden, was Sie über das Knüpfen von Beziehungen gelernt haben
  Mittelfinger – was Ihnen nicht gefallen hat, was/wer Sie frustriert hat
  Zeigefinger – was Sie das nächste Mal besser machen würden, was Sie denen sagen möchten, die „verantwortlich" waren, was sie besser machen könnten
  Daumen (hoch) – was alles gut vonstatten ging, was gut war
- o **1** – was Sie als wichtigste Erfahrung aus dem Einsatz mitnehmen

Dieser Grundstruktur kann man leicht folgen, wenn man beim Erzählen die Hände benutzt, eine Hand für die Abschnitte, die andere für die entsprechenden Finger.

Referenzen

Collison, Chris (2005): *Knowledge Management - Learning Whilst Doing - Facilitating an After Action Review*. http://ezinearticles.com/?Knowledge-Management---Learning-Whilst-Doing---Facilitating-an-After-Action-Review&id=12447, Abruf: 08.12.2010.

Collison, Chris; Parcell, Geoff (2005): *Learning to Fly: Practical Knowledge Management from Leading and Learning Organizations*. 2. Auflage, Mankato, Bloomington: Capstone.

Ramanathan, Karuna (2009): *2-5-1 Storytelling*. http://swanthinks.wordpress.com/2009/11/23/2-5-1-storytelling/, Abruf: 7.12.2009.

Befragung

Die Befragung ist Grundlage einiger Wissenssicherungsmethoden. Wissensträger werden zu ihrem Wissen und ihren Erfahrungen in den Arbeitsprozessen und ihren Wissensgebieten befragt.

Im Semantischen Raum befindet sich daher diese Methode zwischen *Wissensträger*, *Prozesse* und *Wissensgebiete*.

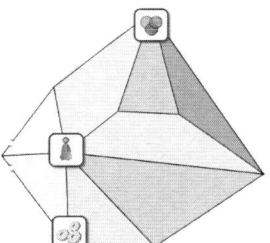

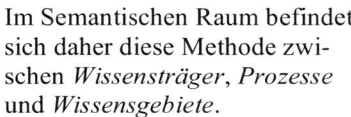

Die Methode

Die Befragung ist eine sozialwissenschaftliche Methode, bei der Informationen von Einzelpersonen oder Gruppen von Personen durch gezielte Fragen oder andere Stimuli (zB Bilder) eingeholt werden. Mündliche Befragungen werden meist als Interviews bezeichnet. Diese können mit Hilfe von vorbereiteten Fragebögen durchgeführt werden (= strukturierte Interviews) oder ganz offen gestaltet sein (= narrative Interviews). Narrative Interviews sind integrativer Teil der Methode Narrativer Wissenstransfer (siehe Seite 84).

Ziel und Nutzen

Aus der Perspektive des Wissensmanagements ist das Ziel dieser Methode, implizites Wissen auf einem bestimmten Gebiet und zu besonders interessanten Ereignissen oder Erlebnissen durch gezielte Fragen an Wissensträger zu erschließen.

Anwendung

Eine Befragung umfasst die folgenden drei Phasen:

Vorbereitungsphase:

In dieser Phase wird die Zielsetzung festgelegt und die Zielgruppe(n) ausgewählt. Darauf aufbauend, kann mit der Gestaltung der Befragung begonnen werden. Der Themenbereich wird festgelegt und die Strukturierung des Themenbereiches in Teilbereiche. Für eine strukturierte Befragung wird mit der Bestimmung der Reihenfolge der einzelnen Teilbereiche dieser Planungsschritt abgeschlossen. Erfahrungsgemäß stellt man interessante, aber unkritische Fragen (Eisbrecherfagen) zu Beginn, komplizierte Fragen im mittleren Drittel und einfache Fragen (zB Angaben zur Person) am Ende der Befragung. Die Form der Befragung sollte dem Umfang und Zweck angepasst werden, wobei zwischen schriftlicher oder mündlicher/telefonischer Befragung und jeweils anonymem bzw. offenem Vorgehen gewählt werden kann.

Hinsichtlich der Gestaltung der Fragebögen ist die Art der Fragestellung (direkte oder indirekte Befragung), die Art der Fragen (offene oder geschlossene) sowie Umfang und Art der Standardisierung des Fragenkatalogs von Bedeutung. Bei der Formulierung der Fragen ist darauf zu achten, dass die Fragen möglichst exakt, konkret und eindeutig formuliert werden. Doppelte Verneinungen und Suggestivfragen sind zu vermeiden. Darüber hinaus sollten das Bildungsniveau und die intellektuellen Fähigkeiten der Zielgruppe berücksichtigt werden.

Eine Probebefragung von mehreren Freiwilligen aus der Zielgruppe ist empfehlenswert, um miss- und/oder unverständliche Formulierungen identifizieren und bereinigen zu können. Je nach Zielsetzung kann für eine qualitativ hochwertige Wissenserschließung eine größere Gruppe von Personen erforderlich sein. In diesem Fall wird eine Informationskampagne gestartet, die Sinn und Zweck der geplanten Befragung erklärt und für hohe Beteiligung wirbt.

Durchführungsphase:

Nun werden die Fragebögen verteilt bzw. wird die mündliche Befragung durchgeführt. Bei einer schriftlichen Befragung wird eine angemessene Zeitspanne für die Retournierung (zB drei Wochen) der ausgefüllten Fragebögen vorgegeben. Innerhalb des letzten Drittels des Befragungszeitraums schickt man ein Erinnerungsschreiben aus, um eine möglichst hohe Beteiligung zu erzielen. Wenn eine hohe Beteiligung aufgrund der Zielsetzung sehr wichtig ist, kann an die Teilnahme eine "Belohnung" (z. B. Preisausschreiben, Gratispräsent) geknüpft werden.

Nachbereitungsphase:

In dieser Phase werden die Antworten aus den Fragebögen bzw. der mündlichen Befragung mit Hilfe statistischer Methoden ausgewertet. Die inhaltlichen Ergebnisse werden daran anschließend in Form einer Präsentation für die Auftraggeber und die Beteiligten aufbereitet. Wichtig ist, dass die Ergebnisse allen Beteiligten kommuniziert werden.

Organisationales Lernen entfalten

Beispiel

Lessons-Learned-Gruppen-Interview:

Die Zielsetzung für ein Lessons Learned Interview ist sowohl positive als auch negative Kernerfahrungen, die von den Beteiligten im Rahmen eines Projektes, der Lösung eines Problems oder bei der Bewältigung einer kritischen Situation gemacht wurden, zu identifizieren. Die Zielgruppe umfasst alle Personen, die daran beteiligt waren.

In der ersten Befragungsrunde, zu der alle Beteiligten eingeladen sind, werden gemeinsam jene Themengebiete identifiziert, wo besonders wichtige und viele Erfahrungen gemacht wurden. Der Leitfaden für die Aufarbeitung der einzelnen Themengebiete in den weiteren Interviewrunden folgt dem Schema:

o   Bitte beschreiben Sie die Rahmenbedingungen und Umstände des Themengebietes (Kontext), in der diese Erfahrungen gemacht wurden.
o   Was würden Sie wieder so machen bzw. ist Ihnen besonders gut gelungen?
o   Was würden Sie aus heutiger Sicht anders machen?
o   Was würden Sie unbedingt vermeiden bzw. hat Sie am Erfolg gehindert?
o   Welche Empfehlungen würden Sie jemandem geben, der eine vergleichbare Situation vorfindet?

Der Moderator schreibt die wichtigsten Aussagen inkl. einprägsamer Originalzitate der Teilnehmer auf Flipchart mit. Er erzeugt nach Abschluss der Befragungsrunden aus den Mitschriften ein Erfahrungsdokument in der obigen Struktur, das er allen Beteiligten zur Verfügung stellt.

Referenzen

Holm, Kurt (1974): *Theorie der Frage*. In: Kölner Zeitschrift für Soziologie und Sozialpsychologie, 26 (1974) 1, S. 91-114.

Mittelmann, Angelika et al. (2000): *Geschäftsprozesse mit menschlichem Antlitz: Methoden des Organisationalen Lernens anwenden*. Band 1 der Schriftenreihe Wissens- und Prozessmanagement hrsg. von Gappmaier, M. und Heinrich, L. J., 2. Auflage, Linz: Trauner Universitätsverlag.

Scheuch, Erwin K. (1973): *Das Interview in der Sozialforschung*. In: König, R. (Hrsg.): Handbuch der empirischen Sozialforschung. Band 2, Grundlegende Methoden und Techniken der empirischen Sozialforschung. Erster Teil. Stuttgart: Enke.

Lessons Learned Prozess

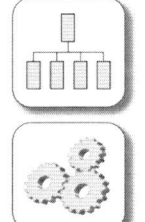

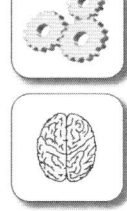

Lessons Learned Prozesse ermöglichen Organisationen, aus
Erfolgen und Misserfolgen
systematisch zu lernen und ihre
Prozesse zu optimieren.

Diese Methode ist daher im
Semantischen Raum zwischen
Organisationen, *Prozesse* und
Kompetenzen zu finden.

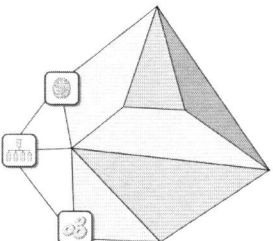

Die Methode

Ein Lessons Learned Prozess ist eine Lernschleife, durch die systematisch
neue, erfolgsbestimmende Erfahrungen sowohl von Einzelpersonen als auch
von der gesamten Organisation in ihren Handlungen integriert werden.

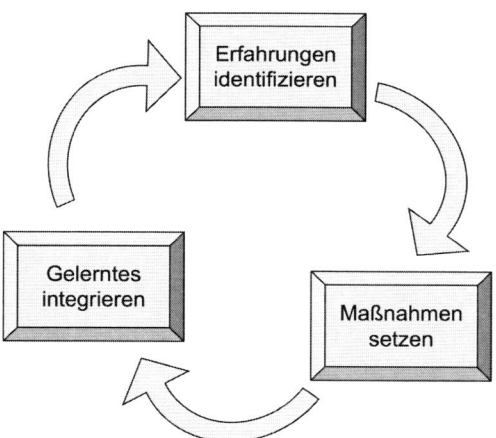

Abbildung 7: Lessons Learned Zyklus

Das zyklische Vorgehen (siehe Abbildung 7) umfasst die Schritte *Identifizieren* und *Aufbereiten von* positiven als auch negativen *Erfahrungen*, die
von den Beteiligten im Rahmen eines Projektes, der Lösung eines Problems
oder bei der Bewältigung einer kritischen Situation gemacht wurden, das

Organisationales Lernen entfalten

Setzen von daraus abgeleiteten *Maßnahmen* und die nachhaltige *Integration des Gelernten* durch Verbesserung der damit verbundenen Prozessen oder Praktiken in der Organisation.

Ziel und Nutzen

Ziel dieser Methode ist systematisch aus erfolgreichen und weniger erfolgreichen Vorgehensweisen bzw. Fehlern für die Zukunft zu lernen und diese Lehren nachhaltig in der Organisation zu verankern.

Anwendung

Die drei zyklischen Schritte eines Lessons Learned Prozesses (siehe Abbildung 7) umfassen im Detail folgende Aktivitäten:

1. Identifizieren und Aufbereiten der Erfahrungen:

Zunächst wählt das Management in der Organisation jene Projekte, Aktivitäten oder besonderen Ereignisse aus, wo es deutlich positive und/oder negative Abweichungen zwischen geplantem bzw. erwartetem und tatsächlichem Vorgehen gab. Im nächsten Schritt identifizieren die Hauptbeteiligten bzw. Schlüsselpersonen gemeinsam mit dem Management die wichtigsten Themen, zu denen die Erfahrungen von möglichst vielen Beteiligten gesammelt werden sollen. Anschließend sucht man für den Einzelfall jene Erfassungsmethode bzw. jene Kombination von Methoden aus, die voraussichtlich die passende Ergebnisqualität bei vertretbarem Aufwand liefert (siehe Abbildung 8).

Als Erhebungsmethoden können strukturierte Einzel- oder Gruppeninterviews (siehe Seite 124), Narrativer Wissenstransfer (siehe Seite 84), Story-Telling-One-Day (siehe Seite 92), Critical Incident Technik (siehe Seite 47) oder Manöverkritiksitzungen (siehe Seite 68) zum Einsatz kommen. Eine Einzelperson oder ein Team versuchen dabei, am besten mit Unterstützung eines Moderators oder eines Leitfadens, Antwort auf die Frage zu finden, welche Lehren aus den vergangenen Ereignissen gezogen werden können, um die negativen Abweichungen zu vermeiden bzw. um die Erfolge zu wiederholen.

Um die Nachvollziehbarkeit und Wiederverwendung dieser Erfahrungsberichte durch andere Personen in ähnlichen Situationen, die diese Erfahrungen nicht unmittelbar gemacht haben, zu fördern, empfiehlt es sich folgender Grundstruktur zu folgen:

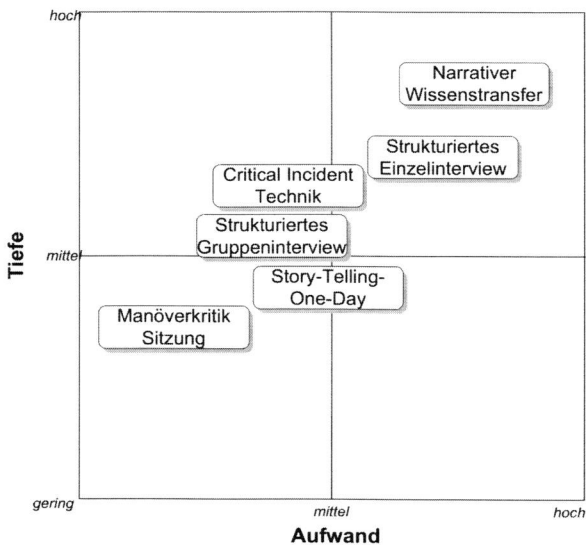

Abbildung 8: Aufwand vs. Tiefe der Erhebung

1. Gesamtsituation kurz beschreiben und Rahmenbedingungen, unter denen diese Erfahrungen gemacht wurden.

2. Je identifiziertem Kernthema beschreiben und begründen, was man in dieser Situation wieder so machen, unbedingt vermeiden bzw. keinesfalls mehr so machen und was man anders machen sollte.

3. Ev. allgemeine Empfehlungen hinzufügen, die nicht in das Schema unter Punkt 2 passen.

Diese Beschreibung sollte möglichst kurz und knapp gehalten werden, ohne auf die wesentlichsten Aussagen zu verzichten. Wenn es der Kontext erfordert, dass diese Beschreibung ausführlicher ausgeführt werden muss, sollte eine Zusammenfassung an den Anfang gestellt werden, die einen guten ersten Überblick über die gemachten Erfahrungen geben.

2. Maßnahmen setzen:

In der Analyse dieser komprimierten Dokumentation durch das Management werden die darin enthaltenen Aussagen mit den Prozessen und Praktiken im Unternehmen in Beziehung gesetzt. Daraus ergeben sich Maßnahmen, bestimmte Prozesse oder Praktiken zukünftig auf eine ganz neue oder verbesserte Art und Weise zu handhaben. Es können auch Sofortmaß-

Organisationales Lernen entfalten

nahmen sein, um etwas ab sofort gar nicht mehr zu tun oder ein Problem auf der Stelle zu lösen.

3. Gelerntes integrieren:

Die Ergebnisse der gesetzten Maßnahmen werden nach einer angemessenen Zeitspanne auf ihre Wirksamkeit hin überprüft, und wenn sich die erwarteten positiven Auswirkungen in der Organisation ergaben, in die Prozessbeschreibungen, Verfahrensvorschriften und Arbeitsanweisungen integriert. Um die Nachhaltigkeit der geänderten Prozesse und Praktiken zu gewährleisten, werden ergänzend Informationskampagnen und Trainings für die betroffenen Mitarbeiter durchgeführt. Auf diese Art und Weise werden aus identifizierten Kernerfahrungen gelernte Lektionen. Organisationales Lernen hat somit stattgefunden.

Beispiel

Lessons Learned Prozesse können je nach ausgewählter Situation sehr umfangreich sein. Deshalb kann an dieser Stelle nur ein kleines Beispiel angeführt werden, das den Charakter eines solchen Prozesses skizziert.

1. Identifizieren und Aufbereiten der Kernerfahrungen:

In einer Organisation war ein Projekt nach etwas über drei Jahren Laufzeit abgeschlossen worden. Es war ein strategisch wichtiges Projekt mit einigen Höhen und Tiefen während der Bearbeitung. Daher wurde es vom Management für einen Lessons Learned Prozess ausgewählt. Mit Unterstützung des ehemaligen Projektleiters und zweier Schlüsselpersonen aus dem Projektteam wurde unter anderen das Thema „Projektteam" ausgewählt, weil die Zusammensetzung des Projektteams während der Laufzeit mehrmals verändert wurde.

Aus Zeitgründen konnte in diesem Fall kein gemeinsamer Termin für einen Story-Telling-One-Day-Workshop mit dem gesamten Projektteam gefunden werden, was für diese Konstellation die ideale Methode gewesen wäre. Man einigte sich auf Einzelinterviews mit dem Kernteam und dem Projektauftraggeber aus dem Top Management sowie drei Gruppeninterviews, davon eines mit den Personen aus dem erweiterten Projektteam, das zweite mit den Schlüsselpersonen des externen Zulieferers und das dritte mit Nutznießern der Projektergebnisse. Im Folgenden wird nur das Thema „Projektteam" beispielhaft weiter ausgeführt.

Gesamtsituation und Rahmenbedingungen:
Das Projektteam bestand insgesamt aus 12 Personen Drei Personen stellten das Kernteam dar, das den überwiegenden Teil seiner Zeit dem Projekt wid-

mete. Die übrigen neun Personen arbeiteten an den Arbeitspaketen mit, die ihr jeweiliges Expertenwissen erforderten. Während der Projektbearbeitung schied nach einem Jahr eine Person aus dem Kernteam aus, weil sie das Unternehmen verließ. Weitere zwei Personen wurden während des ersten Jahres durch andere Personen ersetzt. Eine Person wurde im dritten Jahr wegen anhaltender Konflikte mit zwei anderen Projektteammitgliedern vom Projektteam abgezogen. Der Projektleitung stand ein angemessenes Budget zur Verfügung, die geplante Laufzeit erforderte ein straffes Vorgehen, um den Terminplan halten zu können. Sowohl Projektbudget als auch Laufzeit wurden u.a. wegen des mehrfachen Projektteamumbaus überschritten.

Kernerfahrungen bzgl. Projektteam:
wieder machen:
o   Eineinhalbtägigen, moderierten Start-Workshop mit dem gesamten Projektteam, bei dem zu Beginn der Projektauftraggeber seine Zielsetzung und die erwarteten Ergebnisse dem gesamten Team klar legt. Diese Vorgangsweise führte zu einem gemeinsamen Verständnis für die Projektziele im Team und eine rasche Arbeitsfähigkeit durch die teambildenden Maßnahmen im Workshop.

o   Wissenstransfer bei Wechsel von Teammitgliedern unter Einbeziehung der Kernteammitglieder und des Projektauftraggebers planen und durchführen. Dadurch konnte erreicht werden, dass die beiden Wechsel im zweiten Jahr der Projektlaufzeit ohne größere Probleme in der Projektbearbeitung bewältigt werden konnten.

anders machen:
o   Das Teammitglied, das im dritten Jahr vom Projekt abgezogen wurde, hätte bereits viel früher entfernt werden sollen, um ein Ausbreiten des Konfliktes im Team rechtzeitig zu verhindern.

nicht mehr machen:
o   Der Projektleiter war mit dieser Konfliktsituation überfordert und hat es versäumt, sich externe professionelle Hilfe zu suchen. Dadurch wurde die Konfliktsituation weiter verschärft mit direkten Auswirkungen auf die Projektergebnisse.

2. Maßnahmen setzen:

Aus dem obigen Ausschnitt aus dem Erfahrungsbericht leitete das Management folgende Maßnahmen ab:

o   Sofortmaßnahme: Alle Projektleiter erhalten innerhalb der nächsten sechs Monate eine Trainingseinheit in Konflikterkennungs- und -lösungsmethoden.

Organisationales Lernen entfalten

o   Bei Projekten mit einer Laufzeit von über einem halben Jahr wird ab sofort neben dem üblichen Projektcontrolling ein halbjährliches Team-review mit externer Begleitung durchgeführt, um Konfliktsituationen rechtzeitig zu entschärfen. Die Wirksamkeit dieser Maßnahme wird nach zwei Jahren überprüft.

3. Gelerntes integrieren:

Bei der Überprüfung der Maßnahme stellte sich heraus, dass das Team-review von den Projektteams sehr geschätzt wird, weil es ihnen die Möglichkeit bietet, neben der inhaltlichen Arbeit auch auf die Entwicklung des eigenen Teams zu achten. Das wiederum brachte eine deutliche Verbesserung des Arbeitsklimas in den Teams und in Folge auch bessere Arbeitsergebnisse mit sich. Der Projektmanagementprozess wurde daraufhin um den Teilprozess „Teamreview" erweitert und damit als neuer Standard in der Organisation integriert.

Referenzen

Fürstenau, B.; Klauser, F.; Born, V.; Langfermann, J. (2005): *Erfahrungs-wissen sichern und aufbereiten - zur effizienten Gestaltung von Wissensma-nagementprozessen bei der BMW AG im Projekt "Werksaufbau Leipzig"*. In: O. K. Ferstl, E. J. Sinz, S. Eckert & T. Isselhorn (Hrsg.), Wirtschaftsin-formatik 2005: eEconomy, eGovernment, eSociety. Heidelberg: Physica-Verlag, S. 1023-1039.

Lehner, Franz (2009): *Wissensmanagement. Grundlagen, Methoden und technische Unterstützung*. München, Wien: Hanser, S. 189.

Milton, Nick (2010): *The 3 steps of the lessons learned loop*. http://www.nickmilton.com/2010/05/3-steps-of-lessons-learned-loop.html, Abruf: 29.05.2010.

Plum, Nina (2006): *Ein Beitrag zum Wissens- und Erfahrungsmanagement - Entwicklung einer Leitfragenstruktur für Erfahrungsberichte und ihre expe-rimentelle Überprüfung*. Dissertation, Universität Hamburg, http://www.sub.uni-hamburg.de/opus/volltexte/2006/3111/pdf/volltext.pdf, Abruf: 01.07.2010.

Storytelling

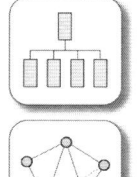
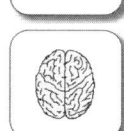

Storytelling ist ein Kommunikationshilfsmittel für den Austausch von Wissen und Erfahrungen und die Verdichtung von komplexem Wissen.

Im Semantischen Raum ist diese Methode daher zwischen *Organisationen*, *Beziehungen* und *Kompetenzen* zu finden.

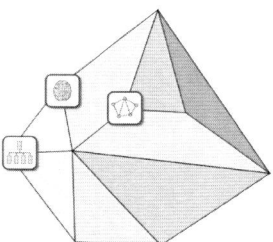

Die Methode

Menschen haben sich schon immer gegenseitig Geschichten erzählt. Sie geben Episoden aus ihrem eigenen Leben oder dem anderer zum Besten, um die eigene Sichtweise anderen anschaulich näher zu bringen, oder einfach, um andere zu unterhalten. Storytelling ist die bewusste Pflege dieser uralten Kunst des Geschichten-Erzählens und des Zuhörens in einer Organisation.

Ziel und Nutzen

Storytelling ist eine leistungsstarke Methode, um Wissen und Erfahrungen auszutauschen und komplexes Wissen zu verdichten. Geschichten sind ein „natürliches" und sehr anschlussfähiges Kommunikationshilfsmittel für den Wissensaustausch. Sie helfen Vertrauen aufzubauen sowie Normen und Regeln zu vermitteln. Die Übertragung von stillem (d.h. nicht bewusstem) Wissen wird ebenfalls unterstützt. Eine gute Geschichte in Veränderungsprozessen (wie zB bei der Einführung von Wissensmanagement) erleichtert Verlernen und fördert das Annehmen von Veränderungen, indem sie emotionale Anschlüsse ermöglicht. „Fremdes" Wissen wird deutlich leichter angenommen.

Anwendung

Storytelling umfasst die beiden Phasen *Erfinden der Geschichte* und *Erzählen der Geschichte*. In beiden Phasen sollte man gewisse Grundregeln beachten, um den Erfolg der Methode zu gewährleisten.

Organisationales Lernen entfalten

1. Erfinden der Geschichte

In dieser Phase geht es zunächst darum, sich darüber im Klaren zu werden, welche Ziele erreicht werden sollen. Je nach Zielsetzung erfordert die Geschichte eine andere Form (siehe Spalte 2 in Abbildung 9). Im Verlauf des Geschichtenerfindens fragt man sich immer wieder, ob das eigentlich Gemeinte zwischen den Zeilen der Formulierungen durchschimmert.

Eine Geschichte sollte außerdem ...

o die Struktur einer „richtigen" Erzählung haben mit einer *Einleitung* (Spannungsaufbau, Vorstellen der Protagonisten und der Herausforderung, der Aufgaben) - *Mittelteil* (Spannung, Krisen, mehrere Lösungsversuche der Aufgaben) - *Auflösung* (Spannungsabbau, Lösung der Aufgabe, Belohnung).

o möglichst kompakt sein, um nicht von der Kernaussage abzulenken.

o einen Helden haben, d.h. von einer Person handeln, die etwas Bemerkenswertes oder Besonderes fertig gebracht hat.

o ein überraschendes Element enthalten, das den Zuhörer etwas aus seiner Komfortzone wirft und seine Wirklichkeitskonstruktion erschüttert.

o ein Aha-Erlebnis auslösen, das den Zuhörer den offensichtlichen Weg in Richtung Veränderung sehen lässt.

o relativ aktuell bzw. relevant für die Zuhörer sein und nahe an der Wahrheit liegen.

o einen glücklichen Ausgang haben.

Basis für die Geschichten können Episoden aus dem Unternehmensalltag sein, wenn sie zweckdienlich sind. Das Veranstalten von sog. *Anecdote Circles* fördert solche Geschichten zu Tage. Es wird dazu eine kleinere Gruppe von Mitarbeitern eingeladen, die Erfahrungen zu einem bestimmten Thema haben. Durch geschicktes Fragenstellen werden sie angeregt, Episoden aus ihrem Unternehmensalltag zu erzählen. Die Moderatoren zeichnen die Geschichten auf und verdichten sie zu einer oder mehreren Geschichten entsprechend der Zielsetzung. Für die Ausgestaltung der Geschichten kann es auch hilfreich sein sich bei professionellen „Geschichtenschreibern" wie Romanciers oder Journalisten Hilfe zu holen.

2. Erzählen der Geschichte

Für die Wirksamkeit von Storytelling ist gutes Erzählen der Geschichte genauso wichtig wie das Konstruieren der Geschichte. Beim Erzählen einer Geschichte sollte man Folgendes beachten (siehe auch Spalte 3 in Abbildung 9):

Zielsetzung	Form der Geschichte	Ausführungstipps
Handlungen auslösen	Beschreibt eine erfolgreiche Veränderung und ermöglicht den Zuhörern sich vorzustellen, wie es in ihrem Kontext klappen könnte.	Zu viele Details vermeiden, um die Zuhörer nicht von ihrer eigenen Herausforderung abzulenken.
Werte vermitteln	Kommt den Zuhörern vertraut vor und löst spontane Diskussionen über die Fragen aus, die das Leben dieser Werte aufwerfen.	Glaubhafte Charaktere und Situationen verwenden, die immer konsistent mit den eigenen Handlungen sein müssen.
Zusammenarbeit fördern	Beschreibt eine ergreifende Situation, die die Zuhörer dazu bringt ihre eigenen Geschichten zum Thema beizusteuern.	Dafür sorgen, dass diese Flut von Geschichten den eigentlichen Zweck der Zusammenkunft nicht überdeckt. Vorbereitet sein die durch die Geschichten geweckte Energie konstruktiv zu nutzen.
Gerüchteküche bändigen	Beleuchtet, oft leicht humorvoll, einen bestimmten Aspekt eines Gerüchts, der sich als unwahr oder unglaubhaft herausstellt.	Der Versuchung widerstehen böswillig zu werden. Sicher sein, dass das Gerücht wirklich falsch ist!
Wissen austauschen	Fokussiert auf gemachte Fehler und zeigt bis zu einem gewissen Detaillierungsgrad, wie er korrigiert wurde und warum das so funktionierte.	Eine motivierende Einladung für weitere alternative und möglicherweise bessere Lösungen an das Ende der Erzählung stellen.
Menschen in die Zukunft führen	Beschwört die Zukunft herauf, die man schaffen will ohne zu sehr ins Detail zu gehen, weil sich diese Konkretisierungen in weiterer Folge meist nur als falsch herausstellen können.	Sich seiner Fähigkeiten als Geschichtenerzähler sicher sein. Sonst eine Geschichte aus der Vergangenheit nehmen, die als Sprungbrett für die Zukunft genutzt werden kann.

Abbildung 9: Zielsetzung, Form und Ausführungstipps (nach Denning)

o die Erzählung einfach und zielgerichtet gestalten, um den Zuhörern eine kompakte Darstellung zu liefern, die als guter Ersatz für eigene Erfahrungen dienen kann.

o wenn möglich, mehr als ein Medium verwenden, damit die Geschichte effektiv bleibt, d.h. dass sie lebendig bleibt und andere inspiriert.

o die Aufnahme und Weiterverbreitung der Geschichte beobachten, um positive Rückmeldungen verstärken und unvorhergesehene negative abschwächen zu können. Geschichtenerzählungen sind Momente, in denen die Zuhörer bei der Wissenserzeugung beteiligt werden. Es ist daher ratsam zu verfolgen und abzuschätzen, wie dieses Wissens konstruiert und von Person zu Person weitergegeben wird.

Neben der Fertigkeit des Geschichtenerzählens sollte man auch seine Fähigkeit des Zuhörens schärfen. Geschichten von Kollegen können deutliche Hinweise über versteckte Ängste und Tabuthemen enthalten. Durch gutes Zuhören kann es auch gelingen, die unter der Oberfläche von Erzählungen liegenden Gefühle, Haltungen und Einstellungen der Organisationsmitglieder zu erkennen.

Beispiel

Die etwas andere Schlossfeier

Es war einmal ein König, der ließ ein neues Schloss bauen. Trotz großer Mühen und Plagen wurde das Schloss in der geplanten Zeit fertig gestellt und war wunderschön. Der König war so voller Freude darüber, dass er ein großes Fest ausrichten ließ. Wen lud er als Ehrengäste ein? Die Fürsten samt Gefolge aus den angrenzenden Ländern? Nein! Die Menschen, die geholfen hatten so ein schönes Schloss zu bauen - als Dank und Anerkennung für ihre Leistung!

Diese Geschichte dient einem Mitglied der Geschäftsführung, um seinen Projektleitern immer wieder die Wichtigkeit von Dank und Anerkennung der Leistung vor Augen zu führen und so mittelfristig eine Verhaltensänderung zu erreichen. In dieser Organisation gibt es für jeden Führungsgrundsatz eine passende „Königsgeschichte", die das erwünschte Verhalten illustriert. Mittlerweile genügt oft eine Frage wie „Hast du die Schlossfeier vergessen?", um ein Führungsproblem gar nicht erst entstehen zu lassen.

Referenzen

Callahan, Shawn; Rixon, Andrew; Schenk, Mark (2006): *The Ultimate Guide to Anectode Circles*. http://www.anecdote.com.au/files/ Ultimate_Guide_to_ACs_v1.0.pdf, Abruf: 4.1.2011.

Denning, Stephen (2005): *A Leader's Guide to Storytelling: Mastering the Art & Discipline of Business Narrative*. San Francisco: Jossey-Bass.

Girard, John P.; Lambert, Sandra (2007): *The Story of Knowledge: Writing Stories that Guide Organisations into the Future*. In: The Electronic Journal of Knowledge Management, 5 (2), S. 161-172, http://www.ejkm.com.

Sole, Deborah; Wilson, Daniel G. (2002): *Storytelling in Organizations: The power and traps of using stories to share knowledge in organizations*. LILA Havard University, http://www.providersedge.com/docs/km_articles/ Storytelling_in_Organizations.pdf, Abruf: 24.1.2011.

Narrativer Wissenstransfer (Story Telling)

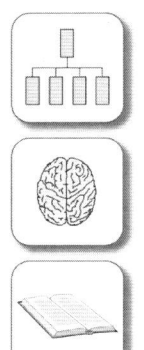

Narrativer Wissenstransfer kann genutzt werden, um implizites Erfahrungswissen zu erfassen und zu transferieren. Ergebnis der Methodenanwendung ist das Erfahrungsdokument.

Diese Methode ist daher im Semantischen Raum zwischen *Organisationen, Kompetenzen* und *Wissensobjekte* zu finden.

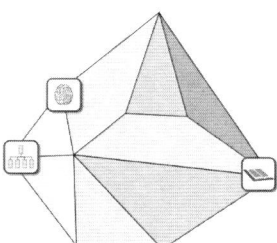

Die Methode

Narrativer Wissenstranfer ist eine Methode, die in sechs Phasen abläuft und deren sichtbares Ergebnis ein Erfahrungsdokument ist, das in der Organisation verbreitet wird. Ein Erfahrungsdokument enthält die schriftliche Nacherzählung eines bedeutenden Ereignisses in einem Unternehmen aus möglichst vielen Perspektiven. Es enthält die Erfahrungen von beteiligten Personen, Kontextinformationen sowie Kommentare und Reflexionen der „Erfahrungshistoriker", die die Erstellung des Dokuments leisten.

Narrativer Wissenstransfer wurde unter der Bezechnung „Story Telling" am Center for Organizational Learning des MIT von einer Gruppe von Sozialwissenschaftlern, Geschäftsleuten und Journalisten entwickelt und erprobt. Als die beiden wichtigsten Vertreter des Story Telling sind in diesem Zusammenhang Art Kleiner und George Roth zu nennen.

Ziel und Nutzen

Narrativer Wissenstransfer ermöglicht eine methodisch unterstützte Erfassung von implizitem Erfahrungswissen und Weitergabe dieses Wissens. Durch die besondere Form der Präsentation des Erfahrungswissens im Erfahrungsdokument wird die Reflexion angeregt und damit die Entwicklung des Unternehmens in Richtung einer lernenden Organisation unterstützt.

Anwendung

Eine kleine Gruppe von Personen aus dem Unternehmen begleitet den gesamten Prozess über alle sechs Phasen (siehe Abbildung 10) hinweg, die wie folgt beschrieben ablaufen. Wenn es keine Experten für Narrativen

Wissenstransfer in der Organisation gibt, wird diese Gruppe um externe Spezialisten erweitert. Diese Gruppe übernimmt auch die Rolle der „Erfahrungshistoriker" bzw. Autoren der Erfahrungsgeschichte.

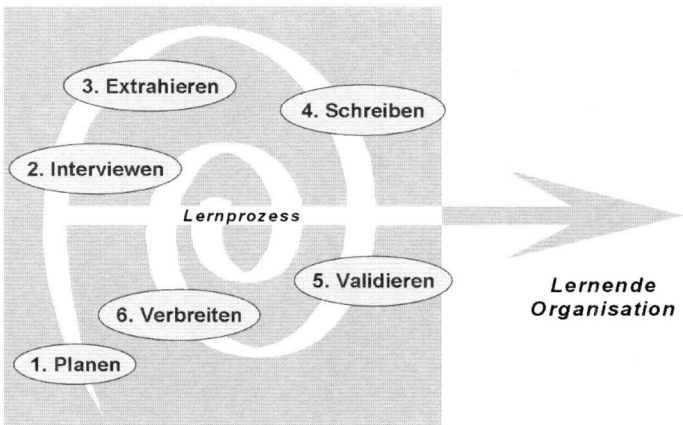

Abbildung 10: Die sechs Phasen des Narrativen Wissenstransfers

Phase 1: Planen

Als erstes ist zu klären, welche Zielsetzung verfolgt werden soll. Dazu werden die Verantwortlichen im Unternehmen befragt, zu welchen Problembereichen oder Themen nicht-technischer Art sie Erfahrungswissen erfassen möchten. Themen können zB mögliche Schwierigkeiten in der Kommunikation zwischen Teammitgliedern in der Projektarbeit oder die Evaluierung eines Veränderungsprozesses oder Wissen über die Zusammenarbeit mit externen Partnern oder die Unternehmenskultur sein.

Ausgehend von dieser Zielsetzung werden ein oder mehrere Ereignisse in der näheren Unternehmensgeschichte ausgewählt, die sich für die Untersuchung der Problembereiche bzw. Themen eignen. Wichtig ist dabei zu prüfen, ob genügend „Stoff" für eine packende Erfahrungsgeschichte aus diesem Ereignis gesammelt weren kann.

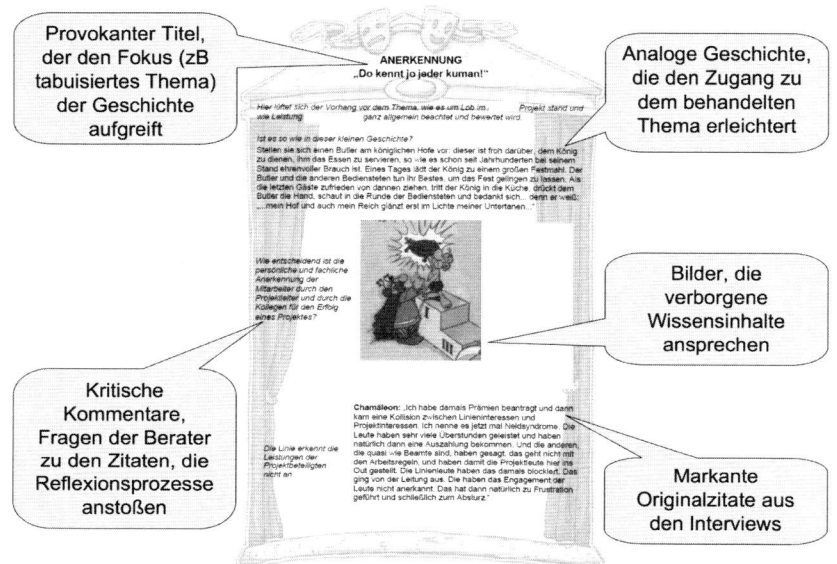

Provokanter Titel, der den Fokus (zB tabuisiertes Thema) der Geschichte aufgreift

Analoge Geschichte, die den Zugang zu dem behandelten Thema erleichtert

Bilder, die verborgene Wissensinhalte ansprechen

Kritische Kommentare, Fragen der Berater zu den Zitaten, die Reflexionsprozesse anstoßen

Markante Originalzitate aus den Interviews

Abbildung 11: Struktur der Erfahrungsgeschichte

Phase 2: Interviewen

In dieser Phase werden Personen aus möglichst allen Hierarchieebenen befragt, die am ausgewählten Ereignis beteiligt waren, um so viele verschiedene Perspektiven wie möglich zu erhalten. Die Befragung setzt sich aus einem narrativen und einem halbstrukturierten Teil zusammen, um die Erfahrungen und Erlebnisse aller Beteiligten zu erfassen und möglichst viele verschiedene Sichtweisen auf das Ereignis kennen zu lernen. Narrativ bedeutet, dass die Interviewpartner durch offene Fragen wie „Wie haben Sie das erlebt?" oder „Was haben Sie dabei empfunden?" zum Erzählen angeregt werden. Halbstrukturiert heißt, dass nach den in der Planung identifizierten Themen gefragt wird, zB wie die Interviewpartner die Kommunikation im Team erlebt haben, wie sie die Teambildung empfunden haben und was sie daraus für die Zukunft gelernt haben.

Die Interviews werden, die Zustimmung der Befragten vorausgesetzt, auf einem Tonträger aufgezeichnet und anschließend transkribiert. Transkribieren bedeutet das Abtippen der Audiodatei von Hand ev. mit Unterstützung eines Computerprogramms. Sollte eine Anonymisierung der Transkripte erwünscht sein, werden die Interviewpartner vor oder nach dem Interview ge-

Organisationales Lernen entfalten

beten ein Tier oder Symbol für sich auszuwählen. Meist genügt ihnen zur Anonymisierung die Verwendung von Rollenkürzel (zB CEO, PM). In den transkribierten Dokumenten finden sich in diesem Fall nur noch die Tiere, Symbole oder Rollenkürzel statt der Namen der Befragten.

Phase 3: Extrahieren

Die Transkripte werden den „Erfahrungshistorikern" bzw. Autoren der Erfahrungsgeschichte zur Verfügung gestellt. Die Autoren suchen unter Zuhilfenahme der qualitativen Inhaltsanalyse nach Mayring in den Transkripten nach Aussagen, die die Problembereiche betreffen, widersprüchlichen Zitaten und verborgenen Themen. Durch diesen Extraktionsprozess bilden sich übergreifende Kategorien („rote Fäden") heraus, anhand derer die Zitate eingeordnet und damit die Grundstruktur für die Erfahrungsgeschichte geschaffen wird. Die ausgewählten Zitate müssen relevant für die zu untersuchenden Problembereiche sein und eine Aussagekraft (zB Emotionen, persönliche Gewichtung für den Interviewten) besitzen. Sie müssen sich auch für den Zusammenbau einer spannenden Geschichte eignen. Zusätzlich wird darauf geachtet, welche Beziehungen zwischen den einzelnen Aussagen entstehen, welche Widersprüche sich abzeichnen und welche unterschiedlichen Blickwinkel auf das Thema eingenommen werden. Zuguterletzt müssen sie die Zielgruppe, für die die Erfahrungsgeschichte geschrieben werden soll, ansprechen.

So werden beispielsweise Aussagen aller Befragten zusammengestellt, die die Kommunikation im Team in unterschiedlichen, ggf. auch gegensätzlichen, Facetten beschreiben. Diese Zitate können dann zB Teil des roten Fadens „Kommunikationsgepflogenheiten im Unternehmen" sein.

Phase 4: Schreiben

In dieser Phase werden die einzelnen thematischen Blöcke zur Erfahrungsgeschichte zusammengefügt. Strukturell ist hier zu entscheiden, ob die Geschichte chronologisch entsprechend dem Ablauf des untersuchten Ereignisses oder thematisch nach den identifizierten roten Fäden aufgebaut sein soll. Die Entscheidung orientiert sich daran, was für die Zielgruppe leichter nachvollziehbar und interessanter zu lesen ist.

Jeder Block (roter Faden oder Zeitabschnitt) im Erfahrungsdokument beginnt mit einem provokanten Titel, der bereits die Kernaussage der nachfolgenden Kurzgeschichte aufgreift, um das Interesse beim Leser zu wecken. Der weitere Text ist zweispaltig aufgebaut, damit die Originalzitate der rechten Spalte von den Ergänzungen der Autoren unterschieden werden können. Diese Ergänzungstexte können Kommentare, provokante Fragen, erklärende Erläuterungen und andere Impulse sein, die zum Nachdenken anregen sollen.

Auf diese Art und Weise entsteht eine kurze Geschichte, die zB die unterschiedlichsten Sichtweisen, Gründe, Verbesserungsvorschläge und Lernerfahrungen der Befragten für wenig effiziente Kommunikationsprozesse im Unternehmen wiedrgibt. Als zusätzliche Gestaltungselemente können Bilder und Analogien hinzugefügt werden, die die Aktivierung mehrerer Wahrnehmungskanäle beim Lesen unterstützen. Insgesamt betrachtet wird durch diese Präsentationsform verborgenes Wissen offengelegt und die Leser zum Nachdenken und Reflektieren angeregt (siehe Abbildung 11).

Phase 5: Validieren

Aus Fairness- sowie Akzeptanzgründen und um die Richtigkeit der Inhalte abzusichern, erhalten alle Interviewpartner ihre eigenen Zitate mit der Bitte um Freigabe. Die Befragten haben jetzt die Gelegenheit, heikle Aussagen vor der Veröffentlichung zu entschärfen oder ganz zu streichen, wenn unbedingt gewünscht. Der Originalcharakter der Zitate sollte aber möglichst erhalten bleiben.

Die Autoren sollten in dieser Phase darauf achten, dass nicht durch zu viele Streichungen von kritischen und/oder konträren Aussagen eine zu „geglättete" Geschichte entsteht. Hier kann es wichtig sein, den Befragten ihre Anonymität noch einmal zuzusichern.

Phase 6: Verbreiten

Nach der Freigabe der Erfahrungsgeschichte soll sie zum Nutzen der Organisation verbreitet werden. Am besten eignen sich dazu Veranstaltungen, in denen Personen aus den Zielgruppen für die Erfahrungsgeschichte zusammenkommen, ihre Erkenntnisse aus der Erfahrungsgeschichte austauschen und gemeinsam beraten, was aus den Erfahrungen der Vergangenheit für die Zukunft gelernt werden kann. Den Abschluss dieser Phase bildet die Vereinbarung von Veränderungsmaßnahmen, die die wesentlichsten Erkenntnisse aus der Erfahrungsgeschichte in der Organisation wirksam werden lassen.

Fazit

Narrativer Wissenstransfer ist ein längerer Prozess, der bis zu einem halben Jahr dauern kann, je nach Tiefe der Erhebung und der Anzahl der beteiligten Personen. Er ist die Methode der Wahl, wenn die in der Unternehmenskultur verhafteten Normen und Werte transparent und damit veränderbar

Organisationales Lernen entfalten

gemacht werden sollen oder wenn wichtiges Erfahrungswissen erhoben und unternehmensweit weitergegeben werden soll.

Dem Erfahrungsdokument kommt in diesem Zusammenhang eine besondere Bedeutung zu. Es ist einerseits Endergebnis der Erhebung von unternehmensrelevantem Wissen und Erfahrungen, andererseits ist es auch Startpunkt für tiefergehende Reflexionsprozesse, in denen einzelne Aspekte aus der Erfahrungsgeschichte beleuchtet werden. Damit werden organisationale Lernprozesse angestoßen.

Beispiel

Da Narrativer Wissenstransfer ein recht aufwändiger und komplexer Prozess ist, kann ein Beispiel nur skizziert werden.

Planungsphase

In einem Unternehmen wird schon seit längerem Wissensmanagement betrieben. Der Schwerpunkt liegt dabei auf Wissensaustauschprozessen. Ein Teil dieses Prozesses sind Projekt-Debriefings, die in Form von Lessons-Learned-Workshops abgewickelt werden. Der für Projekt Management verantwortliche Manager wollte nun herausfinden, ob und inwieweit tatsächlich ein Wissensaustausch zwischen Projektteams stattfindet. Besonders interessierte ihn dabei, welche Barrieren diesen Prozess behindern.

Er beauftragte eine kleine Arbeitsgruppe, diese Barrieren aufzuspüren. Mitglieder dieser Gruppe waren zwei Projektleiter von größeren Projekten, zwei Projektmitarbeiter, die bereits Erfahrung mit Lessons Learned Workshops hatten, der Verantwortliche für Wissensmanagement (WM) und zwei Experten aus der Organisationsentwicklung (OE). Die Arbeitsgruppe definierte als Zielsetzung „die Identifikation der Barrieren, die den Wissensaustausch zwischen Projektteams behindern". Es wurde auch beschlossen, die Methode Narrativer Wissenstransfer anzuwenden.

Als Untersuchungsgegenstände wurden drei größere Projekte ausgewählt, die thematisch zusammenhängen und innerhalb der letzten drei Jahre abgeschlossen wurden. Bei allen drei Projekten wurden Lessons Learned Workshops durchgeführt und die Erkenntnisse im Intranet veröffentlicht. Die Barrieren wurden vorstrukturiert in die Themen Persönlichkeit, Kommunikation, Organisationsstruktur und Unternehmenskultur. Für die narrativen Interviews wurden neben den Projektleitern der ausgewählten Projekte jeweils drei bis fünf Projektmitarbeiter und je zwei Nutznießer der Projektergebnisse gewonnen. Die Arbeitsgruppe benötigte für diesen Schritt drei jeweils zweistündige Arbeitssitzungen.

Interviewphase

Die 22 narrativen Interviews wurden von den OE- und WM-Experten unter Mithilfe einer Studentengruppe einer sozialwissenschaftlichen Studienrichtung, die Erfahrungen in der qualitativen Sozialforschung sammeln wollten, durchgeführt. Diese Studentengruppe erledigte auch die Transkription der Interviews.

Der Aufwand für diese Phase waren ca. 25 Stunden für die Interviews und ca. 140 Stunden für die Transkiption. Es entstanden ca. 200 Seiten Interviewtext.

Extraktionsphase

Der Interviewtext wurde von allen Arbeitsgruppenmitgliedern und drei interessierten Studenten aus der Studentengruppe in einer Lesung gesichtet, besonders interessante Interviewstellen gekennzeichnet und den bereits definierten Kategorien zugeordnet. Sollte eine Stelle in keine dieser Kategorien passen, wurde eine neue Kategorie vorgeschlagen. Für diesen Schritt benötigten die Arbeitsgruppenmitglieder im Schnitt acht Stunden.

In fünf jeweils dreistündigen Arbeitssitzungen wurde der Extraktionsprozess immer weiter vorangetrieben, bis sich die Hauptkategorien herauskristallisiert hatten und die interessantesten Interviewstellen feststanden. Damit war die Extraktionsphase abgeschlossen.

Schreibphase

Aus der Zielsetzung und der Untersuchung mehrerer Ereignisse ergab sich zwingend die Grundstruktur nach den Hauptkategorien. Ein chronologischer Aufbau machte in diesem Fall keinen Sinn. Die Hautkategorien wurden zB zu den Kapiteln (= Hauptbarrieren bzw. rote Fäden) „Der Zeitfaktor oder die verpassten Lernchancen" und „Das stumme Intranet" in der Erfahrungsgeschichte. Jedes dieser Kapitel wurde mit einer passenden Anekdote aus den Interviews und einer Comic-Zeichnung eingeleitet, dann folgten die zugehörigen Zitate zu dieser Hauptkategorie. Ergänzt wurde diese Auswahl durch Fragen und Kommentare der Autoren wie zB „Wie bringt man das Intranet zum Sprechen?" oder „Was kümmert mich das Gebrabbel der anderen, ich weiß sowieso, wie es geht." oder „Zeit ist Geld, miteinander reden ist Verschwendung von Ressourcen, oder?". Das fertige Erfahrungsdokument umfasste 35 Seiten und sechs Kapitel. Der Aufwand für diese Phase betrug ca. 40 Stunden.

Validierungsphase

Allen Interviewpartnern wurden ihre Zitate in elektronischer Form zugesandt mit der Bitte um Freigabe. Mit jedem Befragten, der Streichungen vornehmen wollte, wurde ein Einzelgespräch geführt, um die Kürzungen auf ein Mindestmaß zu reduzieren. In Summe wurden lediglich vier Passagen gestrichen, wodurch sich das validierte Erfahrungsdokument um knapp eine Textseite verkürzte.

Verbreitungsphase

Zur Verbreitung der Erfahrungsgeschichte wurden mehrere Transfer-Workshops mit gemischten Gruppen aus Projektleitern, -mitarbeitern und Managern durchgeführt. Aus den Erkenntnissen, die aus diesen Workshops gewonnen wurden, wurden Maßnahmen eingeleitet, die mittelfristig halfen, den Wissensaustausch zwischen Projektteams nachhaltig zu verbessern. ZB wird nun halbjährlich ein Erfahrungsaustausch-Workshop durchgeführt, den Mitarbeiter aus aktuell laufenden und kürzlich abgeschlossenen Projekten selbstorganisiert durchführen. Sie werden dabei von den OE-Experten unterstützt. Diese Workshops haben sich mittlerweile zu einem Fixpunkt in der Organisation entwickelt, was darauf schließen lässt, dass sie sich als nützlich für die Zielgruppe erwiesen haben.

Referenzen

Erlach, Christine; Thier, Karin; Neubauer, Andrea (2004): *Story-Telling - mit Geschichten Organisationen bewegen.* Online-Zeitschrift C-O-K, Community-of-Knowledge. http://www.community-of-knowledge.de/ fileadmin/user_upload/ attachments/Story_Telling_NARRATA.pdf, Abruf: 24/01/2011.

Herz, Theresa; Dresing, Thorsten; Pehl, Thorsten (2010): *Wissenschaftliche Transkription - paradoxe Materialbearbeitung.* http://www.audiotranskription.de/wissenschaftliche Transkription, Erstellung: 18/08/2010, Abruf: 29/01/2011.

Kleiner, Art; Roth, George (1998): *Story Telling zur Konstruktion von Erfahrungsgeschichten: Wie sich Erfahrungen in der Firma besser nutzen lassen.* Harvard Business Manager, 5 (1998), S. 9-15.

Mayring, Philipp (2007): *Qualitative Inhaltsanalyse. Grundlagen und Techniken* (9. Auflage, erste Auflage 1983). Weinheim: Deutscher Studien Verlag.

Mittelmann, Angelika; Schatzl, Gerhard (2006): *Durch Story Telling implizites Projektwissen (er)heben und weitergeben*. In: Pircher, Richard (Hrsg.): Wissen wirkt: Die praktische Umsetzung von Wissensmanagement in kleinen, mittleren und großen Organisationen aus Österreich, Deutschland, Schweiz. Krems, S. 104-112.
http://www.scribd.com/doc/14974179/Wissenwirkt10, Abruf: 15.12.2009.

Reinmann-Rothmeier, Gabi; Erlach, Christine; Neubauer, Andrea (2000): *Erfahrungsgeschichten durch Story Telling - eine multifunktionale Wissensmanagement-Methode*. Forschungsbericht Nr. 127 der Ludwig-Maximilians-Universität München.

Roth, George; Kleiner, Art (1998): *Developing Organizational Memory Trough Learning Histories*. Organizational Dynamics, 26, S. 43-59.

Variante Story-Telling-One-Day

Story-Telling-One-Day ist eine verkürzte Variante des Narrativen Wissenstransfers (siehe Seite 84), die nur einen Tag in Anspruch nimmt. Diese Methode ist für Organisationen geeignet, die sich nur wenig Zeit für Wissenssicherung nehmen können bzw. wollen.

Ziel und Nutzen

Ziel der Methode Story-Telling-One-Day ist es, innerhalb eines Tages erfolgskritisches Erfahrungswissen nach Abschluss von Projekten oder projektähnlichen Aktivitäten zu erheben, strukturieren und für die Wiederverwendung zu dokumentieren.

Anwendung

Diese Form des Narrativen Wissenstransfers erfolgt in folgenden Schritten:

Erfolgsfaktoren identifizieren:

Wenn im Projektauftrag keine konkreten Erfolgsfaktoren enthalten sind, müssen diese zunächst im Plenum erarbeitet werden. Dazu werden die Teilnehmer gebeten ihre positiven und negativen Erinnerungen an das Projektgeschehen auf Moderationskarten zu schreiben. Im Anschluss daran werden diese Kärtchen gruppiert und die Cluster mit passenden Erfolgsfaktoren überschrieben.

Projektlebenslinie skizzieren:

In Kleingruppen zeichnen die Projektteammitglieder eine Projektlebenslinie (siehe Abbildung 12) über den Verlauf des Projektes mit allen Höhen und Tiefen, wie sie das Projektgeschehen erlebt haben.

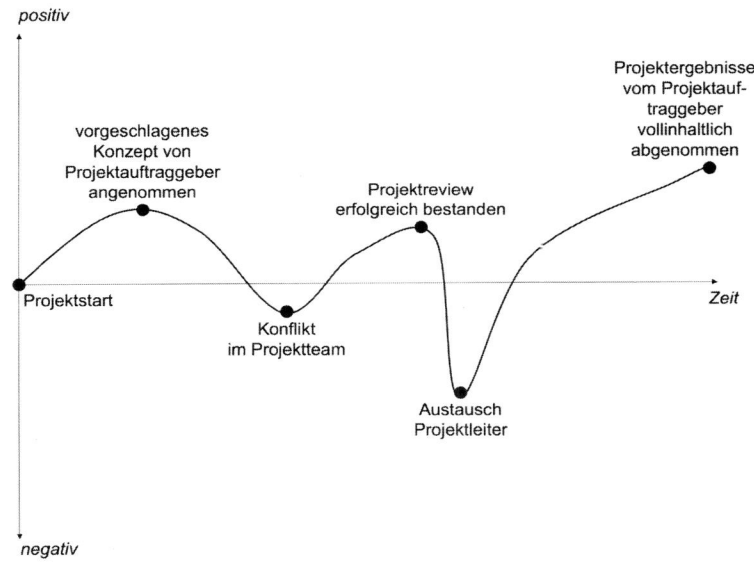

Abbildung 12: Beispiel einer Projektlebenslinie

Projektgeschichten erarbeiten:

Die Kleingruppen erarbeiten zum tiefsten Tal und zur höchsten Höhe aus der Projektlebenslinie je eine Geschichte. Sie wählen Inhalte aus, aus der die Gründe für die positive bzw. negative Entwicklung ersichtlich sind. Die Wahl der Darstellungsform ist ihnen völlig frei gestellt. Sie können Bilder oder Collagen anfertigen, Gereimtes mit oder ohne Musik dichten, einen Sketch mit oder ohne Worte vorbereiten. Je kreativer die Gruppen vorgehen, desto mehr implizites Wissen wird transportierbar.

Geschichten präsentieren und Beobachtungen notieren:

Die Kleingruppen präsentieren entweder im Plenum oder vor definierten Beobachtern (abhängig von der Größe des Projektteams) ihre Geschichten. Die Beobachter notieren sich für sie interessante Zitate oder Eindrücke über beobachtete Einstellungen, Werte, Entscheidungswege, Problemlösungen und Meilensteine. Sie sollen dabei sowohl auf zwischenmenschliche als auch auf fachliche Aspekte achten.

Wahrnehmungen sammeln und den Erfolgsfaktoren zuordnen:

Die Beobachter berichten und diskutieren über ihre Wahrnehmungen, die den Erfolgsfaktoren zugeordnet werden. Als Ergebnis entsteht daraus je Erfolgsfaktor ein Flip-Chart mit den Wahrnehmungen, die in der Nachbereitungsphase zu guten Praktiken (Good Practices) verdichtet werden.

Erfahrungsdokument erstellen:

Das Ergebnis ist ein nach den Erfolgsfaktoren strukturiertes Erfahrungsdokument. Je Erfolgsfaktor ist darin beschrieben, warum dieser Erfolgsfaktor wichtig für dieses Projekt war, wie die reale Situation in Bezug auf diesen Erfolgsfaktor im Projekt ausgesehen hat und wie sich die Beteiligten den Idealzustand vorstellen würden. Aus dieser Beschreibung können zukünftige Projektleiter von ähnlichen Projektvorhaben leicht erschließen, worauf sie aufpassen müssen bzw. was sie von Beginn an anders oder besser machen können.

Referenzen

Mittelmann, Angelika; Schatzl, Gerhard (2006): *Durch Story Telling implizites Projektwissen (er)heben und weitergeben*. In: Pircher, Richard (Hrsg.): Wissen wirkt: Die praktische Umsetzung von Wissensmanagement in kleinen, mittleren und großen Organisationen aus Österreich, Deutschland, Schweiz. Krems, S. 104-112. http://www.scribd.com/doc/14974179/Wissenwirkt10, Abruf: 15.12.2009.

Mittelmann, Angelika; Schatzl, Gerhard (2010): *Durch Story Telling implizites Projektwissen heben und weitergeben*. In: Pircher, Richard (Hrsg.): Wissensmanagement Wissenstransfer Wissensnetzwerke. Erlangen: Publicis Publishing, S. 139-149.

Organisationales Lernen entfalten

Expert Debriefing

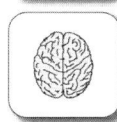

Expert Debriefing dient der Bewahrung von Wissen ausscheidender oder wechselnder Experten. In Lerntandems werden gezielt die Kompetenzen des Nachfolgers entwickelt.

Daher befindet sich diese Methode im Semantischen Raum zwischen *Wissensträger*, *Wissensgebiete* und *Kompetenzen*.

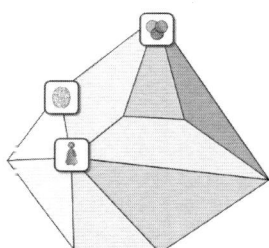

Die Methode

Die Methode Expert Debriefing dient dazu, das Wissen eines ausscheidenden oder wechselnden Experten (Fach- oder Führungsexperte) zu bewahren sowie dem Experten Wertschätzung für seine Leistungen zuteil werden zu lassen. Die Methode wurde von den Cogneon-Gründern im Zeitraum von 1997-1999 bei der Audi AG entwickelt und seitdem kontinuierlich in Richtung persönliches Wissensmanagement weiterentwickelt. Vision des Expert Debriefings ist, durch professionelles organisationales und persönliches Wissensmanagement den Einsatz der Methode überflüssig zu machen.

Ziel und Nutzen

Durch Trends wie den demografischen Wandel und den daraus entstehenden Fachkräftemangel, bei gleichzeitig steigender Komplexität und Dynamik, sind viele Organisationen mit der Situation konfrontiert, mit immer weniger Wissensarbeitern immer mehr Arbeit erledigen zu müssen. Aus diesem Grund muss der Umgang mit Wissen – also auch die Wissensbewahrung in Austritts- und Wechselsituationen – in der gesamten Organisation optimiert werden.

Anwendung

Der im Folgenden beschriebene Expert Debriefing Prozess ist ein Referenzprozess, der bei der Einführung in einer Organisation vom Ablauf und der Begrifflichkeit an die Gegebenheit der Organisation angepasst wird. So wurden beispielsweise bei der Einführung im Volkswagen Konzern von 2002-2004 Begriffe wie „Auftaktgespräch" und „Planungsgespräch" angepasst und mit den „Transition Workshops" weitere Prozessschritte hinzugefügt. Auch bei der Benennung der Methodik gibt es eine Vielzahl von Varianten, zB Expert Debriefing (Schaeffler), Wissensstafette (Volkswagen), Transferwerk (Salzgitter), Keep Experience (Metro).

Der Expert Debriefing Prozess wurde mittlerweile dahingehend optimiert, dass für die Durchführung nur ein Moderator notwendig ist (früher zwei). Zusätzlich gibt es mit dem „Expert Debriefing Light" eine Variante, die nur von Experte und Nachfolger auf Basis einer Checkliste ohne Beteiligung eines Moderators abgearbeitet werden kann. Es sei jedoch darauf hingewiesen, dass in den meisten Fällen die Begleitung durch einen Moderator sinnvoll ist.

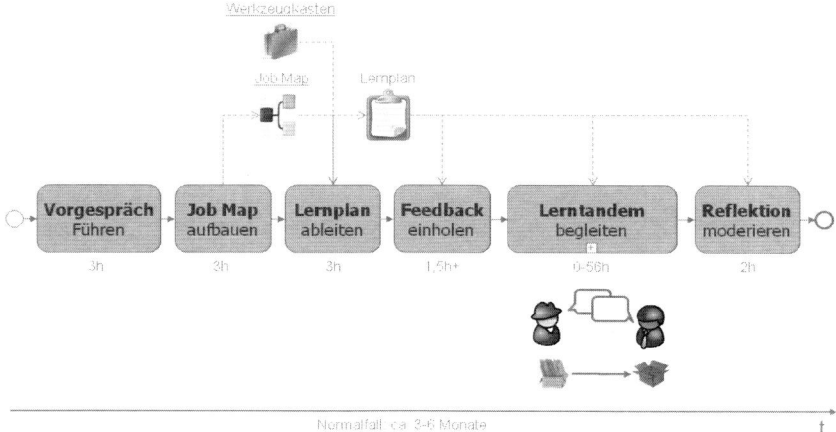

Abbildung 13: Referenzprozess Expert Debriefing

Vorgespräch durchführen:

Das Vorgespräch dient dazu, dem Auftraggeber und dem Experten den Zweck, die Vorgehensweise und die Ergebnisse eines Expert Debriefings aufzuzeigen, von den Beteiligten einen Überblick über die Situation und die Rahmenbedingungen zu erhalten, durch den Auftraggeber den Fokus für das Expert Debriefing festlegen zu lassen und die weiteren konkreten Schritte zu planen.

Job Map aufbauen:

Die Job Map dient dazu, einen systematischen und vollständigen Überblick über das gesamte in Bezug auf eine Stelle relevante Wissen herzustellen.

Die Job Map kann somit als Wissenslandkarte einer Stelle betrachtet werden. Die Job Map beinhaltet im Gegensatz zu einer Mind Map eine vorstrukturierte erste Ebene (Arbeitshistorie, Aufgaben und Wissensgebiete), um systematisch das Gedächtnis und damit das implizite Wissen des Experten zu aktivieren (Episoden-, prozedurales und deklaratives Gedächtnis). Durch diesen Grundaufbau der Job Map wird vermieden, dass in dem Prozess mit speziellen Fragetechniken gearbeitet werden muss (da für neue Moderatoren schwer zu erlernen), sondern die relevanten Fragestellungen implizit in den Prozess eingebaut sind. Das erleichtert neuen Moderatoren das Erlernen der Methode.

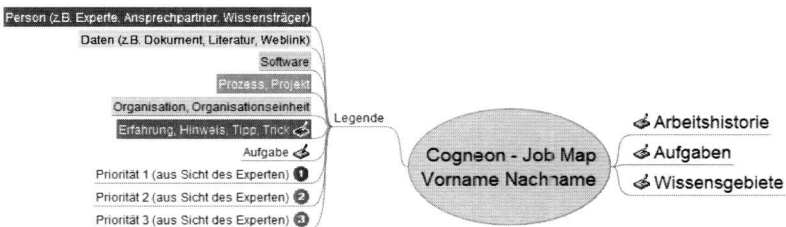

Abbildung 14: Grundstruktur einer Job Map für Expert Debriefing

Lernplan ableiten:

Die Ableitung des Lernplans dient dazu, geeignete Maßnahmen zur Wissensbewahrung zu identifizieren, sie sowohl durch Experten als auch durch den Nachfolger priorisieren zu lassen und die Maßnahmen mit der höchsten Priorität zu terminieren. Die eingesetzten Methoden zur Wissensbewahrung sind im „Cogneon Werkzeugkasten Expert Debriefing" beschrieben und mit entsprechenden Tools und Vorlagen hinterlegt.

Der Werkzeugkasten enthält über 40 Einzelmethoden, die nach den drei Expert Debriefing Szenarien „Ein Nachfolger", „Mehrere Nachfolger" und „Nachfolger nicht definiert" gegliedert sind. Beispiele von Methoden sind Wissenslandkarten, moderierte Übergabegespräche, Wissensworkshops, Aufgabenbeschreibungen, Lerngeschichten (Lessons Learned), soziale Netzwerkdiagramme, persönliches Wiki, Podcasts und Wissensfloater.

Feedback einholen:

Das Einholen des Feedbacks dient dazu, einen möglichst objektiven Überblick über die notwendigen Maßnahmen zur Wissensbewahrung zu erhalten und dem Auftraggeber die Möglichkeit zu geben, in den Lernplan korrigierend einzugreifen.

Lerntandem begleiten:

Die Durchführung der im Lernplan festgelegten Maßnahmen ist der Kern des Expert Debriefings und dient der Wissensbewahrung durch Wissensidentifikation, Wissensdokumentation, Wissenskommunikation oder Wissenskooperation. Ziel ist, dass das Lerntandem aus Experte und Nachfolger möglichst viele Maßnahmen in Eigenregie und in ihren Arbeitsalltag integriert durchführt. Der Moderator hat hier zwei Rollen. Als Projektleiter wacht er darüber, dass die im Lernplan festgelegten Maßnahmen durchgeführt werden. Als Unterstützer in 1:N-Szenarien oder bei komplexeren Maßnahmen begleitet der Moderator das Lerntandem bei konkreten Maßnahmen.

Reflektion moderieren:

Die Reflektion dient der Lernzielkontrolle sowie der kontinuierlichen Verbesserung der Methode Expert Debriefing. Darüber hinaus sollen Verbesserungspotentiale in der Organisation identifiziert werden, die den Einsatz der Methode Expert Debriefing langfristig überflüssig machen können.

Gastbeitrag von Simon Dückert (CEO der Cogneon GmbH)

Referenzen

Bimazubute, Raymond (2005): *Die Nachbereitung von Experteninterviews im expertenzentrierten Wissensmanagement.* Dissertation an der Friedrich-Alexander Universität Erlangen-Nürnberg.

Seren, Paul; Dückert, Simon (2006): *Die Methode Expert Debriefing.* http://www.cogneon.de/Download/COGNEON-Paper_-_Schaeffler-Lernende-Organisation_-_Knowtech-2006.pdf, Abruf: 07.03.2010.

Rottwinkel, Markus; Kulgemeyer, Axel (2006): *Wissensmanagement bei der Salzgitter Mannesmann Forschung GmbH.* http://www.mywibb.de/fileadmin/docs/stammtisch/2006/02_Februar/Stammtisch_7_Feb_Erfahrungsbericht_Mannesmann_Forschung.pdf, Abruf: 25.11.2010.

Nitschke, Marc; Dückert, Simon (2008): *Keep Experience – Unternehmenswissen bewahren und verteilen.* http://www.cogneon.de/node/2607, Abruf: 25.11.2010.

Variante Wissensstafette

Die Wissensstafette ist wie das Expert Debriefing eine Methode zur Unterstützung des Wissenstransfers bei Fach- und Führungswechseln. In ihrer Ursprungsfassung wurde sie von Frau Haarmann bei VW Coaching entwickelt. Ihr Schwerpunkt liegt auf der systematisierten Weitergabe von Erfahrungs- und Prozesswissen vom Stelleninhaber an der oder die Nachfolger.

Ziel und Nutzen

Die strukturierte Vorgangsweise sorgt dafür, dass im Arbeitsalltag für den Übergabeprozess genügend Zeit zur Verfügung gestellt wird. Die Wissensstafetten-Begleiter übernehmen dabei das Fragenstellen, weil der Nachfolger aus Unkenntnis der Sachlage die Fragen nicht stellen kann oder sich nicht traut sie zu stellen. Schlussendlich unterstützt die Wissensstafette eine möglichst kontinuierliche Weiterführung der zu übergebenden Aufgabengebiete und Vermeidung von Reibungsverlusten.

Anwendung

Jede Wissensstafette wird im Regelfall von zwei qualifizierten Begleitern durchgeführt. Einer der beiden Begleiter hat die Rolle der Gesprächsmoderation. Er ist dafür verantwortlich, die richtigen Fragen zu stellen und stets den Überblck über den Gesamtprozess zu bewahren.

Der zweite Begleiter notiert während des Gesprächs alles Wichtige mit und versichert sich beim Wissensgeber, dass seine Notizen inhaltlich richtig sind, und beim Wissensnehmer, dass alles für diesen Wichtige dokumentiert wurde. Von diesen Notizen wird nach dem Gespräch ein Fotoprotokoll erstellt und den Gesprächsbeteiligten übergeben. Die Begleiter sorgen dafür, dass die Originale vernichtet werden und löschen auch die elektronische Version des Protokolls aus ihren Mailboxen. Diese Maßnahmen sind unumgänglich, um die Vertraulichkeit der Gespräche zu gewährleisten. Auf diese Weise wird sichergestellt, dass der Wissensgeber sehr offen über alles spricht, was dem Wissensnehmer nützlich sein kann.

Die Wissensstafette umfasst folgende Prozessschritte (siehe Abbildung 16):

Vorgespräche:

In den Vorgesprächen mit allen Beteiligten (Wissensgeber, Wissensnehmer, Führungskräfte) wird geklärt, ob alle Voraussetzungen und Rahmenbedingungen (Rechtzeitigkeit, Freiwilligkeit, ausreichend Zeit) zum erfolgreichen Einsatz der Wissensstafette erfüllt sind. Besonders wichtig ist dabei herauszufinden, ob der Wissensgeber wirklich bereit ist, sein Wissen offen zu legen. Sollte daran berechtigter Zweifel bestehen, kann die Wissensstafette nicht durchgeführt werden. Wissen kann nur freiwillig gegeben werden!

Planungsgespräche (1):

In den Planungsgesprächen werden die Aufgaben- und Wissensgebiete des Wissensgebers strukturiert und in einer Mind Map visualisiert (siehe Mind Mapping auf Seite 164). Der Wissensnehmer kann dabei seine Wissensbedürfnisse einbringen, die dann unmittelbar ihren Niederschlag in der Mind Map finden. Diese Mind Map kann als eine Art Wissenslandkarte (siehe Seite 180) angesehen werden, für die sich die Bezeichnung Jobmap (siehe Grundstruktur in Abbildung 15) eingebürgert hat.

Auftaktgespräche (2):

Das Auftaktgespräch ist das einzige Gespräch, an dem die Führungskraft teilnimmt. Sie überprüft die zu übergebenden Themen auf Vollständigkeit und stimmt deren Prioritäten mit dem Wissensgeber ab. Aus diesem Ergebnis wird ein grober Aktionsplan für den gesamten Übergabeprozess abgeleitet.

Übergabegespräche (3):

In den Übergabegesprächen gibt der Wissensgeber sein Erfahrungs- und Prozesswissen mit Hilfe der Begleiter strukturiert weiter. Die Begleiter unterstützen ihn dabei durch das Schaffen einer vertrauensvollen Atmosphäre und das Stellen von unterstützenden Fragen aus ihren Fragenkatalogen. Sie notieren alle wichtigen Inhalte für den Wissensnehmer und erstellen ggfs. eine ToDo-Liste mit wichtigen Aktivitäten, die außerhalb der Übergabegespräche erledigt werden sollen.

Transition-Workshop (4):

Der Transition-Workshop kommt nur beim Führungswechsel zur Anwendung und wird vier bis sechs Wochen nach dem vollzogenen Führungswechsel durchgeführt. An diesem nimmt die neue Führungskraft mit ihrer jeweiligen nächsten Ebene teil. Ziele des Workshops sind ein besseres Kennenlernen untereinander und die grobe Planung der gemeinsamen Zukunft. Es ist gleichzeitig eine erste teambildende Maßnahme für die betroffene Organisationseinheit.

Bei der Durchführung einer Wissensstafette kommen nicht nur *Leitfäden* oder *Checklisten* (siehe Seite 174) zum Einsatz, sondern auch ergänzende Methoden zur Unterstützung der Externalisierung und Strukturierung von Wissen.

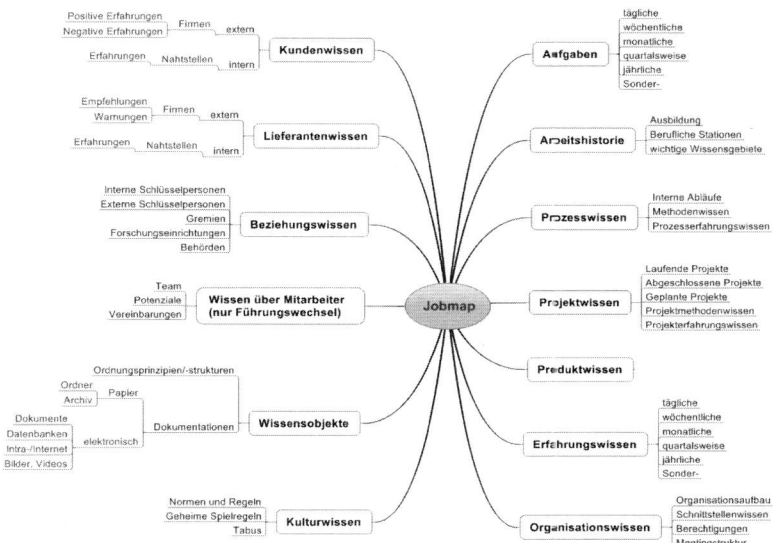

Abbildung 15: Grundstruktur einer Jobmap für eine Wissensstafette

Ein Element der Methode *Story-Telling-One-Day* (siehe Seite 92) wird standardmäßig zu Beginn des ersten Übergabegesprächs eingesetzt. Dabei wird der Wissensgeber gebeten, die Lebenslinie seiner Funktion mit den wichtigsten Höhen und Tiefen auf einer Zeitachse einzutragen. Danach wird er zu den Höhe- und Tiefpunkten genauer befragt, was er seinem Nachfolger zur Nachahmung empfehlen würde und was nicht, wenn er in eine ähnliche Situation kommen sollte. Auf diese Art und Weise erfährt der Wissensnehmer sehr viel über die Hintergründe seiner zukünftigen Funktion.

Die Methode *Beziehungslandkarte* (siehe Seite 124) wird dann eingesetzt, wenn für die Funktion die aktive Pflege eines komplexen Beziehungsgeflechts erfolgsrelevant ist (zB Verkäufer, Einkäufer, Meister in Produktionsbetrieben).

Wenn für einen wichtigen, komplexen Arbeitsablauf keine detaillierte *Prozessbeschreibung* vorhanden ist, modelliert der Wissensgeber mit Unterstützung der Begleiter diesen Prozess in Form eines Prozessablaufes. Er ergänzt ihn, wenn erforderlich, um wichtige Ressourcen wie Dokumente, Produktionsanlagen(teile) oder IT-Systeme. Der Wissensnehmer erhält im Rahmen dieser Modellierungen einen guten Überblick über diesen Prozess und hat überdies ausreichend Gelegenheit für ihn wichtige Prozessdetails zu hinterfragen.

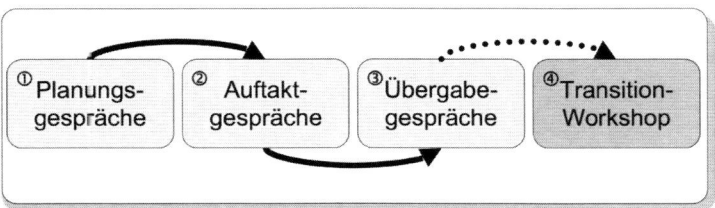

Abbildung 16: Prozessschritte einer Wissensstafette

Alle Gespräche dauern maximal eineinhalb Stunden, weil Menschen über diese Zeitspanne hinweg gut konzentriert reden bzw. zuhören können. Bei Gruppenübergaben (mehr als vier Beteiligte an dem Übergabeprozess ohne Führungskräfte) verlängert sich diese Zeitspanne auf drei Stunden, weil die Gespräche in diesem Fall Workshop-artig ablaufen. Der Transition-Workshop dauert üblicherweise einen Tag.

Es werden pro Wissensstafette durchschnittlich ein Planungsgespräch, ein Auftaktgespräch und drei Übergabegespräche durchgeführt. Zwischen den Übergabegesprächen sollte mindestens eine Woche Zeit vergehen, damit Wissensnehmer und -geber genügend Zeit haben für die Abarbeitung der Punkte im Aktionsplan, die außerhalb der Übergabegespräche erledigt werden.

Referenzen

Haarmann, Anne-Rose (2006): *Wissens-Sicherung in Unternehmen.* In: DAK praxis + recht 3/2006, S. 88-90. http://www.dak.de/content/files/P_R3_2006.pdf, Abruf: 23.11.2010.

Mittelmann, Angelika; Schatzl, Gerhard (2006): *Die Wissensstafette als probates Mittel zum Wissenstransfer.* In: Pircher, Richard (Hrsg.): Wissen wirkt: Die praktische Umsetzung von Wissensmanagement in kleinen, mittleren und großen Organisationen aus Österreich, Deutschland, Schweiz. Krems, S. 98-103. http://www.scribd.com/doc/14974179/Wissenwirkt10, Abruf: 15.12 2009.

Raab, Markus (2006): *Wissensmanagement: Der Übergabeprozess beim Mitarbeiterwechsel. Gelingensbedingungen für den Wissenstransfer beim Mitarbeiterwechsel anhand des Fallbeispiels der Wissensstafette der voestalpine Stahl.* Diplomarbeit, Universität Linz.

Variante TransferWerk

Das TransferWerk wurde auf der Basis des „Expert Debriefing" der Firma „cogneon" in der Salzgitter AG entwickelt.

Im Grundkonzept und der Zielsetzung unterscheiden sich die Methoden nicht, lediglich in der Anwendung sind einige Unterschiede in den Prozessschritten vorhanden:

o Vorgespräch: Das erste Gespräch findet beim TransferWerk zwischen den Moderatoren und der Führungskraft allein statt. Es werden alle Elemente eines Auftrags wie z. B. Ressourcen und Verantwortungen, aber auch inhaltliche Schwerpunkte, zukünftige Planungen und Einschätzungen über die beteiligten Personen behandelt.

o Nach der Absprache mit dem Vorgesetzten finden ein gemeinsames oder, bei unklarer Ausgangsposition, getrennte Vorgespräche der Moderatoren mit Wissensgeber und Wissensnehmer statt, in der die Vorgehensweise vorgestellt und die Bereitschaft geklärt werden.

o Die Erarbeitung der Jobmap findet dann mit Wissensgeber und Wissensnehmer zusammen statt. Sie dauert in der Regel mehrere Sitzungen und dient der Erfassung und Strukturierung des gesamten zu transferierenden Wissens. Hierbei bestimmt der Wissensnehmer die Tiefe der Detaillierung je nach seinem Vorwissen. Bei der Erarbeitung werden auch schon die ersten entstehenden Fragen im Ansatz besprochen.

o Zu allen Hauptpunkten werden dann immer noch in der Konstellation Wissensgeber, -nehmer und Moderatoren geeignete Maßnahmen entwickelt und in einen Transferplan eingearbeitet. Hierbei kommen die erwähnten Methoden wie Leitfäden, Checklisten, Prozessbeschreibungen oder Beziehungslandkarten ebenso zum Einsatz.

o In einer gemeinsamen Sitzung mit allen Prozessbeteiligten, auf jeden Fall auch mit der Führungskraft, werden dann Jobmap und Transferplan vorgestellt, diskutiert, u. U. erweitert oder verändert und schließlich verbindlich verabschiedet.

o Der eigentliche Wissenstransfer findet dann wie bei der Wissensstafette beschrieben statt, wobei jeder Wissenstransfer kleine individuelle Unterschiede aufweist.

o In einem Abschlussgespräch mit Führungskraft und Wissensnehmer erfolgt das Controlling der Wissensübergabe. Evtl. werden weitere Fördermaßnahmen für den Wissensnehmer verabredet.

Der wesentliche Unterschied zwischen beiden Vorgehensweisen liegt in der Anzahl der vorbereitenden Schritte. Das TransferWerk bietet sich daher durch die systemische Orientierung besonders in der Einführungsphase eines institutionalisierten Wissenstransfers in Organisationen an.

Gastbeitrag von Grit Terhoeven

Referenzen

Terhoeven, Grit (2007): *„Transferwerk" strukturierter Wissenstransfer.* http://www.exabis.com/cm362/fileadmin/wage/pdf/ Praesentation_Terhoeven.pdf, Abruf: 24.05.2010.

Wissensmeeting

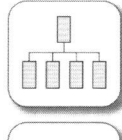
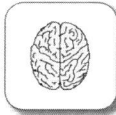

Das Wissensmeeting dient der gezielten Wissensentwicklung und dem Transfer von Wissen. Es macht implizites Wissen sichtbar und regt die Wissensbewertung an. Sichtbares Ergebnis eines Wissensmeetings ist das Wissensprotokoll.

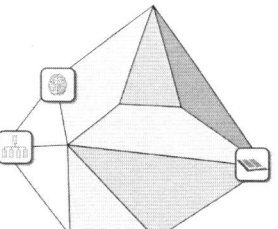

Diese Methode ist daher im Semantischen Raum zwischen *Organisationen*, *Kompetenzen* und *Wissensobjekte* zu finden.

Die Methode

Ein Wissensmeeting ist eine Besprechung, in der gezielt neues Wissen entwickelt oder bestehendes Wissen transferiert wird. Die Ergebnisse werden durch den Wissensreporter im Wissensreport (= Ergebnisprotokoll) festgehalten. Der Wissensreport wird in der unternehmensweiten Wissensbasis gespeichert. Die Methode wird eingesetzt, wenn Know-How-Träger die Stelle wechseln oder in den Ruhestand treten oder, wenn neue Mitarbeiter möglichst gut und schnell integriert werden sollen.

Im Unterschied zu einer herkömmlichen Sitzung wird ein Wissensmeeting immer von einem Moderator begleitet, der die Kommunikationsprozesse zwischen den Teilnehmern steuert. Für das Erkennen und Dokumentieren des Wissens, das in diesem Meeting gewonnen bzw. transferiert wird, ist eine eigene Person, der Wissensreporter, zuständig. Alle anderen Teilnehmer sind von diesen Wissensmanagementaktivitäten entlastet und können sich voll und ganz auf den Wissenstransferprozess konzentrieren.

Die klare Rollenverteilung zwischen der Personengruppe im Wissenstransferprozess und den Personen, die den Kommunikationsprozess und die Wissensmanagementaktivitäten begleiten, führt zu deutlich besseren Ergebnissen, weil jede Person sich auf ihre jeweilige Expertenrolle konzentrieren kann.

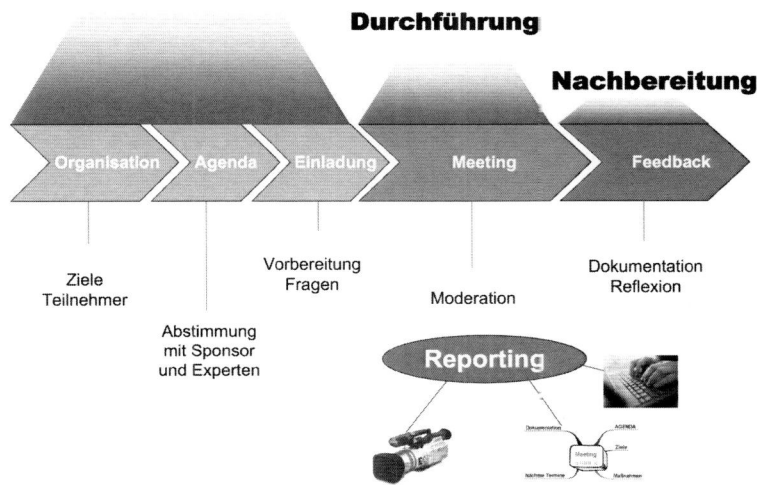

Abbildung 17: Phasen eines Wissensmeetings

Ziel und Nutzen

Ein Wissensmeeting wird eingesetzt, um

o den Transfer von Expertenwissen oder Prozess-relevantem Wissen,

o die gemeinsame Entwicklung von Organisationswissen,

o das Sichtbarmachen von implizitem Wissen für die Organisation oder

o die Reflexion von Wissen im Sinne von Wissensbewertung und Entlernen

zu unterstützen.

Anwendung

Ein Wissensmeeting durchläuft wie jede Sitzung eine Vorbereitungs-, Durchführungs- und Nachbereitungsphase (siehe Abbildung 17). Die Aktivitäten in diesen Phasen unterscheiden sich z.T. deutlich von denen in herkömmlichen Besprechungen, wie folgt:

Vorbereitung

Gemeinsam mit dem Auftraggeber oder Sponsor des Wissensmeetings werden die Ziele, die Wissensthemen inkl. kritischer Punkte und die Ressourcen für die Entwicklung der Wissensbasis festgelegt. Auf Basis dieser Vereinbarungen können nun die Teilnehmer für das Wissensmeeting ausgewählt werden. Es erfolgt eine Einladung an jene Fachleute, die über Expertenwissen zu den ausgewählten Themen verfügen und an Personen, die dieses Wissen für ihre Problemstellungen nutzen wollen.

Die Gruppengröße liegt idealerweise bei sieben bis neun Personen. Ist das Thema von breiterem Interesse, können auch Zuhörer als stille Zaungäste des Meetings eingeladen werden. Die aktiven Teilnehmer werden gebeten, Fragen für die Experten aus ihrer jeweiligen Perspektive mitzubringen. Der Wissensmoderator bereitet den Ablauf des Wissensmeetings vor. Der Wissensreporter sorgt für alle Ressourcen (Notebook, Beamer, Videokamera, etc.), die er für das Online- und Multi-Media-Reporting im Meeting benötigt.

Durchführung

Das Meeting wird durch den Wissensmoderator eröffnet. Er erklärt die Zielsetzung, gibt einen Überblick über den geplanten Ablauf und vereinbart die Art und Weise des Feedbacks nach dem Meeting. Es folgt eine Kurzeinführung in die Themengebiete durch die Experten, wenn erforderlich. Daran schließt sich der Hauptteil des Wissensmeetings mit den Schlüsselfragen an die Experten und der Behandlung weiterer Diskussionspunkte an. In diesem Teil steuert der Wissensmoderator die Wortmeldungen, achtet auf die Zielorientierung und die Einhaltung des vereinbarten Zeitrahmens. Der Wissensreporter filmt besonders interessante Sequenzen und notiert sich Kernaussagen und neue Ideen zu jedem Wissensthema.

Im letztenTeil des Meetings fasst der Wissensreporter die Ergebnisse zusammen. Die Teilnehmer können zu diesem mündlichen Bericht Verständnisfragen stellen. Das Endergebnis wird durch den Reporter online in schriftlicher Form festgehalten. Das Meeting sollte nicht länger als zwei

Organisationales Lernen entfalten

Stunden dauern, weil erfahrungsgemäß über diese Zeitspanne hinweg gut konzentriert gearbeitet werden kann.

Nachbereitung

Diese Phase dient der Rückführung des Wissens in die Organisation. Die vom Wissensreporter erstellten Videoclips und das Online-Protokoll werden an der vereinbarten Stelle im Intranet oder auf dem File-Server abgelegt. Die Teilnehmer und Experten erhalten innerhalb des vereinbarten Zeitraumes das Feedback zugesandt. Dieses Feedback dient den Experten dazu, ihre Wissensbasis zu erweitern und diese mit aktuellen Erfahrungen aus ihrer Praxis zu ergänzen. Aus den Ergebnissen werden gemeinsam mit dem Auftraggeber oder Sponsor Maßnahmen generiert und Ideen in Projekte überführt.

Referenzen

della Schiava, Manfred; Rees, William H. (1999): *Was Wissensmanagement bringt*. Wien, Hamburg: Signum, S. 140-142.

Knowledge Flow Meeting

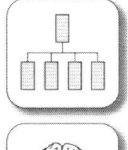

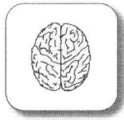

Ein Knowledge Flow Meeting wird zur schnellen Wissensentwicklung für ausgewählte Themenbereiche eingesetzt. Zur Unterstützung des Lern- und Austauschprozesses werden Knowledge Flow Artikel verfasst.

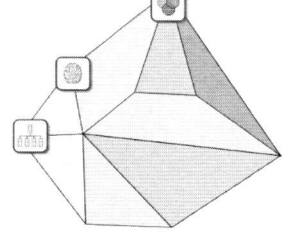

Diese Methode ist daher im Semantischen Raum zwischen *Organisationen*, *Kompetenzen* und *Wissensgebiete* zu finden.

Die Methode

Ein Knowledge Flow Meeting (KFM) ist eine Interventionsmethode für eine größere Gruppe von Personen, die der schnellen Wissensentwicklung in Organisationen dient. Sie wurde von Josef Oberneder im Rahmen seiner Masterarbeit an der Donauuniversität Krems entwickelt und darf mit seiner freundlichen Genehmigung in dieser Methodensammlung veröffentlicht werden.

Das Besondere an der Methode ist, dass sie einen intensiven Kommunikationsprozess zur Erzeugung von organisationalem Wissen aus Daten und Informationen in Gang setzt. Im KFM erzeugen die Teilnehmer Wissen, in dem sie für die Organisation relevante Informationen mit ihren Erfahrungen zur Deckung bringen.

Die Methode basiert auf der Grundannahme, dass jedes soziale System seine eigenen Grenzen zieht, innerhalb deren Selbststeuerung und etablierte Regelsysteme relativ unabhängig von Umweltdynamiken zur Anwendung kommen. Je größer der Abstand zum „Zentrum" einer Organisation wird, desto intensiver wird die Beziehung zur Umwelt und umso mehr verändert sich die Logik des Wissens. Raum, Ort und Zeit sind ebenfalls von großer Bedeutung für das erfolgreiche Erzeugen von Wissen. Der Ort soll einladend auf die Teilnehmer wirken. Der Raum zwischen den Tischen darf nicht zu eng sein. Der Zeitpunkt für ein KFM muss so gewählt werden, dass für die Teilnehmer die Themen eine gewisse Aktualität haben. Diese Grundprinzipien finden ihren Niederschlag im nachfolgend beschriebenen Design eines KFM.

Ziel und Nutzen

Organisationale Intelligenz ist für die Wettbewerbsfähigkeit von Organisationen von wachsender Bedeutung. Das KFM ist eine Methode, die den Auf- und Ausbau der organisationalen Wissensbasis gezielt fördert. Es ermöglicht eine rasche Wissensentwicklung innerhalb einer größeren Teilnehmergruppe aus einer Organisation.

Anwendung

Ein KFM ist für ca. 30 bis 90 Teilnehmer konzipiert und dauert max. einen Tag. Ein KFM wird von einem Organisationsentwickler, dem KFM-Moderator, der Erfahrung mit der Arbeit mit Großgruppen besitzen muss, durchgeführt. Im Vorfeld klärt der KFM-Moderator mit seinem Auftraggeber, welche drei wichtigsten Themenbereiche in dem KFM behandelt werden sollen.

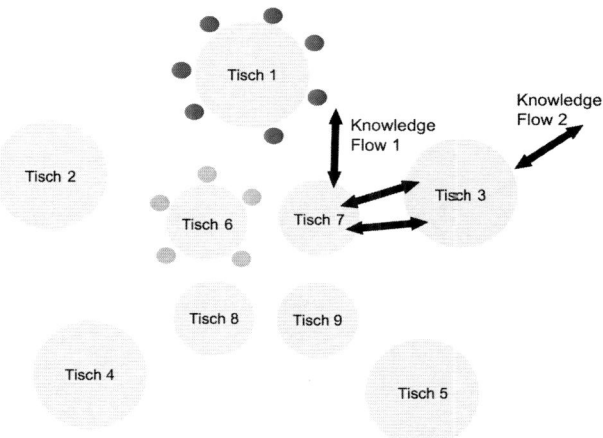

Abbildung 18: Wissensflüsse im KFM

Um die für die erfolgreiche Wissengenerierung optimalen Wissensflüsse zwischen innerem Kern, äußerer „Hülle" und Umwelt zu gewährleisten, werden die Teilnehmer den Tischen der Aufbau- und Ablauforganisation entsprechend zugeteilt (siehe Abbildung 18). Eine Vorbereitungsgruppe, die möglichst heterogen zusammengesetzt sein soll, unterstützt den KFM-Moderator bei dieser wichtigen Aufgabe der richtigen Zuteilung.

Der weit ausgesteckte Rahmen des KFM soll möglichst genau eingehalten werden, innerhalb dessen erfolgt die Arbeit selbstorganisiert. Während eines KFM werden folgende fünf Stationen durchlaufen.

Kognitive Vorbereitung

In diesem ersten Schritt wird zunächst geklärt, welches Thema konkret im KFM behandelt werden soll. Dazu präsentiert der KFM-Moderator die vom Auftraggeber ausgewählten Themengebiete. In den Kleingruppen an den Tischen wird über das Thema abgestimmt, im Plenum erfolgt anschließend die Einigung auf ein gemeinsames Thema.

Im nächsten Schritt wird der gemeinsame Wissensbegriff erarbeitet. Der KFM-Moderator hält dazu einen kurzen Impulsvortrag mit den üblichen Unterscheidungen Daten/Information/Wissen, implizites/explizites Wissen und individuelles/kollektives Wissen. An den Tischen wird darauf aufbauend der Wissensbegriff diskutiert und ein Kleingruppenergebnis erarbeitet. Im Plenum erfolgt wiederum die Einigung auf den gemeinsamen Wissensbegriff.

Emotionale Bindung

Nun geht es darum, dass die Teilnehmer auf die Dringlichkeit des Themas und die relativ straffe Struktur des KFM eingestimmt werden. Der KFM-Auftraggeber sagt klar (am besten schriftlich), welche Zielsetzung das KFM verfolgt und warum das Thema für die Organisation von so großer Bedeutung ist. Der KFM-Moderator erklärt anschließend den weiteren Ablauf des KFM und bittet um strikte Einhaltung des vorgegebenen Rahmens.

Organisierter Austausch

In dieser Kernphase des KFM wird von jeder Kleingruppe an einem Tisch ein Knowledge Flow Artikel (KFA) zum ausgewählten Thema geschrieben. Ein KFA hat eine vorgegebene Struktur, die der KFM-Moderator den Teilnehmern als Vorlage zur Verfügung stellt. Die Struktur eines KFA orientiert sich am Aufbau des Mikroartikel von Willke (siehe Seite 50), wie folgt:

o *Thema* - Aufgabenstellung

o *Kontext* - Wie ist der Kontext der Aufgabenstellung definiert?

o *Kernprobleme* - Welche Kernprobleme (auch als Metapher) können beschrieben werden?

o *Folgerungen* - Was sind die Folgerungen aus den Problemstellungen?

o *Lösungen* - Welche Lösungen sollen erzeugt werden?

Durch die gemeinsame Erstellung des KFA an den Tischen soll personales Wissen vergemeinschaftet und individuelles Lernen mit dem Lernen von sozialen Systemen verbunden werden. Wichtig bei der Abfassung des KFA ist, dass die Autoren strikt der vorgegebenen Form folgen, gut verständliche und nachvollziehbare Formulierungen verwenden, die im Unternehmen öffentlich zur Verfügung gestellt werden können. Ein KFA soll maximal eine Seite umfassen und die Problematik unbedingt auch in metaphorischer Form (zB „Ober sticht Unter", „Der Wilderer in fremden Revieren") darstellen. Idealerweise werden die KFAs in elektronischer Form erstellt.

Knowledge Flow

In diesem Schritt findet der „Knowledge Flow" statt Jede Tischgruppe hat sieben Minuten Zeit ihren KFA im Plenum zu präsentieren. Sie achten dabei darauf, dass sie eine für alle gut verständliche Sprache benutzen. Der KFM-Moderator unterstützt diesen Prozess durch „Tischinterviews", in dem er unklare Formulierungen hinterfragt. Danach haben die Zuhörer fünf Minuten Zeit Verständnisfragen zu stellen.

Evaluierung

In dieser Abschlussphase werden die Eindrücke zunächst an den Tischen ausgetauscht, bewertet und verdichtet. Am Ende des KFM werden die wesentlichsten Punkte im Plenum aufgegriffen, diskutiert und die relevantesten ausgewählt. Der KFM-Moderator dokumentiert diese Erkenntnisse für alle sichtbar am Flipchart oder Notebook.

Wissen wird im KFM dadurch erzeugt, dass sich jeder in die Sichtweise eines anderen versetzt, unter diesem Blickwinkel Entscheidungen trifft, die zu völlig neuen Handlungsoptionen führen. Weiters gelingt dies durch die Anerkennung, dass jeder Mitarbeiter spezielle Expertisen entwickelt hat und einbringen kann sowie das Erlebbarmachen kollektiver, verteilter Intelligenz in den plenumsbasierten Sequenzen.

Referenzen

Oberneder, Josef (2005): *Knowledge Flow Meetings (KFM[R]) – Die neue Logik des Lernens*. In: Lernende Organisation 25 (Mai/Juni), S. 58-63.

Lerntag

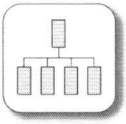

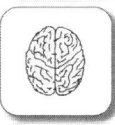

Ein Lerntag dient dem Wissenstransfer und der Wissensentwicklung von Mitarbeitern in ihren jeweiligen Fachgebieten.

Im Semantischen Raum befindet sich diese Methode daher zwischen *Organisationen*, *Kompetenzen* und *Wissensgebieten*.

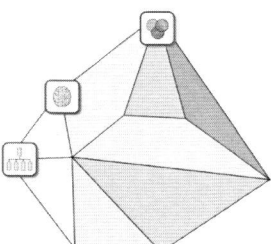

Die Methode

Ein Lerntag ist eine freiwillige Zusammenkunft von Mitarbeitern, bei der ein oder mehrere Mitarbeiter ein Thema aus ihrem Fachgebiet den anderen in geeigneter Form vermitteln.

Ziel und Nutzen

Mitarbeiter nehmen an Weiterbildungsveranstaltungen teil und machen danach ihre Erfahrungen bei der Umsetzung des Gelernten in die Praxis. Entsprechend ihren Aufgabengebieten besuchen Mitarbeiter unterschiedliche Weiterbildungsveranstaltungen. Um die Wissensbasis der gesamten Organisationseinheit zu verbreitern, ist es sinnvoll, durch Lerntage dieses Wissen an alle anderen Mitarbeiter systematisch weiterzugeben. Die Mitarbeiter stärken dadurch auch ihre Fähigkeiten zur Wissensvermittlung.

Anwendung

Die Mitarbeiter einer Abteilung einigen sich zu Beginn eines Jahres, welche Themen sie voneinander lernen wollen. In periodischen Abständen (zB einmal in einem Quartal) werden Lerntage mit einer Dauer von drei bis vier Stunden bis max. einen Tag organisiert, in denen die Themenbringer ihr Wissen weitergeben. Externe Experten können ebenfalls zum Einsatz kommen, wenn es für ein Spezialthema keinen internen Wissensträger gibt. Die Wissensvermittlung sollte so erfolgen, dass die Teilnehmenden in die Lage versetzt werden, das Gelernte direkt in der Praxis anzuwenden.

Aktionslernen

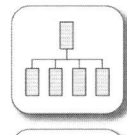

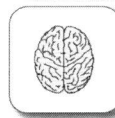

Aktionslernen dient der Entwicklung von Managementfähigkeiten durch direktes Anwenden des Gelernten in den Geschäftsprozessen der beteiligten Führungskräfte.

Diese Methode ist daher im Semantischen Raum zwischen *Organisationen*, *Prozesse* und *Kompetenzen* zu finden.

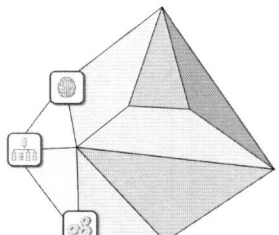

Die Methode

Aktionslernen ist ein erfahrungsorientierter Ansatz zur Entwicklung von Managementfähigkeiten, der vom Kernphysiker Reginald Revans erfunden wurde. Traditionelles Lernen beruht auf der Vermittlung von Wissen, das Lösungen zu bekannten Problemen liefert. Aktionslernen dagegen greift nicht nur auf vorbestimmtes Wissen, sondern auf Erfahrungswissen zurück, um Probleme zu lösen, für die es keine bekannten Lösungen gibt. Die am Aktionslernen teilnehmenden Mitarbeiter arbeiten an konkreten Fällen aus ihrer unmittelbaren Arbeitsumgebung und nutzen gleichzeitig die Erfahrungen der anderen, die aus möglichst unterschiedlichen Organisationseinheiten stammen. Lernen und Handeln werden dabei zu einer Einheit verschmolzen.

Ziel und Nutzen

Ziel dieser Methode ist, die praktischen Problemlösungsfähigkeiten von Führungskräften und Experten einer Organisation zu verbessern und gleichzeitig die Fach-, Methoden-, Sozial-, Lern- und Selbstkompetenz auf persönlicher und organisationaler Ebene zu erweitern.

Anwendung

Die Grundidee des Aktionslernens (siehe Abbildung 19) ist, dass die Führungskräfte und Experten ihre eigene Organisationseinheit auf Verbesserungspotenziale untersuchen. Auf Basis der Ergebnisse dieser Untersuchungen werden Veränderungen eingeleitet. Der Lerntransfer ist durch unmittelbares Umsetzen des Gelernten in die Praxis gewährleistet.

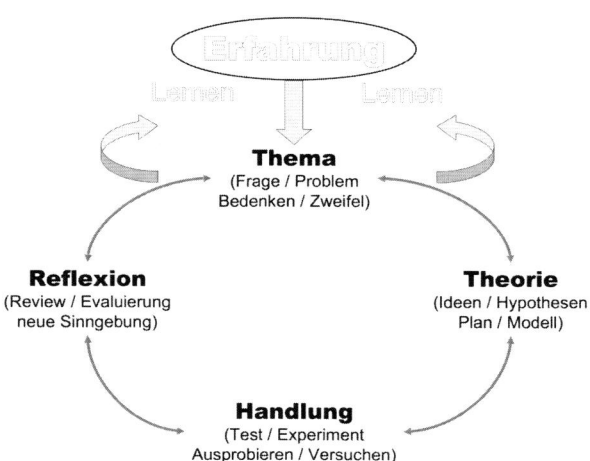

Abbildung 19: Grundschritte Aktionslernen (nach Phelan/Enderby)

Die Umsetzung dieser Grundidee in die Praxis umfasst folgende Schritte:

Organisationsdiagnose

Die Führungskräfte und Experten, die am Aktionslernprogramm teilnehmen, machen sich in ihrer eigenen Organisationseinheit auf die Suche nach Arbeitsschritten oder Prozessen, die effizienter gestaltet werden könnten. Sie beschreiben möglichst umfassend die aktuelle Situation, und welches Ziel durch die Umgestaltung der Arbeitsschritte bzw. Prozesse erreicht werden soll.

Einrichten von Lernpartnerschaften

Die Führungskräfte bzw. Experten schließen sich zu Lernpartnerschaften (siehe Seite 40) von drei bis vier Personen zusammen. Die Lernpartner sollten aus möglichst unterschiedlichen Organisationseinheiten stammen und sich sympathisch sein.

Entwicklung und Umsetzung von Lösungswegen

Die Lernpartner unterstützen sich gegenseitig bei der Entwicklung von möglichen Lösungswegen für ihre konkreten Praxisfälle aus der Organisationsdiagnose. Jeder Lernpartner wählt einen ihm am besten passend erscheinenden Lösungsweg aus und setzt diesen in seiner Organisationseinheit um.

Review der Ergebnisse

In regelmäßigen Abständen treffen sich die Lernpartner und reflektieren ihre Fortschritte. Diese werden den erwarteten Ergebnissen gegenübergestellt und auf ihre Passung hin bewertet. Der gewählte Lösungsweg wird modifiziert oder verworfen, falls erforderlich.

Durch die wiederholte Anwendung dieser Schritte ergibt sich eine ständige Weiterentwicklung des Kernwissens über Führung. Erfolgreiches Handeln wird immer mehr zur Routine in der Führungspraxis der Organisation.

Referenzen

Donnenberg, Otmar (Hrsg., 1999): *Action Learning: ein Handbuch*. Stuttgart: Klett-Cotta.

Enderby John E.; Phelan Dean R. (1994): *Action learning groups as the foundation for cultural change*. Asia Pacific Journal of Human Resources 1994:32(1), S. 74-82.

Gruber, Sandra; Essl, Günter (2004): *Action Learning: Erfahrungslernen als Problemlösungsprozess*. In: wissensmanagement 6/04, S. 26-28.

Mittelmann, Angelika et al. (2000): *Geschäftsprozesse mit menschlichem Antlitz: Methoden des Organisationalen Lernens anwenden*. Band 1 der Schriftenreihe Wissens- und Prozessmanagement hrsg. von Gappmaier, M. und Heinrich, L. J., 2. Auflage, Linz: Trauner Universitätsverlag.

Revans, Reginald W. (1982): *The Origin and Growth of Action Learning*. London: Chartwell Bratt.

Revans, Reginald W. (1998): *ABC of Action Learning*. London: Lemos and Crane.

Projektlernen

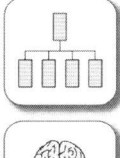
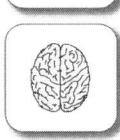

Projektlernen findet sowohl auf individueller als auch organisatorischer Ebene statt und dient der Verbreiterung der Wissensbasis einer Organisation.

Im Semantischen Raum findet man daher diese Methode zwischen *Wissensträger*, *Organisationen*, und *Kompetenzen*.

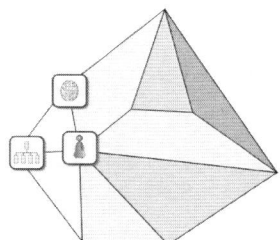

Die Methode

Projektlernen ist eine Lernform, die Projektarbeit zum individuellen und organisatorischen Lernen systematisch nutzt. Die Mitarbeiter übernehmen dabei neben ihren Routinetätigkeiten Aufgaben im Rahmen von Projekten, die durch das Top Management zu diesem Zweck ausgewählt werden. Die Aufgaben können von Projektmitarbeit über Projektassistenz bis zu Projektleitung reichen.

Ziel und Nutzen

Ziel dieser Methode ist es, durch die Bearbeitung von Projekten den Erfahrungs- und Wissensstand der Mitarbeiter zu erweitern und die Wissensbasis der Organisation zu verbreitern. Durch die immer wieder neue Teamzusammensetzung müssen sich die Mitarbeiter mit unterschiedlichen Werten und Normen, Meinungen, Perspektiven und Ideen auseinandersetzen. Dies führt zur Neubildung ihrer mentalen Modelle und zur Erweiterung ihres Erfahrungsschatzes.

Anwendung

Projektlernen als spezielle Lernform in einer Organisation einzuführen, erfordert die aktive Unterstützung des Managements. Dies beginnt bei der Auswahl der Themenstellungen für Projekte, setzt sich fort in der Definition adäquater Wissensziele bis hin zur systematischen Verwertung der gewonnenen Erkenntnisse. Folgende Schritte empfehlen sich für eine erfolgreiche Einführung und Institutionalisierung von Projektlernen in Organisationen:

Auswahl der Themen und Projektteammitglieder:

Das Management wählt in periodischen Abständen (z. B. jährlich) einige wenige Themen von strategischer Bedeutung für die Organisation aus und betraut Mitarbeiter aus unterschiedlichen Organisationseinheiten und Hierarchieebenen mit der Bearbeitung dieser komplexen Aufgabenstellungen. Zu berücksichtigen ist dabei, dass die Mitarbeiter durch die immer neuen Herausforderungen bzw. Aufgabenstellungen nicht überfordert und damit demotiviert werden.

Definition der inhaltlichen Ziele und von Wissenszielen:

Neben den inhaltlichen Zielen definiert das Management ein bis zwei Wissensziele, die die Projektteams durch die Bearbeitung erreichen sollen. Diese Ziele sollen so konkret wie möglich formuliert werden, um eine Verfolgung und Evaluierung zu ermöglichen.

Begleitung der Projektteams:

Während der gesamten Projektlaufzeit werden die Projektteammitglieder von ihren Führungskräften durch regelmäßige Reviewgespräche (wie ist der Projektstatus und Zielerreichungsgrad, was läuft gut, wo wird Hilfe benötigt, etc.) begleitet und dazu motiviert, ihre im Rahmen der Projektarbeit gewonnenen Erkenntnisse aufzuzeichnen (z. B. in einem Lerntagebuch, siehe Seite 164). Es ist jedoch darauf zu achten, dass der Dokumentationsaufwand in einem vernünftigen Rahmen bleibt, um die Motivation der Projektteammitglieder aufrecht zu erhalten.

Regelmäßiger Erfahrungsaustausch:

In regelmäßigen Abständen bzw. nach dem Eintritt besonderer Ereignisse im Projektgeschehen tauschen sich die Projektteammitglieder über ihre neuen Erfahrungen aus, geben sich Feedback und dokumentieren ihre gemeinsamen Erkenntnisse in angemessenem Umfang im Projekttagebuch.

Überprüfung der Wissensziele in Projektreviews:

Der Projektauftraggeber achtet insbesondere darauf, dass die Wissensziele genauso konsequent verfolgt werden wie die inhaltlichen Ziele und überprüft im Rahmen der Projektreviews auch den Zielerreichungsgrad der Wissensziele.

Erstellung einer wieder verwendbaren Dokumentation bei Projektende:

Die individuellen Erkenntnisse und die Einträge im Projekttagebuch werden bei Projektende in einem Lessons Learned Workshop gebündelt und in eine für die gesamte Organisation wieder verwendbare Form gebracht. So entsteht im Laufe der Zeit eine Sammlung von guten Praktiken für unterschiedlichste Anwendungsgebiete, die immer wieder überarbeitet und ergänzt werden.

Referenzen

Hanson, Philip G.; Lubin, Bernard (1995): *Answers to questions most frequently asked about organization development.* Thousand Oaks: Sage Publications.

Mittelmann, Angelika et al. (2000): *Geschäftsprozesse mit menschlichem Antlitz: Methoden des Organisationalen Lernens anwenden.* Band 1 der Schriftenreihe Wissens- und Prozessmanagement hrsg. von Gappmaier, M. und Heinrich, L. J., 2. Auflage, Linz: Trauner Universitätsverlag.

Schindler, Martin; Eppler, Martin J. (2003): *Harvesting project knowledge: a review of project learning methods and success factors.* In: International Journal of Project Management 21 (2003), S. 219-228.

Tobin's q

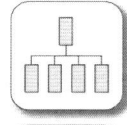
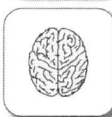

Tobin's q ist eine summarische Einschätzungsmethode für das intellektuelle Kapital eines Unternhemens.

Diese Methode ist daher im Semantischen Raum zwischen *Organisationen* und *Kompetenzen* zu finden.

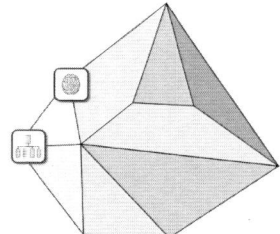

Die Methode

Tobins Quotient ist ein einfacher deduktiv-summarischer Ansatz, um das intellektuelle Kapital eines Unternehmens einzuschätzen. Der "Tobin's q" ist der Quotient aus dem Marktwert eines Wirtschaftsgutes und seinem Wiederbeschaffungskosten. Ist q<1, dann ist der Marktwert geringer als die Wiederbeschaffungskosten. Bei q>1 ist es genau umgekehrt, was auf einen Mehrwert an Mitarbeiterwissen und Technologie in dem betreffenden Unternehmen hinweist. Die Methode ist nach seinem Entwickler, dem Nobelpreisträger James Tobin benannt.

Die Methode wurde ursprünglich nicht für das Bewerten von intellektuellem Kapital entwickelt, hat sich aber für diesen Zweck als hilfreich erwiesen, weil sie im Gegensatz zu den Marktwert-Buchwert-Relationen unabhängig von unterschiedlichen Abschreibungsmethoden ist.

Ziel und Nutzen

Die Methode unterstützt bei der einfachen und schnellen Berechnung des immateriellen Vermögens eines Unternehmens und quantifizierten Darstellung in einer Zahl. Sie ist geeignet, Unternehmen oder Unternehmensteile untereinander zu vergleichen. Ungeeignet ist sie, um die Auswirkungen von Maßnahmen, die auf die Vermehrung des immateriellen Vermögens ausgerichtet sind, darzustellen.

Anwendung

Marktwert und Wiederbeschaffungskosten werden anhand von Erfahrungswerten festgesetzt und entsprechend der Formel zueinander in Beziehung gebracht. Problematisch ist die Festsetzung des Marktwertes und der Wiederbeschaffungskosten, wenn Erfahrungswerte fehlen.

Beispiel

Ein Unternehmen stellt junge Forscher mit einem niedrigen Gehalt ein und integriert sie in ein sehr erfolgreiches Entwicklungsteam. Der Wert der technologischen Lösungen dieses Teams übersteigt die Summe der Marktwerte aller Forscher im Team.

Referenzen

Kaps, Gabriele (2001): *Erfolgsmessung im Wissensmanagement unter Anwendung von Balanced Scorecards*. Nohr, H. (Hrsg.): Fachhochschule Stuttgart, Arbeitspapiere Wissensmanagement Nr.2/2001. http://cosmic.rrz.uni-hamburg.de/webcat/hwwa/edok01/hbi/APW2001-02.pdf, Abruf: 28.11.2010.

North, Klaus et al. (1998): *Wissen messen - Ansätze, Erfahrungen und kritische Fragen*. In: Zeitschrift Führung und Organisation, Ausgabe 3/1998.

Stewart, Thomas A. (1998): *Der vierte Produktionsfaktor*. München/Wien: Hanser.

Werkzeuge im Kapitel 3

Egozentrierte Beziehungslandkarte
Visualisierungswerkzeug für das Beziehungsnetzwerk einer Person

Wissensträgerkarten
Visualisierungswerkzeug zur Identifikation von Wissensträgern und Kompetenzen

Soziale Netzwerkanalyse
Methode zur Untersuchung der Strukturen sozialer Systeme

Beziehungsmanagement
Methode zum Aufbau und zur Pflege eines persönlichen Beziehungsnetzwerks

Sechs Denkhüte
Denkmethode mit Strukturierungsrahmen für effiziente Gruppendiskussionen

Wissensnetzwerk
Freiwilliger Zusammenschluss von Menschen mit starkem Interesse an der Bearbeitung eines bestimmten Themas

Kommunikationsforum
Zeitlich und räumlich fixierte Gesprächsrunden zum intensiven Erfahrungsaustausch

Knowledge Café
Kommunikationsmethode zum freien und ungehinderten Gedanken- und Ideenaustausch unter den Teilnehmern

Dialog
Kommunikatinsmethode zur Auslotung komplexer Themen oder schwieriger Fragen

Pausenraum
Infrastrukturelle Maßnahme zur Förderung informeller Gespräche zwischen Mitarbeitern

3 Beziehungen und Kommunikation

Beziehungen, Organisationen & Co

In diesem Kapitel finden sich Methoden, die den Wissens- auf- und -ausbau fördern durch Knüpfen von Beziehungen und Kommunikation zwischen Wissensträgern. Im Semantischen Raum bewegen wir uns rund um die Entitäten *Beziehungen* und *Organisationen* in enger Verbindung mit der Entität Wissensträger, die die Kristallisationspunkte sozialer Netzwerke sind.

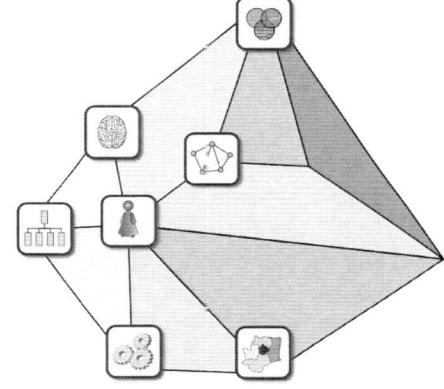

Wissensträger pflegen soziale Beziehungen innerhalb und außerhalb von Organisationen, indem sie miteinander reden. Durch diese gemeinsamen Denk- und Kommunikations-*Prozesse*, die real oder an virtuellen *Orten* stattfinden können, bauen sie ihre *Kompetenzen* in für sie und die Organisation relevanten *Wissensgebieten* aus.

Die Wegstrecke in diesem Teil des Semantischen Raums beginnt bei den Methoden zum Aufbau, zur Pflege, Visualisierung und Analyse sozialer Netzwerke (Beziehungsmanagement, Egozentrierte Beziehungslandkarte, Wissensträgerkarten, Soziale Netzwerkanalyse). Sie geht weiter über eine Auswahl von Methoden, die dem gemeinschaftlichen Gedanken- und Erfahrungsaustausch dienen (Sechs Denkhüte, Wissensnetzwerk, Kommunikationsforum, Knowledge Café, Dialog). Den Abschluss bildet eine „infrastrukturelle" Methode, die einen informellen Rahmen für diese Gespräche schaffen kann (Pausenraum).

Diese Methodenauswahl kann genutzt werden, um Wissens- und Kompetenzerweiterung durch gezielte Kommunikation zwischen Wissensträgern zu fördern.

Egozentrierte Beziehungslandkarte

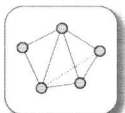

Eine egozentrierte Beziehungslandkarte unterstützt die Erstellung und Visualisierung eines
persönlichen Beziehungsnetz-
werkes im beruflichen Kontext.

Im Semantischen Raum befindet
sich diese Methode daher zwischen *Wissensträger* und *Beziehungen*.

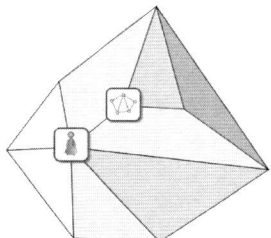

Die Methode

Eine egozentrierte Beziehungslandkarte visualisiert das Beziehungsnetzwerk einer Person in Form eines gerichteten Graphen (siehe Abbildung 20).
Die Personen, die zu diesem Netzwerk gehören, werden durch Knoten sym-
bolisiert. Die Pfeilrichtungen der Kanten geben an, ob die Beziehung zwischen zwei Personen wechselseitig ist oder nicht. Die Beziehungsnähe und -
güte wird durch die Darstellungsform (gestrichelte, dünne oder dicke
durchgezogene Linie) oder die Bezeichnung der Kanten angegeben.

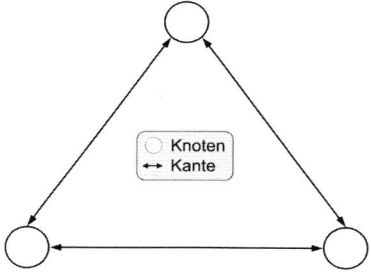

Abbildung 20: Gerichteter Graph

Ziel und Nutzen

Ziel dieser Methode ist es einerseits, sich sein persönliches Netzwerk bewusst zu machen und zu visualisieren, um es besser pflegen zu können. Andererseits können in Wechselsituationen die relevanten Ausschnitte des eigenen Netzwerks einfacher und besser an den Nachfolger übergeben werden.

Anwendung

1. Identifizieren der Personen:

Unter Zuhilfenahme der folgenden Fragen erstellt man eine Liste von Personen:

o   Welche Personen sind für die Erfüllung meiner Aufgabenstellungen wichtig (Geschäftsfreunde, KollegInnen, Kunden, Lieferanten, etc.)?

o   Mit welchen Personen habe ich häufig Kontakt?

o   Welche Personen sind für mich wichtig bei der Lösung von Problemen und umgekehrt für wen bin ich wichtig?

o   Zu welchen Personen halte ich regelmäßigen Kontakt, um gut informiert zu sein?

2. Feststellen der Qualität der Beziehungen:

Zu jeder Person auf der Liste ergänzt man nun die Beziehungsnähe und -güte durch Beantwortung der folgenden Fragen:

o   Wie gut kenne ich die Person (Freund/in (F), Bekannte/r (B), Kollege/in (K))? Kann ich ihr Verhalten in Alltagssituationen einschätzen? Kenne ich ihre Vorlieben und Besonderheiten in der Kommunikation mit mir? (*Beziehungsnähe*)

o   Wie gut ist meine Beziehung zu dieser Person (gut (+), neutral (0), schlecht (-))? (*Beziehungsgüte*)

3. Visualisieren der Beziehungslandkarte:

In die Mitte einer Zeichenfläche (auf Papier oder Software-unterstützt) wird in einem Kreis oder Oval der Name des „Besitzers" der egozentrierten Beziehungslandkarte geschrieben. Die Zeichenfläche kann dann, wenn erforderlich, in Flächen für Wissensgebiete strukturiert werden. Rund um diesen Mittelpunkt werden anschließend die Namen der Personen aus der erstellten Liste ebenfalls in Kreisen oder Ovalen (= Knoten des gerichteten Graphen) in den passenden Wissensgebiet-Flächen angeordnet. Die Beziehungsnähe kann durch entsprechende Entfernung zum Besitzer dargestellt werden. Anschließend werden die Knoten mit Pfeilen (= Kanten des gerichteten Graphen) mit dem Besitzer verknüpft. Die Beziehungsgüte kann durch verschiedene Pfeilarten (dicke, dünne, durchbrochene Linie) oder durch Bezeichnung der Kanten mit „+", „0" oder „-" visualisiert werden.

Beispiel

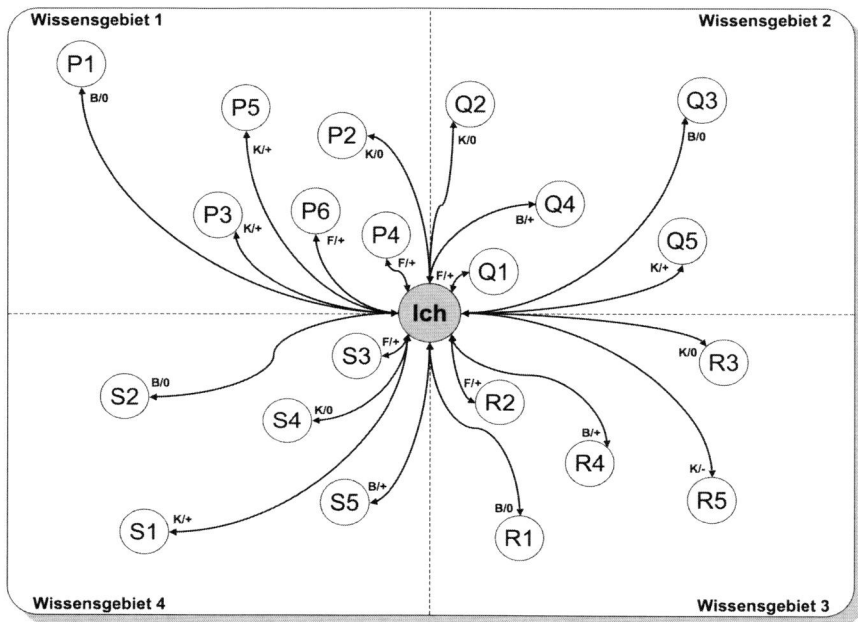

Abbildung 21: Egozentrierte Beziehungslandkarte

Im obigen Beispiel hat die Person „Ich" für vier ihrer Wissensgebiete die fünf bis sechs Personen identifiziert, die für sie besonders wichtig sind. Die Beziehungsnähe ist durch die Bezeichnung „F", „B" oder „K" dargestellt, die Beziehungsgüte durch „+", „0" oder „-".

Referenzen

Reinmann-Rothmeier, Gabi; Mandl, Heinz (2000): *Individuelles Wissensmanagement*. Bern: Huber.

Serdült, Uwe (Hrsg., 2005): *Anwendungen sozialer Netzwerkanalyse*. http://www.ipz.uzh.ch/forschung/publikationen/ZuerchpolEva/SNA_03.pdf, Abruf: 06.04.2010, S. 11.

Wissensträgerkarten

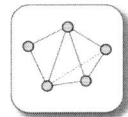

Wissensträgerkarten stellen die Beziehungen zwischen Wissensträgern ihrem Wissen bzw. Kompetenzen und den zugehörigen Wissensgebieten dar.

Daher findet man diese Methode im Semantischen Raum zwischen *Wissensträger*, *Beziehungen* und *Kompetenzen*.

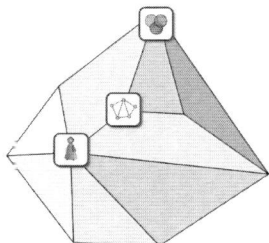

Die Methode

Wissensträgerkarten (auch Kompetenzkarten oder Wissensquellenkarten) veranschaulichen, bei welchen Wissensträgern welche Kompetenzen in welchen Wissensgebieten vorhanden sind. Sie vermitteln keine Wissensinhalte, sondern zeigen die Wege zum Wissen der Wissensträger auf.

Wenn Wissensträgerkarten auf interne Experten verweisen, werden sie auch „Gelbe Seiten" (eine Art „Branchenverzeichnis des Wissens") genannt, bei der Verknüpfung auf externe Spezialisten spricht man von „Blauen Seiten". Auch hinter der Bezeichnung „Expertenverzeichnis" verbergen sich Wissensträgerkarten. Diese Wissenskartenart wird als die klassische Form angesehen, weil sie als erste entwickelt und produktiv eingesetzt wurde (siehe Seemann 1996).

Ziel und Nutzen

Ziel von Wissensträgerkarten ist es, interne und externe Wissensträger bekannt und erreichbar zu machen und damit den Zugriff auf benötigtes Wissen zu erleichtern und zu beschleunigen.

Anwendung

Wissensträgerkarten sollen Antwort auf die beiden Fragen geben „Welche Kompetenzen hat ein bestimmter Wissensträger im Unternehmen?" und „Wer sind die Wissensträger für ein bestimmtes Wissensgebiet?".

Zu der Frage, welche Kompetenzen ein bestimmter Wissensträger im Unternehmen hat, erstellen die Mitarbeiter ihre „Gelbe Seite" mit ihren Wissensangeboten und Kontaktdaten (Name mit Foto, Telefonnummer(n), Link auf eMail-Adresse, etc.). Als Basis für die Kompetenzenliste können die Wissensträger ihr Ist-Kompetenz-Portfolio (siehe Seite 60) verwenden. Eine einzelne Wissensträgerkarte kann als einfache Webseite im Intranet realisiert werden. Dazu wird die oben beschriebene Grundstruktur zur Verfügung gestellt, die von jedem Mitarbeiter leicht befüllt und überarbeitet werden kann. Wenn möglich, sollten die Kontaktdaten aus einer zentralen Datenbank eingespielt und ggfs. automatisch aktualisiert werden. Durch diesen Service wird die Akzeptanz der Mitarbeiter erhöht.

Bei der Siemens AG darf der Mitarbeiter auch einen Link auf seine persönliche Homepage setzen oder zu seinen Themen relevante Seiten oder eine Liste häufig gestellter Fragen und Antworten bereitstellen. Zugang zu diesen Karten hat jeder Mitarbeiter der zugehörigen Berechtigungsgruppe unabhängig von seiner eigenen Qualifikation.

Um die Pflege der eigenen Kompetenzenliste kümmert sich jeder Mitarbeiter selbst. Zur Absicherung dieses Aktualisierungsprozesses diskutieren die Führungskräfte die Wissensangebote mit ihren Mitarbeitern im jährlichen Mitarbeitergespräch (siehe Seite 62) und vereinbaren ggfs. deren Anpassung.

Die zweite Frage, wer die Wissensträger für ein bestimmtes Wissensgebiet sind, kann nur beantwortet werden, wenn die Verknüpfungen zwischen den Wissensgebieten und den Wissensträgern hergestellt sind. Dann kann durch eine einfache Suchabfrage eine Liste der Wissensträger für das betreffende Wissensgebiet erstellt werden.

Referenzen

Eppler, Martin J. (1997): *Praktische Instrumente des Wissensmanagements - Wissenskarten: Führer durch den "Wissensdschungel"*. Gablers Magazin (8): 10-13.

Eppler, Martin J. (2001): *Making Knowledge Visible Through Intranet Knowledge Maps: Concepts, Elements, Cases*. Proceedings 34th Hawaii International Conference on System Sciences, http://csdl.computer.org/ comp/proceedings/hicss/2001/ 0981/04/09814030.pdf, Abruf: 28.6.2010.

Kukat, Frank (1999): *Wissen teilen und bewahren: Die Wissensnetzwerke der Siemens AG*. In: Sommerlatte, T.; Antoni, C. H.: Spezialreport Wissensmanagement. Düsseldorf: Symposion publishing, S. 77-80.

Mittelmann, Angelika et al. (2000): *Geschäftsprozesse mit menschlichem Antlitz: Methoden des Organisationalen Lernens anwenden*. Band 1 der

Schriftenreihe Wissens- und Prozessmanagement hrsg. von Gappmaier, M. und Heinrich, L. J., 2. Auflage, Linz: Trauner Universitätsverlag.

Seemann, Patricia (1996): *Real-World Knowledge Management: What's Working for Hoffmann-LaRoche.* Center for Business Innovation, Zürich: Ernst & Young LLP, CBI310.

Staeheli, Joerg (1999): *Knowledge Networking bei Novartis: Ein Who's who internen Wissens.* In: Personalführung 1/1999, S. 36-41.

Soziale Netzwerkanalyse

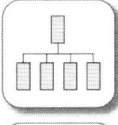

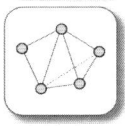

Soziale Netzwerke spannen sich zwischen Wissensträgern in oder zwischen Organisationen auf. Die soziale Netzwerkanalyse gibt Aufschlüsse über diese vielfältigen Beziehungen zwischen den Wissensträgern.

Daher befindet sich diese Methode im Semantischen Raum zwischen *Wissensträgern*, *Organisationen* und *Beziehungen*.

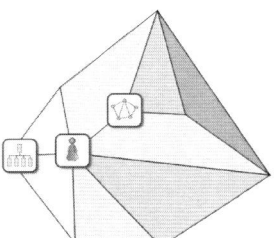

Die Methode

Die soziale Netzwerkanalyse (SNA) ist eine Methode zur Untersuchung der Strukturen in sozialen Systemen wie Organisationen oder informellen Netzwerken. Die Grundstruktur eines sozialen Netzwerks setzt sich aus Akteuren und deren Beziehungen untereinander zusammen. Im Gegensatz zur „Egozentrierten Beziehungslandkarte" (siehe Seite 124) können diese Akteure nicht nur Einzelpersonen, sondern auch Teams, Organisationseinheiten oder ganze Unternehmen sein. Die Beziehungen können Informations- oder Wissensflüsse, Unterstützungs-, Macht- oder Vertrauensbeziehungen darstellen. Die SNA wird auch organisationale Netzwerkanalyse (ONA) genannt, wenn die untersuchten Akteure Teams, Organisationseinheiten oder Unternehmen sind. Zur Visualisierung der untersuchten Strukturen werden gerichtete oder ungerichtete Graphen (siehe dazu Abbildung 20: Gerichteter Graph auf Seite 124) oder Matrizen verwendet. In den Matrizen, deren Zeilen- und Spaltenüberschriften die Akteure beinhalten, wird durch 1 oder 0 in der betreffenden Zelle dargestellt, ob eine Beziehung zwischen ihnen besteht oder nicht. Die Graphen werden in den Sozialwissenschaften Soziogramme, die Matrizen Soziomatrizen genannt.

In Unternehmen sind die Beziehungen zwischen Organisationsmitgliedern über die Weisungsbefugnisse in der formalen Aufbauorganisation geregelt und repräsentieren damit die formalen Machtverhältnisse sowie die „offiziellen" Informations-, Kommunikations- und Wissensflüsse. Die übliche grafische Darstellung ist ein Organigramm. Informationen und Wissen fließt aber nicht nur entlang dieser formal definierten Wege, sondern verbreitet sich vor allem auch über die vielen informellen sozialen Netzwerke,

Beziehungen und Kommunikation

die sich in Organisationen durch übergreifende Arbeitsbeziehungen herausbilden (siehe Abbildung 22). Wenn das Organigramm das Skelett eines
Unternehmens darstellt, dann sind die informellen Netzwerke deren Mus-
keln und Sehnen, die ein flexibles Funktionieren der Organisation erst
ermöglichen.

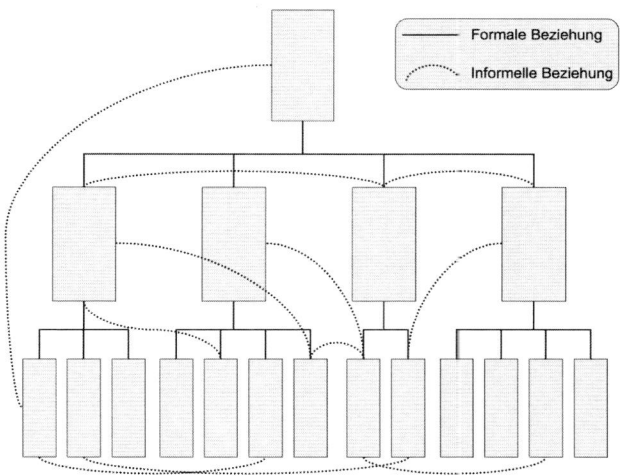

Abbildung 22: Formale Aufbauorganisation und informelle Netzwerke

Die SNA bedient sich einiger Grundprinzipien der Netzwerktheorie in den
Sozialwissenschaften, die ihren Anfang Ende des neunzehnten Jahrhunderts
nahm. Die wesentlichsten Grundlagen werden im Folgenden kurz zusammengefasst, um die Vorgehensweise bei einer SNA besser verstehen zu
können.

Dem Zweck der Verbindungen nach lassen sich folgende Arten von Netzwerken unterscheiden, deren Kenntnis für Wissensmanagementinitiativen
besonders relevant sind:

o   *Kommunikationsnetzwerke* zeigen die Kontakte, über die regelmäßig
    Informationen ausgetauscht werden und so u.a. die Innovationsfähigkeit
    einer Organisation fördern.

o   *Vertrauensnetzwerke* visualisieren die Verbindungen, über die sensible
    Daten ausgetauscht werden und deren Mitglieder sich in Krisensitua-
    tionen gegenseitig Unterstützung geben.

o *Beratungsnetzwerke* geben an, wer zur Lösung von aufgabenbezogenen Problemen Hilfe von wem bekommt.

o *Dienstleistungsnetzwerke* stellen dar, wer bestimmte Dienstleistungen für wen erbringt.

Neben diesen inhaltlichen Varianten von Netzwerken ist auch von Interesse, von welcher Art die Verbindungen zwischen den Akteuren sind. Die folgenden Parameter bestimmen die Art der Verbindungen näher. Die *Intensität* gibt die Stärke der Verbindung zwischen beiden Seiten an. Untersuchungen haben ergeben, dass neben den starken Verbindungen auch die schwachen Verbindungen wichtig sind, weil diese Akteure durch ihren Zugang zu anderen Interessens- und Wissensgebieten in hohem Maß neue Ideen in ein Netzwerk einbringen. Der Parameter *Reziprozität* beschreibt die wahrgenommene Gegenseitigkeit der Beziehung durch die beteiligten Akteure. Gemeinsam mit der *Klarheit der Erwartungen*, die den Grad der Gewissheit der Erwartungen über das Verhalten der Gegenseite angibt, können sie Aufschluss über Vertrauensstrukturen im Netzwerk geben. Die *Multiplexität* zeigt die Verbundenheit von beiden Seiten durch mehrfache Verknüpfungen an.

Darüber hinaus ist interessant, wie das Netzwerk strukturell beschaffen ist. Folgende Merkmale charakterisieren die Gesamtstruktur eines Netzwerks:

o *Größe*: Anzahl der Personen im Netzwerk

o *Dichte*: Anzahl der internen Verbindungen im Vergleich zur möglichen Anzahl

o *Zentralität*: Grad der Vernetzung, die sich auf einen oder wenige Akteure fokussiert

o *Offenheit*: Anzahl der externen Verbindungen im Vergleich zur möglichen Anzahl

o *Stabilität*: Grad der Veränderung des Netzwerkes über die Zeit

Die innere Struktur eines Netzwerkes baut sich aus *Sub-Gruppen*, *Cluster* und *Cliquen* (siehe Abbildung 23) auf, die sich durch Verbindungsdichte zwischen den Akteuren herausbilden. Die maximale Dichte von Verbindungen haben die Akteure von Cliquen (1-2-3-4 in Abbildung 23). Cluster (zB 13-14-15-16-17 in Abbildung 23) und Sub-Gruppen sind weniger dicht verknüpft, aber immer noch deutlich als Substrukturen im Netzwerk erkennbar. Sie sind für das Verständnis der Verhaltensmuster im Gesamtnetzwerk von besonderer Bedeutung.

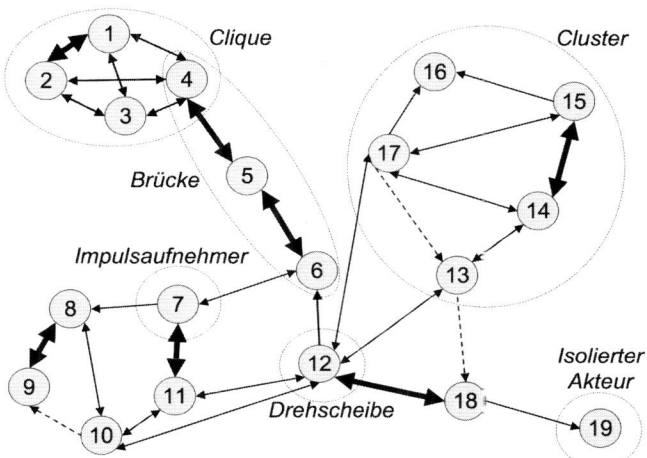

Abbildung 23: Struktur und exponierte Stellen eines Netzwerkes

Innerhalb eines Netzwerkes gibt es außerdem exponierte Stellen (siehe Abbildung 23), deren Kenntnis für die Optimierung der Informations- und Wissensflüsse besonders wichtig sind. *Brücken* (4-5-6 in Abbildung 23, auch *Gatekeepers*, *Bridges* oder *Cut-points*) sind die einzige Verbindung zwischen verschiedenen Netzwerken, Subnetzen, Sub-Gruppen, Cluster oder Cliquen. Sie können zu Flaschenhälsen für die Informations- und Wissensflüsse in dem betreffenden Netzwerk werden. *Drehscheiben* (12 in Abbildung 23, auch *Hubs*) sind Akteure, die eine hohe Anzahl von direkten Verbindungen pflegen. Das erfordert eine intensive Netzwerksarbeit in Form von direkten persönlichen Kontakten. Der Informations- und Wissensaustausch kann durch die regelmäßige Nutzung dieser redundanten Verbindungen ineffizient werden. *Impulsaufnehmer* (7 in Abbildung 23, auch *Pulse Takers*) haben die meisten indirekten Verbindungen und sind das Gegenteil von Drehscheiben. Diese Akteure sehen alles, ohne gesehen zu werden. Sie haben großen Einfluss, häufig nur auf informeller Basis und sind gute Unterstützer der Informations- und Wissensflüsse. ZB braucht Akteur 7 in Abbildung 23 nur seine Verbindungen zu 6 und 12 gut zu pflegen, um über das gesamte Netzwerk gut informiert zu sein. Über die Verbindung zu 11 und 6 kann er indirekt Einfluss auf das gesamte Netzwerk ausüben.

Ziel und Nutzen

Die SNA ermöglicht es, die informellen Beziehungen zwischen Akteuren sichtbar zu machen und die Stärken sowie potenziellen Ineffizienzen der Informations- und Wissensflüsse aufzuspüren. Je nach Zielsetzung unterstützt die SNA bei der Identifizierung von Wissensträgern, Innovatoren, inoffiziellen Führungspersonen oder Karrierenetzwerken. Ihre Ergebnisse werden verwendet, um Wissensaustausch-, Lern- und Entwicklungsprozesse besser steuern zu können.

Anwendung

Die SNA umfasst folgende Arbeitsschritte:

Zieldefinition und Klärung der Rahmenbedingungen:

Gemeinsam mit dem Auftraggeber wird erarbeitet, was mit der SNA erreicht werden soll. Ausgehend von dieser Zielsetzung wird der Untersuchungsumfang (welche Organisationseinheiten, wie viele und welche Akteure, welche Wissensdomänen, etc.) festgelegt, der den Zeitaufwand und damit auch die Kosten bestimmt.

Datenerhebung:

Durch Interviews, Online-Befragung oder Dokumentenanalyse werden die relevanten Daten für die nachfolgende Analyse gesammelt. Bei den Interviews und Online-Befragungen bestimmt die Zielsetzung aus dem ersten Schritt die Art der verwendeten Fragestellungen. Wenn es darum geht, das Beratungsnetzwerk in einer Organisation zu untersuchen, könnten die Fragen etwa lauten: „Wen kontaktieren Sie häufig, wenn Sie Hilfe für Ihre Problemstellung suchen?" „Wer gibt Ihnen bereitwillig Auskunft, wenn Sie fachliche Fragen haben?". Wenn es um die Untersuchung von Vertrauensnetzwerken geht, wird man nach den Kriterien fragen, die den Begriff Vertrauen charakterisieren, wie zB „Mit wem Ihrer KollegInnen würden Sie private Angelegenheiten besprechen?" „Von wem Ihrer KollegInnen würden Sie ohne zu zögern 1000 Euro leihen?". Eine Dokumentenanalyse kann als erster Schritt zum Einsatz kommen, wenn man herausfinden will, wer sich mit bestimmten Wissensgebieten auseinandersetzt. Die Experten für diese Wissensgebiete werden immer wieder in Besprechungsprotokollen und Ergebnisdokumenten aufscheinen.

Datenanalyse und Visualisierung:

Die Datenanalyse bedient sich der formalen Methoden der SNA und der mathematischen Graphentheorie. Die Kenngrößen für die Gesamtstruktur

(Größe, Dichte, Zentralität, Offenheit, Stabilität) werden ermittelt. Die innere Struktur wird auf Substrukturen sowie exponierte Stellen untersucht und das Ergebnis in Kennzahlen dargestellt. Den Abschluss dieses Schrittes bildet die Visualisierung des untersuchten Netzwerkes (meist) in Form eines Graphen (siehe Abbildung 23 auf Seite 133).

Interpretation der Analyseergebnisse:

Die Auffälligkeiten und Besonderheiten der Kenngrößen werden in Beziehung gesetzt zur Zielsetzung und zum Organisationskontext. Wenn der Informations- und Wissensfluss optimiert werden soll, sind der Zentralitätsgrad von besonderer Bedeutung sowie die Häufigkeit von Brücken und Cliquen im Netzwerk. Der Organisationskontext liefert die Information, um welche Akteure es sich konkret handelt und wie diese in die formale Organisation eingebettet sind.

Die Interpretation des Netzwerkes in Abbildung 23 stellt sich wie folgt dar. Die Zielsetzung dieser SNA ist die Optimierung der Informations- und Wissensflüsse innerhalb dieser Organisationseinheit. Die Darstellung repräsentiert das Kommunikationsnetzwerk dieser Organisationseinheit, in dem die Akteure (4), (12) und (17) Führungskräfte sind. Die Verbindungen zeigen die Dichte und Intensität der Kontakte dieser Führungskräfte und ihrer Mitarbeiter untereinander. Als erstes fällt auf, dass die Führungskraft (4) Teil einer Clique (1-2-3-4) und nur über ihren „Brücken-Mitarbeiter" (5) mit der restlichen Organisation in Kontakt ist. Die Führungskraft (12) fungiert als Drehscheibe mit einem vergleichsweise hohen Beziehungspflegeaufwand. Sie hat in ihrem Verantwortungsbereich ebenfalls einen „Brücken-Mitarbeiter" (6) und den Impulsaufnehmer (7), der als eine „graue Eminenz" in der Organisationseinheit gilt. Zu ihrem Mitarbeiter (19, isolierter Akteur) hat sie nur indirekten Kontakt über Mitarbeiter (18). Führungskraft (17) bildet mit ihren Mitarbeitern (13), (14), (15), (16) einen Cluster und ist relativ schwach mit der restlichen Organisationseinheit verknüpft. Mitarbeiter (8) und (14) sind Experten in den beiden Kern-Wissensgebieten dieser Organisationseinheit. Ihre Verbindungsdichte ist schwach ausgeprägt.

Ableitung von Folgeaktivitäten:

Entsprechend der Zielsetzung werden Interventionen und Maßnahmen geplant. Das kann auch den Einsatz weiterer passender Methoden und Werkzeuge einschließen. Aus der Interpretation des Netzwerkes in Abbildung 23 lassen sich folgende Maßnahmen ableiten:

o   Führungskraft (4) ist innerhalb ihrer Abteilung gut vernetzt, aber nicht ausreichend mit ihren beiden FührungskollegInnen. Als erste Maßnahme wird ein Führungskräfteworkshop eingeplant, in dem die Zusammenarbeit zwischen den Führungskräften reflektiert wird und Optimierungspotenziale gemeinsam erarbeitet werden. Dabei sollen auch Möglichkeiten gefunden werden, den hohen Beziehungspflegeaufwand von Führungskraft (12) auf ein vernünftiges Maß zu reduzieren.

o Die Brücke (4-5-6) soll entlastet werden. Dazu wird ein schon lange geplantes, abteilungsübergreifendes Projekt in Angriff genommen, in dem die beiden Experten (8) und (14) mit Mitarbeiter (5) und weiteren vier Mitarbeitern aus allen drei Abteilungen zusammenarbeiten werden.

o Führungskraft (12) wird ab sofort regelmäßige Gesprächstermine mit Mitarbeiter (19) einplanen. Sie wird dessen Aufgabengebiete sukzessive so erweitern, dass eine intensivere Zusammenarbeit mit weiteren Mitarbeitern der Abteilung notwendig wird.

o Führungskraft (17) wird auf eine Verbesserung der Kommunikation mit Mitarbeiter (13) achten, indem sie für die Einhaltung der vereinbarten Regeltermine sorgt.

o Um die informellen Kommunikationsbeziehungen innerhalb der gesamten Organisationseinheit zu verstärken, wird es ab sofort pro Quartal einen Themenabend mit informellem Ausklang geben. Mit dieser Aufgabe wird Mitarbeiter (7) betraut, dem als Impulsaufnehmer die brennenden Themen in der Organisation bekannt sind.

Referenzen

Chan, Kelvin; Liebowitz, Jay (2006): *The synergy of social network analysis and knowledge mapping: a case study.* Int. Journal Management and Decision Making 7 (1).

Freygang, Lars (1999): *Formale und informale Netzwerkstrukturen im Unternehmen.* Wiesbaden: Deutscher Universitäts-Verlag.

Jansen, Dorothea (2003): *Einführung in die Netzwerkanalyse. Grundlagen, Methoden, Forschungsbeispiele.* 2. erweiterte Auflage. Opladen: Leske + Budrich.

Hanneman, Robert A.; Riddle, Mark (2005): *Introduction to social network methods. Free introductory textbook on social network analysis.* http://faculty.ucr.edu/~hanneman/nettext/, Abruf: 10.02.2010.

Tichy, Noel; Tushman, Michael; Fombrun, Charles (1979): *Social Network Analysis For Organizations.* In: Academy of Management Review 1979 4 (4), S. 507-519.

Zenk, Lukas; Behrend, Frank D. (2010): *Soziale Netzwerkanalyse in Organisationen - versteckte Risiken und Potentiale erkennen.* In: Pircher, Richard (Hrsg.): Wissensmanagement Wissenstransfer Wissensnetzwerke. Erlangen: Publicis Publishing, S. 211 - 231.

Beziehungsmanagement

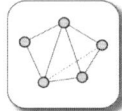

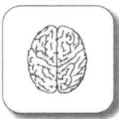

Beziehungsmanagement dient dem Aufbau und der Pflege des persönlichen sozialen Netzwerkes. Der Wissens- und Erfahrungsaustausch innerhalb dieses Netzwerkes ermöglicht es schneller bessere Problemlösungen zu finden.

Daher befindet sich diese Methode im Semantischen Raum zwischen *Wissensträger*, *Beziehungen* und *Kompetenzen*.

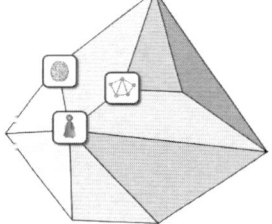

Die Methode

Beziehungsmanagement umfasst alle Aktivitäten zum Aufbau und zur Pflege des Beziehungsnetzwerks einer Person. Die Methode wird im beruflichen Kontext betrachtet, kann aber ebenso für private Zwecke verwendet werden. Die beiden Bereiche überschneiden sich oft.

Ziel und Nutzen

Ziel dieser Methode ist der Aufbau eines Netzwerkes mit einer überschaubaren Anzahl von Personen mit ähnlichen Interessen. Mit Hilfe dieses Netzwerkes können Aufgabenstellungen schneller und besser gelöst werden. Durch den breiten Erfahrungsaustausch mit den Netzwerkpartnern entsteht immer wieder neues Wissen.

Anwendung

Beziehungsmanagement umfasst die folgenden Phasen:

1. Aufbau:

Sie versuchen auf Fachmessen, Kongressen, in Seminaren und bei Vorträgen mit anderen Personen in Kontakt zu kommen. Sie stellen sich vor, erklären, was Sie beruflich machen, was Sie besonders interessiert, und fragen auch Ihren Gesprächspartner danach. Bei gegenseitigem Interesse werden Visitenkarten ausgetauscht. Sie notieren nach dem Gespräch darauf Anknüpfungspunkte zur Gedächtnisstütze.

Eine weitere Möglichkeit ist, in einem sozialen Netzwerk (zB Xing) im Internet gezielt nach Personen mit ähnlichen beruflichen und/oder privaten Interessen zu suchen und Kontakt aufzunehmen.

2. Dokumentation des Netzwerks:

Die Kontaktdaten werden von der Visitenkarte in die persönliche Adressendatei übertragen und dabei die Anknüpfungspunkte bzw. persönlichen Präferenzen ergänzt. Das erleichtert den nächsten Kontakt. In einem sozialen Netzwerk genügt es, die interessierten Personen zur persönlichen Kontaktliste hinzu zufügen.

3. Beziehungspflege:

Regelmäßigen Kontakt mit den Netzwerkmitgliedern per Email oder Telefon oder in den sozialen Netzwerken halten und dabei die persönlichen Präferenzen der Netzwerkpartner berücksichtigen. Ein persönliches Treffen zumindest einmal pro Jahr ist sehr zu empfehlen, um die gegenseitige Vertrauensbasis abzusichern bzw. zu verstärken.

4. Wartung des Netzwerks:

In regelmäßigen Abständen (mindestens einmal pro Jahr) muss das Netzwerk gesichtet werden. Bei jedem Eintrag fragt man sich, warum diese Person für einen wichtig ist und ob die Beziehungspflege ausreichend ist. Man löscht Personen aus dem Netzwerk, wenn über einen längeren Zeitraum kein Kontakt mehr zustandegekommen ist oder man kein Interesse mehr an der Aufrechterhaltung des Kontakts hat.

Referenzen

Malischewski, Thomas; Thiel, Frank (2005): *Beziehungsmanagement: Relating - die Kunst, gute Beziehungen aufzubauen.* Offenbach: Gabal.

Sechs Denkhüte

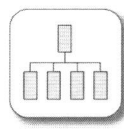
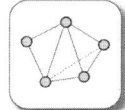

Die Methode Sechs Denkhüte unterstützt bei der Strukturierung der Denk- und Diskussionsprozesse in Teambesprechungen. Sie fördert die Beziehungsqualität im Team, weil fruchtlose Diskussionen zu ergebnisorientierten Lösungsdialogen mutieren.

Diese Methode ist daher im Semantischen Raum zwischen *Organisationen*, *Beziehungen* und *Prozessen* zu finden.

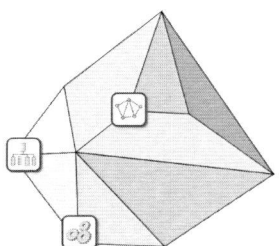
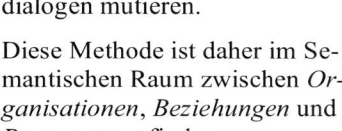

Die Methode

Bei der Themenbearbeitung in Besprechungen herrscht üblicherweise traditionelles Denken vor. Jeder Teilnehmer versucht seinen Standpunkt zu verteidigen statt gemeinsam mit allen Anwesenden konstruktiv Lösungen zu erarbeiten. Die Methode Sechs Denkhüte, entwickelt vom Kreativitätsforscher Edward de Bono, schafft hier Abhilfe. Die Denkmethode gibt einen Strukturierungsrahmen für effiziente Gruppendiskussionen vor. De Bono bezeichnet sie als paralleles Denken, weil die Teilnehmer nacheinander klar unterscheidbare Denkhaltungen einnehmen. Die kräfteraubende Standpunktverteidigung mutiert so zu einem kreativen Lösungsdialog.

Ziel und Nutzen

Ziel dieser Methode ist es, einen Strukturierungsrahmen zu schaffen, der jedem Diskussionsbeitrag seinen Stellenwert gibt. Es wird dadurch möglich, jedes Thema gemeinsam aus unterschiedlichen Perspektiven zu beleuchten und in der Folge neue Lösungsmöglichkeiten zu entwickeln. Große Konzerne wie IBM, BASF und ABB berichten von einem Zeitgewinn von bis zu 50 Prozent in den Besprechungen bei gleichzeitiger Steigerung der Ergebnisqualität.

Anwendung

Im Englischen ist „I put my thinking cap on" (wörtlich: „seinen denkenden Hut aufsetzen") ein anderer Ausdruck für „scharf nachdenken". In einer deutschen Analogie stehen die sechs Hüte für sechs verschiedene Brillen, mit denen man eine bestimmte Sache betrachtet. Die sechs verschiedenen Betrachtungsweisen werden in der Gruppendiskussion nacheinander eingenommen und so die Debatte strukturiert. Die Teilnehmer dürfen während des Gespräches unter einem bestimmten Hut keinen anderen parallel dazu „aufsetzen".

Vor der ersten Anwendung der Methode ist eine kurze Trainingssequenz empfehlenswert, in der die sechs Hüte erklärt und in einer Trainingsdiskussion (zB Planung einer Urlaubsreise einer größeren Familie) angewendet werden. Es kann auch hilfreich sein in dieser Probediskussion und in einigen folgenden Gruppendiskussionen Hüte in der entsprechenden Farbe aufzusetzen, um sich immer daran zu erinnern, unter welchem Hut diese Gesprächssequenz gerade läuft.

Die Denkhaltungen der sechs Hüte sind:

Weißer Hut:

Der weiße Hut steht für Informationen, Zahlen, Fakten und Daten. Unter dem weißen Hut wird hinterfragt, welche Informationen bekannt sind, welche gebraucht bzw. welche gewünscht werden, um ein bestimmtes Problem diskutieren zu können.

Schwarzer Hut:

Unter dem schwarzen Hut werden die Gefahren, Schwierigkeiten und Probleme eines Vorschlages oder eines Vorgehens überprüft.

Roter Hut:

Er steht für die Emotionen und Empfindungen. Äußerungen unter dem roten Hut müssen nicht begründet werden, da sie oft intuitiv abgegeben werden. Da bei Entscheidungen Gefühle eine wichtige Rolle spielen, ist es auch wichtig, dass diesen Gefühlen Raum gegeben wird, um sie zu artikulieren.

Gelber Hut:

Er beschäftigt sich mit den positiven Aspekten einer Idee, einem Vorgehen oder einer Strategie, d.h. unter dem gelben Hut wird nach den Vorteilen und Nutzen gesucht.

Grüner Hut:

Der grüne Hut ist der Hut der Kreativität. Unter ihm werden neue Ideen entwickelt, wird nach neuen Wegen gesucht, ein Vorhaben auszuführen und werden neue innovative Vorschläge erarbeitet. Er schafft einen Raum, in dem bewusst nach neuen Wegen gesucht wird.

Beziehungen und Kommunikation

Blauer Hut:

Der blaue Hut ist der Dirigent, der sich mit der Prozesssteuerung und dem Denken an sich beschäftigt. Unter ihm werden Tagesordnungen entwickelt, das gewünschte Ergebnis einer Sitzung festgelegt und über das Denken an sich reflektiert. Er entscheidet auch nach einem ersten Durchgang der Hüte, welche Hüte noch einmal zu Wort kommen sollen, weil das Ergebnis noch nicht ausgewogen ist.

Die Anwendungsmöglichkeiten der Methode Sechs Denkhüte sind vielfältig: Die Methode kann entweder gelegentlich oder systematisch (in Sequenzen) angewendet werden. Bei der systematischen Anwendung stellt der Diskussionsleiter im Voraus oder alle Teilnehmer gemeinsam zu Beginn der Sitzung eine Hutreihenfolge zusammen, unter der diese Sitzung ablaufen soll. In der Regel werden Sequenzen bis zu etwa vier Hüten im Voraus festgelegt und dann, während der Besprechung - unter dem blauen Hut - nach dem weiteren Vorgehen gefragt. Die sechs Denkhüte können nicht nur für Gruppendiskussionen bzw. Besprechungen, sondern auch für individuelle Denkprozesse, für Gespräche (zB Telefongespräche, Verkaufsgespräche) oder für Berichte und Konzepte verwendet werden.

Wenn der sehr sinnvolle, jedoch oft eher übertrieben eingesetzte schwarze Hut in einer Diskussion überwiegt, dann kann der Diskussionsleiter folgendermaßen vorgehen: „Gut, nachdem wir jetzt sämtliche Probleme, Gefahren und Hindernisse aufgezählt haben, lassen Sie uns nun den gelben Hut aufsetzen und über die positiven Aspekte gemeinsam nachdenken." In der Folge werden alle Teilnehmer aufgefordert, gemeinsam unter dieser Denkhaltung etwas beizutragen. De Bono, der Erfinder dieser Methode, nennt dies das parallele Denken, da die Teilnehmer nicht gegeneinander argumentieren, sondern gemeinsam nach den positiven Aspekten suchen.

Referenzen

De Bono, Edward (1990): *Six Thinking Hats*. London: Penguin.

Mittelmann, Angelika et al. (2000): *Geschäftsprozesse mit menschlichem Antlitz: Methoden des Organisationalen Lernens anwenden*. Band 1 der Schriftenreihe Wissens- und Prozessmanagement hrsg. von Gappmaier, M. und Heinrich, L. J., 2. Auflage, Linz: Trauner Universitätsverlag.

Nöllke, Matthias (2006): *Kreativitätstechniken*. 5. Auflage, Planegg/München: Haufe, S. 89-91.

Scherer, Jiri (2007): *Aus unterschiedlichen Standpunkten betrachtet*. In: Blickpunkt:KMU 2/2007, S. 18-19.

Wissensnetzwerk

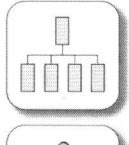
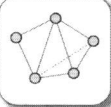

Ein Wissensnetzwerk verbindet Wissensträger mit ähnlichen Interessen und Aufgabenstellungen. Es bietet einen Rahmen für intensiven Wissens- und Erfahrungsaustausch sowie gemeinsames Lernen.

Man findet daher diese Methode im Semantischen Raum zwischen *Organisationen*, *Beziehungen* und *Wissensgebieten*.

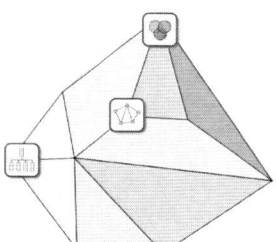

Die Methode

Ein Wissensnetzwerk, oft auch Wissensgemeinschaft genannt, entsteht durch die Interaktion zwischen Menschen, die ein starkes Interesse an einem bestimmten Thema haben und/oder ein gemeinsames Ziel verfolgen. Im Unterschied zu einem reinen Kommunikationsforum (siehe Seite 147) werden in einem Wissensnetzwerk nicht nur Gedanken, Ideen und Meinungen, sondern auch Erfahrungen und Artefakte wie Textdokumente, Fotos oder Videos ausgetauscht sowie gemeinsam an konkreten Themen bzw. Problemstellungen gearbeitet und Ergebnisse für alle Mitglieder zugänglich dokumentiert. Ein Wissensnetzwerk benötigt außerdem immer informationstechnische Unterstützung.

Wenn die Verbindung zwischen den Teilnehmern ausschließlich über den Austausch zu einem gemeinsamen, alle interessierenden Thema zustande kommt, spricht man von einer Interessensgemeinschaft (Community of Interest, CoI). Wenn sie über ähnliche Aufgabenstellungen und gegenseitige Hilfe zu deren Bewältigung geknüpft wird, handelt es sich um eine Praxisgemeinschaft (Community of Practice, CoP). Wenn Experten sich zusammenschließen, um ein Forschungsgebiet gemeinsam zu vertiefen, ist es eine Expertengemeinschaft (Community of Experts, CoE). Innerhalb von Organisationen handelt es sich meist um Praxis- und Expertengemeinschaften. Expertengemeinschaften sind oft auch organisationsübergreifend und finden dann ihren physischen Niederschlag auf Fachkonferenzen und in gemeinsamen Veröffentlichungen.

Üblicherweise ist ein Wissensnetzwerk einem Lebenszyklus unterworfen, der fünf Reifestadien (siehe Abbildung 24) umfasst. In jedem Stadium ist das Wissensnetzwerk mit spezifischen Problemen konfrontiert und muss daher unterschiedlich unterstützt werden.

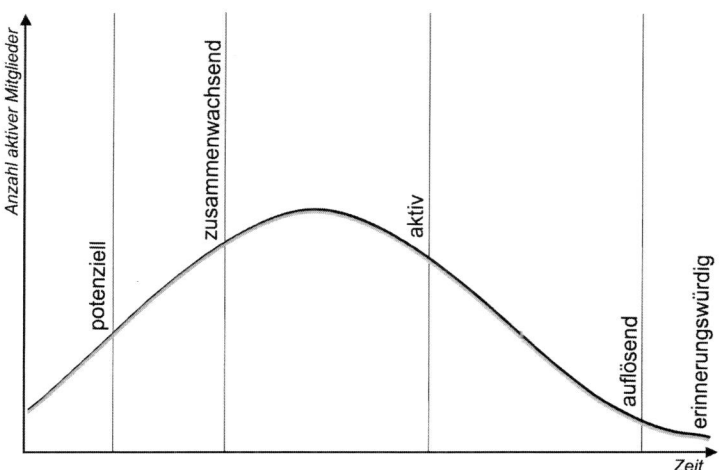

Abbildung 24: Lebenszyklus eines Wissensnetzwerkes (nach Wenger)

Im ersten, dem **potentiellen** Stadium geht es darum Menschen mit ähnlichen Interessen zu finden, Kontakte zu knüpfen und informelle Beziehungen aufzubauen (siehe Soziale Netzwerkanalyse auf Seite 130 und Beziehungsmanagement auf Seite 137).

Das zweite Stadium des **Zusammenwachsens** beginnt mit dem Formen einer Identität und der Diskussion von Werten. Die Mitglieder bewegen sich von einem losen Netzwerk hin zu einer Zweckgemeinschaft. Das ist das Stadium des Dialogs, in dem die Diskussionen im Interessensgebiet Gestalt anzunehmen beginnen.

Im dritten, dem **aktiven** Stadium wird das Wissensnetzwerk sehr dynamisch mit dem höchsten Aktivitätsniveau. In diesem Stadium wird ständig neues Wissen generiert.

Im vierten, dem **auflösenden** Stadium, beginnen die ersten Mitglieder an der Peripherie und dann Kernmitglieder das Interesse am Themengebiet zu verlieren. Da weniger Aktivität herrscht, wird der Zustrom von neuem Wissen geringer, was das Wissensnetzwerk weniger attraktiv macht. Oder die

Mitgliederanzahl erreicht eine bestimmte obere Grenze, wodurch der Zusammenhalt nicht mehr länger gegeben ist. Es formen sich Subnetze, was schlussendlich zu einer drastischen Reduktion von Mitgliedern führt.

Die Mitglieder des ehemaligen Wissensnetzwerkes sind im fünften, dem **erinnerungswürdigen** Stadium, versprengt. Die ehemaligen Mitglieder verbinden aber nach wie vor einen signifikanten Teil ihrer Identität mit dem Wissensnetzwerk. Einige Geschichten und Anekdoten leben eine Weile weiter. Man widmet sich in diesem Stadium vor allem der Sammlung von Erinnerungsstücken.

Ziel und Nutzen

Ziel dieser Methode ist das Know-how einzelner Personen auf einem bestimmten Gebiet anderen zugänglich zu machen, die an ähnlichen Themen arbeiten. Damit soll erreicht werden, dass der Wissensbestand innerhalb des Netzwerkes ständig aus- und umgebaut wird, in dem mit- und voneinander gelernt wird.

Anwendung

Besetzung der Rollen im Wissensnetzwerk

Neben der Berücksichtigung des Reifestadiums ist für den erfolgreichen Start und Betrieb eines Wissensnetzwerkes erforderlich, dass bestimmte Rollen mit passenden Personen besetzt werden (siehe Abbildung 25). Die zentrale Rolle im inneren Kreis eines Wissensnetzwerkes ist die des *Koordinators* oder *Moderators*, wie er häufig auch genannt wird. Er vernetzt die Mitglieder, organisiert die physischen Treffen und sorgt für ein positives Klima im Netzwerk. Die kleine Gruppe der *Kernmitglieder* nimmt an allen Netzwerktreffen aktiv teil, bringt neue Themen ins Spiel und beteiligt sich an gemeinsamen Projekten des Netzwerks. Diese Gruppe ist ebenfalls von zentraler Bedeutung für ein gutes Funktionieren eines Wissensnetzwerkes. Die *aktiven Mitglieder* gehören dem äußeren Kreis des Wissensnetzwerkes an. Sie beteiligen sich weniger intensiv als die Kernmitglieder, aber doch regelmäßig am Netzwerkgeschehen und sind damit ebenfalls wichtig für das Wissensnetzwerk. Die *peripheren Mitglieder* oder stillen Teilhaber (siehe auch Kommunikationsforum auf Seite 137) des Wissensnetzwerkes nehmen kaum an den Netzwerkaktivitäten teil. Ihre seltenen Beiträge können aber dazu beitragen, dass Diskussionen völlig andere Richtungen nehmen, und sind daher als sehr wertvoll einzustufen. Die Gruppe der peripheren Mitglieder stellt die größte Gruppe dar, aus der die aktive Gruppe und die Kerngruppe gespeist werden.

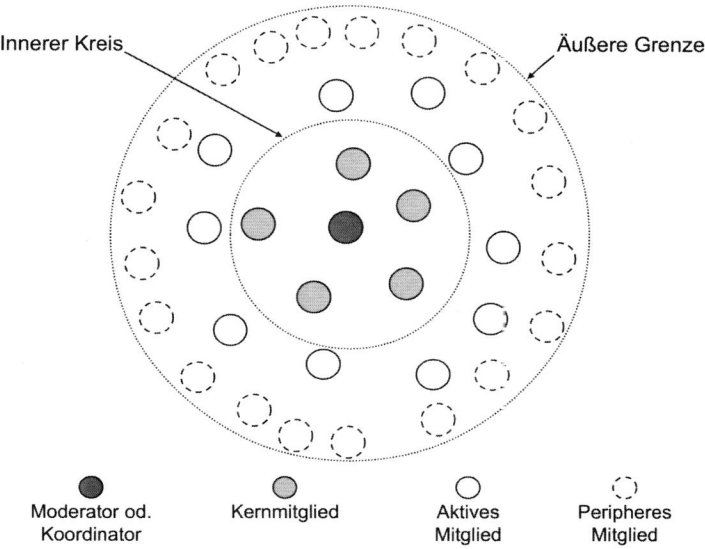

Innerer Kreis Äußere Grenze

Moderator od. Koordinator | Kernmitglied | Aktives Mitglied | Peripheres Mitglied

Abbildung 25: Rollen in einem Wissensnetzwerk (nach Wenger)

Die Gründung und der Betrieb eines Wissensnetzwerkes innerhalb einer Organisation erfolgt meist in folgenden Schritten:

Beauftragung durch das Top Management

Ein Mitglied des oberen Managements gibt den Auftrag, ein Wissensnetzwerk zu einem bestimmten Themengebiet ins Leben zu rufen. Es nimmt dabei die Rolle eines Paten ein, der für die Bereitstellung der dafür erforderlichen Ressourcen (Personal, Budget, Infrastruktur) sorgt. Für das Themengebiet Interessierte werden vom Koordinator zu einem Start-Workshop eingeladen. In diesem werden von den Teilnehmern jene Themen aus dem Themengebiet ausgewählt, die sie im Wissensnetzwerk weiter bearbeiten möchten. Jeder Teilnehmer kann sich zu einem oder mehreren Themen zuordnen. Je Thema wird ein Moderator gewählt, der u.a. für die Aktualität der in die Community eingebrachten Wissensobjekte sorgt.

Ziele, Spielregeln und IT-Infrastruktur festlegen

In den folgenden Netzwerktreffen werden zunächst die Ziele für die Arbeit im Wissensnetzwerk gemeinsam geklärt, die Spielregeln für die gemeinsame Arbeit vereinbart und die Anforderungen an die notwendige IT-Infrastruktur definiert. Besonders wichtig bei diesen Treffen ist der Aufbau von persönlichen Beziehungen zwischen den Mitgliedern. Nur wer sich persönlich gut (genug) kennt, ist bereit, sein Wissen mit anderen zu teilen.

Themenbehandlung im Wissensnetzwerk

Sobald alle Rahmenbedingungen ausreichend gut geklärt sind, beginnt die Behandlung der ausgewählten Themen im Wissensnetzwerk. Dies kann durch regelmäßige physische Treffen in Form eines Kommunikationsforums (siehe Seite 137) und/oder durch virtuelles Arbeiten mit entsprechender IT-Unterstützung erfolgen. Die Moderatoren spielen in dieser Phase eine besonders wichtige Rolle, da sie für die Qualität der Beiträge und Ergebnisse Sorge tragen.

Ergebnisse archivieren und Wissensnetzwerk auflösen

Wenn ein Thema nicht mehr interessant ist, wird die betreffende Themengruppe aufgelöst und ihre Wissensobjekte vom Moderator archiviert. Sobald das letzte Thema ausgereizt ist, wird das Wissensnetzwerk als Ganzes aufgelöst.

Referenzen

Dückert, Simon; Nitschke, Marc (2010): *Mehrwert schaffen durch interorganisationale Wissensgemeinschaften.* In: Pircher, Richard (Hrsg.): Wissensmanagement Wissenstransfer Wissensnetzwerke. Erlangen: Publicis Publishing, S. 160-170.

Lembke, Gerald; Müller, Martin; Schneidewind, Uwe (2006): *Wissensnetzwerke Grundlagen - Anwendungsfelder - Praxisberichte.* Wiesbaden: LernAct!

Wenger, Etienne (1998): *Communities of Practice: Learning, Meaning, and Identity.* Cambridge: Cambridge University Press.

Kommunikationsforum

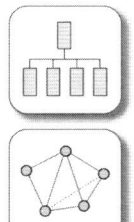

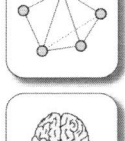

Ein Kommunikationsforum bietet Wissensträgern die Möglichkeit, sich intensiv auszutauschen, dadurch ihre Beziehungen zu stärken und ihre Kompetenzen auszubauen.

Diese Methode befindet sich daher im Semantischen Raum zwischen *Organisationen*, *Beziehungen* und *Kompetenzen*.

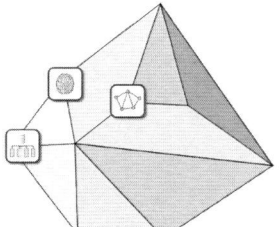

Die Methode

Kommunikationsforen sind zeitlich und räumlich fixierte Gesprächsrunden zu bestimmten Themengebieten. Finden diese Gespräche im virtuellen Raum unter Zuhilfenahme eines IT-Werkzeuges statt, dann handelt es sich um ein elektronisches Kommunikationsforum. Die zeitliche Fixierung ist in diesem Fall nur dann nötig, wenn das Thema synchron im Chat-Raum behandelt werden soll.

Ziel und Nutzen

Vorrangiges Ziel dieser Zusammenkünfte ist der intensive Erfahrungsaustausch. Diese Vorgehensweise erweitert den Blick für das Gesamtsystem. So können idealerweise komplexe Zusammenhänge von den Beteiligten besser verstanden und dadurch in den eigenen Erfahrungshintergrund integriert werden. Durch diese breit angelegte Kommunikation wird die Weitergabe und Entwicklung von neuem Wissen gezielt unterstützt.

In virtuellen Kommunikationsforen gibt es auch die Möglichkeit der anonymen Teilnahme an den Gesprächen. Das kann der freien Meinungsäußerung förderlich sein. Darüber hinaus wird das Auffinden von Wissenträgern und damit der Aufbau von Wissensnetzwerken (siehe Seite 142) erleichtert.

Anwendung

Koordination eines Kommunikationsforums:

Diese Gesprächsrunden werden vom Koordinator für dieses Kommunikationsforum fixiert und finden dann in den vereinbarten Abständen und

Räumen statt. Er sorgt für die Auswahl eines geeigneten Themas und auch für eine möglichst „bunte" Zusammensetzung des Teilnehmerkreises: Frauen und Männer, unterschiedliche Fachgebiete, verschiedene Altersgruppen, unterschiedliche Hierarchieebenen und Bereiche.

Ablauf einer Gesprächsrunde im Kommunikationsforum:

Zu Beginn jeder Veranstaltung wird den Teilnehmern in einem Einführungsvortrag das ausgewählte Thema näher gebracht und anschließend diskutiert. Zur Ergebnissicherung fassen die Teilnehmer in Kleingruppen ihre wichtigsten Erkenntnisse zusammen und notieren sie auf Flip-Chart-Blättern. Diese werden in Form von Fotoprotokollen veröffentlicht.

Föderung informeller Kommunikation:

Kommunikationsforen können auch mit gemeinsamem Essen verbunden werden, was die informellen Gespräche fördert und die Vertrauensbasis zwischen den Teilnehmern stärkt. Dies wiederum führt dazu, dass die Teilnehmer sich den Ideen und Erfahrungen anderer unvoreingenommener öffnen und so leichter voneinander lernen und neues Wissen entwickeln.

Erfolgsfaktoren für virtuelle Kommunikationsforen:

In virtuellen Kommunikationsforen muss dafür gesorgt werden, dass es eine Personengruppe gibt, die regelmäßig inhaltlich interessante Diskussionsbeiträge liefert bzw. Fragen stellt und so den Diskussionsprozess insgesamt am Leben erhält. Diese Aufgabe fällt üblicherweise dem Moderator des Kommunikationsforums zu. Dieser und ebenso der oben erwähnte Koordinator sollte eine Person mit ausgeprägten Kommunikationsfähigkeiten und einem Talent zum Netzwerken sein. Eine spezielle Ausbildung für diese Moderatoren ist ebenfalls empfehlenswert.

Die besondere Rolle von „stillen Teilhabern":

Eine Besonderheit von virtuellen Kommunikationsforen ist auch, dass es neben den aktiven Teilnehmern, immer eine mehr oder weniger große Gruppe von „stillen Teilhabern" (engl. Lurker) gibt, die alle Beiträge interessiert verfolgt, aber selbst keine oder nur ganz wenige Beiträge liefert. Mittlerweile ist man zu der Erkenntnis gelangt, dass stille Teilhaber ein Kommunikationsforum in keinster Weise stören, sondern potenzielle zukünftige Kernmitglieder sein können. Ihre seltenen Beiträge können völlig neue Aspekte in eine Diskussion einbringen.

Beziehungen und Kommunikation

Beenden eines Kommunikationsforums:

Wenn das Interesse an der aktiven Teilnahme am Kommunikationsforum nicht mehr gegeben ist, fasst der Moderator bzw. der Verantwortliche die wesentlichsten Erkenntnisse zusammen und legt sie wiederauffindbar ab.

Beispiele

Virtuelle Kommunikationsforen gibt es im Internet wie Sand am Meer, zB die Themen-Gruppen auf der Business-Plattform Xing (www.xing.com) oder die sprachspezifischen Foren auf der Dictionary-Plattform dict.leo.org, in denen Übersetzer sich gegenseitig bei der Übersetzung schwieriger Begriffe oder Textstellen helfen. In größeren Unternehmen findet man Foren, in denen sich Mitarbeiter gegenseitig bei der Lösung von fachspezifischen Problemen (zB Anwenderprobleme beim Einsatz von Software-Systemen wie SAP) unterstützen.

Physische Kommunikationsforen kommen zum Einsatz, wenn sich zB Forscher und Entwickler zur Diskussion von Spezialthemen treffen, um neue Anwendungsgebiete oder Anwendungsprobleme von Produkten bei Kunden zu diskutieren.

Referenzen

Kuhlen, R.; Werner, S. (2000): *Elektronische Kommunikationsforen als Instrument des Wissensmanagements in Medienunternehmen*. In: Internationalisierung der Medienindustrie. Entwicklung, Erfolgsfaktoren und Handlungsempfehlungen. Wittenzellner, H. (ed.); Stuttgart: LOG_X Verlag, S. 171-203.

Nonnecke, Blair; Preece, Jenny (2000): *Lurker demographics: Counting the silent*. CHI letters vol. 2 issue 1. http://waterwiki.net/images/4/4e /Lurker_demographics_Counting_the_silent.pdf, Abruf: 21.06.2010.

Rittberger, Marc; Zimmermann, Frank. Z. (2001): *Wirtschaftliche und kommunikative Aspekte eines internen Kommunikationsforums in einem Unternehmen der Medienindustrie*. In: Tagungsband zum 4. PROWITEC-Kolloquium "Textproduzieren in elektronischen Medien. Strategien und Kompetenzen". Handler, P.(ed.); Peter Lang. http://marc.rittberger.de/pubs/prowitec2000.pdf, Abruf: 20.06.2010.

Waltert, Jochen (2002): *Elektronische Kommunikationsforen als Element des Wissensmanagements*. Dissertation, Universität Konstanz. http://kops.ub.uni-konstanz.de/volltexte/2002/804/pdf /DISS_WALTERT.PDF, Abruf: 17.06.2010.

Knowledge Café

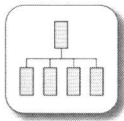

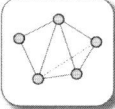

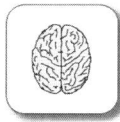

Ein Knowledge Café bringt Wissensträger in einem informellen Rahmen zusammen. Einem freien und intensiven Gedanken- und Ideenaustausch zur Kompetenzerweiterung steht damit nichts mehr im Weg.

Diese Methode findet sich daher im Semantischen Raum zwischen *Organisationen*, *Beziehungen* und *Kompetenzen*.

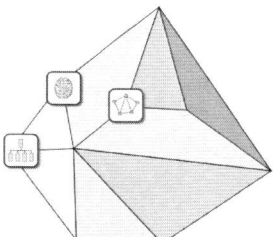

Die Methode

Ein Knowledge Café ist eine Gesprächsform für eine größere Gruppe von Personen in entspannter Kaffeehaus-Atmosphäre. Die Teilnehmergruppe kann sich aus Mitarbeitern einer Organisation oder aus Experten für ein bestimmtes Thema aus verschiedenen Organisationen zusammensetzen. Es ist die einfachste Form eines World Café (siehe Seite 151), das von David Gurteen entwickelt und verbreitet wurde.

Ziel und Nutzen

Ziel eines Knowledge Cafés ist, den freien, ungehinderten Gedanken- und Ideenaustausch unter den Teilnehmern zu erleichtern und zu intensivieren.

Anwendung

Im Vorfeld eines Knowledge Cafés werden im Veranstaltungsraum eine entsprechende Anzahl von runden Kaffeehaustischen mit je fünf Stühlen vorbereitet sowie Kaffee, Getränke und Kuchen. Die Dauer eines Knowledge Café beträgt eineinhalb bis zwei Stunden. Man lädt mindestens 15, idealerweise 30 bis max. 50 Personen ein. Die Veranstaltung wird von einem Moderator begleitet. Er achtet stets darauf, dass der überwiegende Zeitanteil für Gespräche verwendet und der Gesprächsverlauf so wenig wie möglich gestört wird. Ein Knowledge Café durchläuft üblicherweise folgende Phasen:

Startsequenz:

Der Moderator begrüßt die Teilnehmer und bittet sie an den Tischen Platz zu nehmen. Falls viele der Anwesenden zum ersten Mal an einem Knowledge Café teilnehmen, erklärt er zunächst Sinn und Zweck eines Knowledge Cafés sowie den üblichen Ablauf. Danach stellt er kurz das Thema vor und wirft eine offene Frage auf. Wenn es um das Thema Wissenstransfer geht, könnte die Frage zB lauten „Welche Barrieren im Wissenstransfer erleben wir in unserer Organisation und in welche korrespondierenden Ziele können wir sie übersetzen?". Diese Sequenz dauert ca. 10 bis 15 Minuten.

Café-Sequenz:

Die Teilnehmer stellen sich einander kurz vor, falls erforderlich, und beginnen dann die gestellte Frage zu behandeln. Dazu haben sie in Summe 45 Minuten Zeit. Wenn eine Fragestellung aus möglichst vielen unterschiedlichen Perspektiven besprochen werden soll, wechseln die Teilnehmer alternativ jeweils nach 15 Minuten den Tisch. Durch den Wechsel steigt die Anzahl der Personen, die miteinander in Interaktion treten. Das Thema wird dadurch sehr viel breiter behandelt.

Abschlusssequenz:

Nach Ablauf der 45 Minuten bittet der Moderator einen Teilnehmer je Tisch die wichtigsten Erkenntnisse aus den Gesprächen zusammenzufassen und dem Plenum mitzuteilen. Je nach Zweck des Knowledge Cafés notiert der Moderator die wesentlichsten Erkenntnisse und neuen Ideen auf einem Flip-Chart mit. Anschließend bedankt er sich für die aktive Teilnahme und beendet die Veranstaltung.

Der Wert eines Knowledge Cafés liegt in den Gesprächen selbst und den tieferen Erkenntnissen, die jeder Teilnehmer davon mitnimmt.

Variante World Café

Der größte Unterschied zwischen einem Knowledge und einem World Café ist der genauer festgelegte Ablauf des letzteren. Ein World Café erfordert auch einiges mehr an Vorbereitung. Alle Kaffeehaustische müssen mit Papiertischdecken, Stiften, drei Kärtchen und der World Café Etikette (siehe Abbildung 26) bestückt werden. Außerdem werden Wäscheleinen o. ä. Befestigungsmöglichkeiten im Veranstaltungsraum vorbereitet.

Die Startsequenz verläuft identisch. Die Café-Sequenz wird immer in drei Runden à 20 Minuten unterteilt. Neben der Moderatorenrolle gibt es im World Café die Rolle des Gastgebers an jedem Tisch. Er bleibt alle drei

Gesprächsrunden am selben Tisch sitzen und sorgt für die kurze Vorstellrunde zu Beginn jeder Runde. Bei Runde zwei und drei fasst er die wesentlichsten Erkenntnisse der Vorrunde für die neuen Tischgäste kurz zusammen. In den letzten drei Minuten jeder Runde extrahiert er unter Mithilfe der Tischgäste den wesentlichsten Punkt des abgelaufenen Gesprächs und notiert ihn auf einem der Kärtchen. Die Teilnehmer sind aufgefordert während der Gesprächsrunden ihren Gedanken grafisch und/oder textuell auf der Papiertischdecke Ausdruck zu verleihen.

World Café Etikette

Fokus auf das, was wichtig ist.

Eigene Ansichten und Sichtweisen beitragen.

Sprechen und Hören mit Herz und Verstand.

Hinhören um wirklich zu verstehen.

Ideen verlinken und verbinden.

Aufmerksamkeit auf die Entdeckung neuer Erkenntnisse und tiefergehender Fragen.

Spielen, kritzeln, malen, auf die Tischdecke schreiben ist erwünscht!

Haben Sie Spaß dabei!

Abbildung 26: Leitfaden für ein World Café

Nach den drei Gesprächsrunden werden die beschriebenen Papiertischdecken aufgehängt. Der Moderator bittet nun die Teilnehmer, die Tischdeckengalerie zu besichtigen. Sie sollen die Bilder und Texte auf sich wirken lassen. Ihre Kernerkenntnis daraus notieren sie auf einem Kärtchen und pinnen es auf die vorbereitete Pinwand. Der Moderator clustert zum Schluss diese Kärtchen und die Kärtchen von den Tischen und fasst das Gesamtergebnis kurz zusammen.

Variante Virtual Knowledge Café

Diese Form eines Knowledge Cafés wurde von Bo Gyllenpalm entwickelt. Er konzipierte es auf Basis der Leitlinien eines World Cafés für einen Kurs über Organisationsentwicklung im Rahmen eines post-graduate Studiums, der ausschließlich über das Internet abgewickelt wird. Der Kurs dauert zwölf Wochen und hat maximal neun Teilnehmer. Sein Virtual Knowledge Café durchläuft folgende Phasen:

Check-In-Phase:

In dieser Phase veröffentlichen die Teilnehmer ihre Biographie, warum sie diesen Kurs gewählt haben und was sie sich vom Kurs erwarten. Diese Phase dient dem Vertrauensaufbau, um Wissensteilung auf hohem Niveau zu ermöglichen.

Café-Phase:

Die Café Phase umfasst drei dreiwöchige Runden. Jeder Teilnehmer ist Gastgeber von ein bis zwei Themen. In jeder Runde werden zwei bis drei Themen simultan behandelt. Die Themen können ein Projekt sein, das der Gastgeber in seiner Organisation gerade abwickelt, oder ein Spezialthema, mit dem er sich gerne genauer auseinandersetzen möchte.

Zu Beginn einer Runde postet der Gastgeber ein Positionspapier. In diesem umreißt er kurz das Thema, erklärt, warum es für ihn wichtig ist, und fügt seine eigenen Überlegungen hinzu. Das Positionspapier enthält auch Referenzen zum Thema wie Bücher, Fachartikel und Webseiten. Die Frage oder Fragen, die er aufwirft, dienen als „Anziehungspunkt" für sein Café. Die Teilnehmer wandern virtuell von Café zu Café. Sie posten ihre Erfahrungen, Beobachtungen, Gedanken und Ideen, werfen neue Fragen auf oder liefern zusätzliche Referenzen. Die Gastgeber sind ebenfalls aufgefordert die anderen Cafés der Runde zu besuchen. Durch diese Vorgehensweise kommt es zu einem intensiven Erfahrungs- und Ideenaustausch, zu einer hoch-kollaborativen Lernerfahrung sowohl für die Teilnehmer als auch den Lehrenden. Jeder erlebt sich als Experte in dem Fachgebiet, was sich sehr motivierend auf die Dialoge in den Cafés auswirkt. Wenn eine neue Runde eröffnet wird, beginnt der Prozess von neuem. Die Cafés der Vorrunde(n) bleiben geöffnet, um jederzeit neue Einsichten posten und auf das Referenzmaterial zugreifen zu können.

Die Moderation des Lehrenden beschränkt sich auf die Teilnahme an den Cafés, dem Aufwerfen von wichtigen Fragen, die noch nicht gestellt wurden, oder dem Knüpfen von Verbindungen zwischen den Themen, die die Teilnehmer noch nicht entdeckt haben. Er betreibt auch ein „Spezial-Café" für den informellen Austausch zwischen ihm und den Teilnehmern bzw. den Teilnehmern untereinander. In diesem Café laufen die authentischsten persönlichen Dialoge.

Abschlussphase:

In der letzten Woche des Semesters fassen die Teilnehmer ihre Kernerkenntnisse aus dem gesamten Café-Prozess in einem Reflexionspapier zusammen. Sie beschreiben darin, was sie von dem geteilten Wissen in ihrem Leben und in ihrer Arbeit verwenden werden. Sie posten ihre Zusammenfassungen in dem eigens dafür eingerichteten „Reflexions-Café". Das ermöglicht den Teilnehmern ein Gefühl für das Gesamte zu erhaschen, indem sie die Muster in den verschiedenartigen Beiträgen erkennen.

Durch dieses virtuelle Bewegen von Ideen und Menschen von Café zu Café sowohl innerhalb als auch zwischen den Kaffeerunden lernen die Teilnehmer von den gegenseitigen Erfahrungen und Fragen auf eine tiefere und stimmigere Art. Es ist wie das Weben eines Wissensnetzes zwischen vielen unterschiedlichen Dimensionen und Perspektiven. Das gemeinschaftliche Lernen gewinnt besonders an Kraft durch die vielen Gelegenheiten zur Reflexion.

Referenzen

Bredemayer, Sabine (2002): *Café to Go!* (deutsche Übersetzung). http://theworldcafe.com/translations/Germancafetogo.pdf, Abruf: 28.09.2010.

Gloger, Svenja (2004): *Arbeiten beim Kaffeetrinken.* managerSeminare, Heft 75, S. 50-56.

Gurteen, David (2006): *How to run a Knowledge Café.* http://www.gurteen.com/gurteen/gurteen.nsf/id/run-kcafe, Abruf: 23.09.2010.

Gyllenpalm, Bo (2000): *Connecting Diverse People and Ideas - A Virtual Knowledge Café.* Whole Systems Associates, http://www.theworldcafe.com/stories/virtualcafes.pdf, Abruf: 1.10.2010.

Dialog

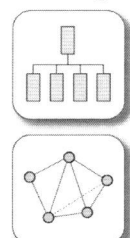

Ein Dialog ist eine besodere Gesprächsform für intensives und tiefes Erkunden von Wissensgebieten. Notwendige Voraussetzung für das Gelingen ist eine tragfähige Beziehung zwischen allen Teilnehmern.

Diese Methode ist daher im Semantischen Raum zwischen *Organisationen*, *Beziehungen* und *Kompetenzen* zu finden.

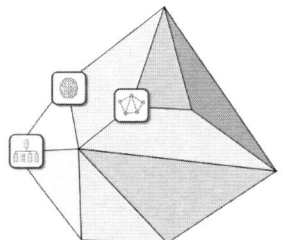

Die Methode

Das Wort „Dialog" stammt von den beiden griechischen Worten „dia" (durch) und „logos" (das Wort, der Sinn oder die Bedeutung). Der Begriff meint also das ungehinderte Durchfließen von Sinn bzw. Bedeutung um und durch die am Dialog Beteiligten.

Seit dem Altertum bekannt und etabliert ist der sokratische Dialog. Dieser zeichnet sich durch Fragen aus, die Erkenntnisprozesse in Gang setzen. Das Suchen ist dabei wichtiger als das Finden. Die Selbständigkeit des Denkens wird dabei höher bewertet als das Eintrichtern und Ansammeln von Wissen. Der sokratische Dialog schlägt sich heute zB im „entdeckenden Lernen" der Pädagogik nieder.

Der Dialog, wie er im Kontext von Wissensmanagement zum Einsatz kommt, wurde vom Quantenphysiker David Bohm entwickelt. Er ist eine besondere Gesprächsform, die sich deutlich von einer Diskussion unterscheidet. In einer Diskussion werden Argumente ausgetauscht, Positionen verteidigt, Bewertungen vorgenommen, andere überzeugt und schlussendlich ein Ergebnis erzielt. In einem Dialog werden hingegen komplexe Themen oder schwierige Fragen aus unterschiedlichen Blickwinkeln ausgelotet, ohne Position zu beziehen. Intensives Zuhören und achtsames Reflektieren des Gesagten soll die Denkprozesse und Annahmen hinter dem Ausgesprochenen offen legen. Jeder Gesprächsbeitrag ist gleich wichtig und wird wertgeschätzt. Es gibt keine Hierarchieunterschiede, jeder Teilnehmer ist Experte seines Denkprozesses. Ein Dialog ist absichtslos, lebt von der Anzahl und Vielfalt der Sichtweisen der Teilnehmer und führt nicht unbedingt zu einem (offensichtlichen) Ergebnis. Aus diesem Grund spricht man auch beim Dialog von Meta- oder Hyperkommunikation.

Ein Dialogprozess durchläuft folgende vier Phasen:

o   In der ersten Phase *Schönreden* entspricht der Dialog einem höflichen Gespräch zwischen gesitteten Menschen. Es wird nur das gesagt, was den üblichen Gesprächsregeln entspricht, und nicht reflektiert. Die Devise lautet hier: „Sag nicht, was du denkst."

o   In der zweiten Phase, dem *Klartext reden*, kommt es zum Bruch dieser Höflichkeitsregeln. Es wird auch in dieser Phase noch nicht reflektiert. Hier herrscht das Prinzip der Auseinandersetzung oder Debatte: „Sag, was du denkst."

o   In der dritten Phase findet der *Reflektierende Dialog* statt, in dem sowohl die Inhalte als auch die dem Sprechen zugrunde liegenden Regeln reflektiert werden. Die mentalen Modelle und Annahmen werden hinterfragt. Diese Phase steht unter dem Motto: „Tu, was du sagst, und sag, was du denkst."

o   Die vierte Phase *Generativer Dialog* steht unter dem Zeichen des Reflektierens und Regeln Generierens. Es wird vorausgeahnt, was sich gerade entwickelt. Die Teilnehmer befinden sich dann in einem „Flow" Zustand. Das Primat heißt hier: „Beobachte, was du tust, tu, was du sagst, und sag, was du denkst."

Diese Phasen werden nicht sequentiell durchlaufen, sondern vermischen sich und sind manchmal auch gleichzeitig beobachtbar. Hier entsteht oft das Gefühl, dass nichts so ist, wie man es sich vorgestellt hat. Diese Dialogsequenzen wirken oft sehr lange nach und deren Themen werden von der Dialoggruppe immer wieder aufgegriffen, um sie weiter zu vertiefen.

Ziel und Nutzen

Im Dialog geht es darum, über die Grenzen des individuellen Verstehens hinauszukommen, in der Gruppe zu neuen bzw. tieferen Einsichten und Erkenntnissen auch über bereits Bekanntes zu gelangen, unbewusstes Wissen zu entdecken und sich darüber auszutauschen. Der Dialog soll ermöglichen, den Ideen, Annahmen, Überzeugungen und Gefühlen von Menschen auf den Grund zu gehen, die unterschwellig ihre Kommunikation und Handlungen bestimmen. Der Dialog unterstützt dadurch bei der Vergemeinschaftung von individuellem implizitem Wissen und der Entwicklung von neuem Wissen.

Anwendung

Im Arbeitsalltag ist man an Diskussionen gewöhnt, um Argumente gegeneinander abzuwägen und zu Entscheidungen zu kommen. Man nimmt sich üblicherweise nicht die Zeit, wichtige Themen dialogisch zu bearbeiten, um zu tieferen Erkenntnissen in der Organisation zu gelangen. Einen Dialog zu führen muss daher erst gelernt werden. Folgende Kompetenzen müssen erworben und in die Tat umgesetzt werden:

o **Zuhören:**
Hier geht es darum, nicht nur demjenigen zuzuhören, der gerade spricht, sondern vor allem auch sich selbst. Es gilt zu beobachten, welche Gedanken und Gefühle durch das Gesagte in mir selbst entstehen, um so das eigene Gedankengut von dem anderer unterscheiden zu lernen. Das hilft den automatischen Abgleich der Beobachtungen mit den eigenen Überzeugungen zu durchbrechen, der den einzelnen daran hindert, etwas gänzlich Neues oder alternative Möglichkeiten zu erkennen.

o **Wertschätzung:**
Dieses Grundprinzip umfasst sowohl die wertschätzende Begegnung mit den anderen Dialogteilnehmern als auch die Wertschätzung unterschiedlicher Sichtweisen. Jede Sichtweise ist gleich wichtig und bedeutend, weil jede einen Teil der gesamten Realität abbildet. Kein Mensch ist als Einzelner in der Lage, ein vollständiges Bild der Realität zu zeichnen, er benötigt dazu die anderen.

o **In der Schwebe halten:**
Das ist das am schwersten zu erlernende Grundprinzip des Dialogs. Es erfordert Gedanken, Urteile, Annahmen und Gewissheiten weder zu unterdrücken noch Stellung dazu zu beziehen. Der einzelne erklärt, was er denkt und was sich dahinter verbirgt. Er macht damit seine Denkprozesse für andere nachvollziehbar. Wichtig dabei ist, seine Gedanken von der eigenen Person unterscheiden zu lernen. Dies hilft sich nicht angegriffen zu fühlen, wenn andere die eigenen Gedanken zu hinterfragen beginnen. Dies ist eine Haltung des Lernens, nicht des Wissens.

o **Stimme geben:**
Hier geht es darum, durch Aussprechen seinen eigenen inneren Stimmen Gehör zu verschaffen. Man spricht ohne Selbstzensur aus, was für einen selbst wahr ist, ohne Angst zu haben, dafür zurückgewiesen oder gar verlacht zu werden. Diese Haltung erfordert sehr viel Mut und Vertrauen zu den anderen Dialogteilnehmern. Die Folge davon ist, dass niemand mehr etwas Unnötiges sagt, die Gespräche werden dichter und

gehaltvoller. Dadurch wird die Aufmerksamkeit auf das gelenkt, was wirklich wichtig ist.

Für einen geplanten Dialogprozess benötigt man 20 bis 40 Personen unterschiedlichster organisatorischer Herkunft, die sich freiwillig verpflichten über einen längeren Zeitraum hinweg am Dialogprozess teilzunehmen. Diese Gruppengröße ermöglicht das Beobachten von Subgruppen bzw. -kulturen, die unterschiedliche Arten von kollektivem Denken pflegen. Diese Unterschiede zwischen den Subgruppen sind oft die versteckte Ursache von Missverständnissen, die die Kommunikation stören, oder gar von schwelenden Konflikten.

Zu Beginn des Prozesses ist es ratsam, einen Dialogbegleiter einzusetzen. Im Gegensatz zu einem Moderator ist die Rolle des Dialogbegleiters, das Wesen des Dialogs zu Beginn zu erklären und nur dann in den Prozess einzugreifen, wenn dialogische Grundhaltungen verletzt werden. Idealerweise soll sich der Dialogbegleiter im Laufe des Prozesses überflüssig machen.

Jede Dialoggruppe wird über die Zeit ihre eigenen Rituale entwickeln. Zur Strukturierung einer Dialogsitzung hat sich bewährt, ein Klanginstrument (zB Gong, Zimbel, Klangschale) und ein Redeobjekt (zB Stein, Stab) zu verwenden. Idealtypisch läuft eine Dialogsitzung wie folgt ab:

o Nachdem alle Teilnehmer im Sesselkreis Platz genommen haben, erfolgt der Start der Dialogsitzung durch das Schlagen des Klanginstruments.

o In der folgenden sog. Check-In-Sequenz nimmt jeder Teilnehmer nacheinander das Redeobjekt zur Hand und formuliert einen ersten Gedanken. Damit soll erreicht werden, dass zu Beginn jeder einmal zu Wort kommt und dadurch in der Gruppe ankommen kann.

o Nachdem alle einen ersten Redebeitrag geleistet haben, wird das Redeobjekt in die Mitte des Kreises gelegt und der eigentliche Dialog beginnt. Ab sofort wird das Redeobjekt immer von der Mitte aufgenommen und dort auch wieder zurückgelegt. Nur, wer das Redeobjekt in der Hand hält spricht, alle anderen hören intensiv dem Redenden und gleichzeitig sich selbst zu. Die vier oben genannten Kompetenzen kommen hier zur Anwendung und können verfeinert werden. Die Dauer einer Dialogsitzung ist entweder von vornherein festgelegt oder man achtet darauf, wann ein Thema erschöpft ist. Das ist meist sehr deutlich zu spüren. In der Praxis hat sich eine Mindestdauer von zwei Stunden bewährt.

o   Die Dialog-Sequenz endet mit einer Check-Out-Runde, in der jeder ein kurzes Schlussstatement abgibt. Das beinhaltet meist, was sie/er noch zum Thema sagen möchte, was sie/ihn gerade besonders beschäftigt, was ihr/ihm auffiel oder wie sie/er sich fühlt.

o   Den Abschluss einer Dialogsitzung bildet das Schlagen des Klang-instruments.

Um den Lerneffekt bei neuen Dialoggruppen zu erhöhen, sollte man nach der Dialogsequenz in einer regelfreien Gesprächsrunde die Erfahrungen aus dem Dialogprozess besprechen.

Referenzen

Bohm, David; Factor, Donald; Garrett, Peter (1991): *Dialogue - A proposal.* http://www.david-bohm.net/dialogue/dialogue_proposal.html, Abruf: 11.04.2010.

Bohm, David (1998): *Der Dialog.* Stuttgart: Klett-Cotta.

Dixon, Nancy (2000): *Common Knowledge. How Companies Thrive by Sharing What They Know.* Boston: Harvard Business School Press.

Ellinor, Linda; Gerard, Glenna (2000): *Der Dialog im Unternehmen. Inspiration, Kreativität, Verantwortung.* Stuttgart: Klett-Cotta.

Hartkemeyer, Johannes F. & Martina (2005): *Die Kunst des Dialogs - Kreative Kommunikation entdecken.* Stuttgart: Klett-Cotta.

Isaacs, William (1999): *Dialogue and the art of thinking together: a pioneering approach to communicating in business and in life.* New York: Random House.

Peuker, Sigrid (2004): *Dialog in der Kommunikation von Wissen – Ein Erfahrungsbericht.* http://www.sigridpeuker.de/ Dialog in der Kommunikation von Wissen.pdf, Abruf: 11.04.2010.

Pausenraum

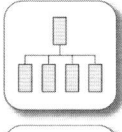
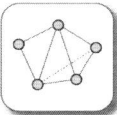

Ein Pausenraum ist ein Ort für informelle Begegnungen zwischen Mitarbeitern. Er fördert indirekt die sozialen Beziehungen sowie den Wissens- und Erfahrungsaustausch.

Man findet daher diese Methode im Semantischen Raum zwischen *Organisationen*, *Beziehungen* und *Orten*.

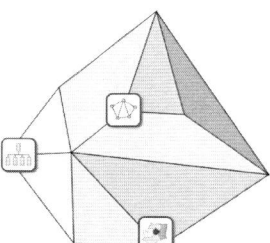

Die Methode

Pausenräume sind Orte, wo Mitarbeiter zwanglos miteinander reden können. Ein Pausenraum ist daher weniger eine Methode des Wissensmanagements als eine infrastrukturelle Maßnahme, die informelle Gespräche zwischen Mitarbeitern fördert.

Ziel und Nutzen

Durch die Bereitstellung von Räumen der Begegnung können günstige Voraussetzungen für die Verbreitung von stark Kontext-abhängigem Wissen geschaffen werden. Sie bieten Gelegenheiten für spontane, informelle Gespräche und können bereichsübergreifende Zusammenhänge erlebbar machen, frei nach dem Motto „Beim Reden kommen die Leute zusammen!".

Anwendung

An Orten im Unternehmen, wo viele Personen immer wieder vorbeikommen, werden Kaffeeautomaten und/oder Wasserspender sowie Stehtische oder Sitzecken aufgestellt. Die Orte sollen so gestaltet sein, dass sie zum Verweilen einladen. Ein gewisser Sichtschutz, die Verwendung von Pflanzen und angenehme Beleuchtung unterstützen dieses Anliegen.

Beispiele

Kaffeeecken, Stehtische zwischen Büros, Sitzecken in Foyers, Parkbänke zwischen Unternehmensgebäuden

Werkzeuge im Kapitel 4

Mind Mapping
Methode zum visuellen Strukturieren von Ideen und Wissensgebieten

Assoziationspaarbildung
Verknüpfungsmethode von Kategorien aus verschiedenen Wissensgebieten

Metapher
Verknüpfungsmethode von scheinbar unvereinbaren Kategorien

Morphologisches Tableau
Zerlegungsmethode in abgegrenzte Teilaspekte und Merkmalsausprägungen

Checkliste
Methode zur Strukturierung und Dokumentation von Verfahrenswissen

Handbuch
Dokumentationsmethode für Wissen aus einem bestimmten Wissensgebiet

FAQ
Methode zur Sammlung und Dokumentation von häufig gestellten Fragen und Antworten innerhalb eines bestimmten Wissensgebiets

LernCard
Dokumentationsmethode für Frage-/Antwortpaare auf je einer Karte

Wissenskarten
Visualierungsmethode für Verknüpfungen zwischen Entitäten des Wissensmanagements

Argumentationskarten
Grafische Repräsentationsmethode für Diskussionsabläufe

Wissensbestandskarten
Darstellungsmethode für Art und Ort von Wissensbeständen

Wissensstrukturkarten
Visualiserungsmethode für Zusammenhänge zwischen Kategorien oder Sachverhalten

Ontologieentwicklung
Formalisierungsmethode für Zusammenhänge zwischen Kategorien

4 Wissensstrukturen und -bestände

Wissensobjekte, Kategorien & Co

In diesem Kapitel finden sich Methoden, die der Wissensstrukturierung und -bestandserweiterung in Form von neuen Ideen und Wissensobjekten dienen. Im Semantischen Raum bewegen wir uns rund um die Entitäten *Wissensobjekte* gemeinsam mit der Entität *Wissensgebiete*, die Kernentitäten für Wissensstrukturen und -bestände sind.

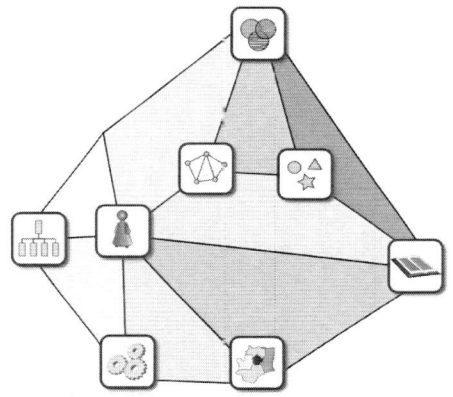

Wissensträger erzeugen Wissensobjekte, in denen sie ihr dokumentierbares Wissen und Erfahrungen aus den (Arbeits-)*Prozessen* beschreiben. Sie ordnen sie den entsprechenden *Wissensgebieten* zu, beschlagworten sie mit passenden *Kategorien* und speichern sie an definierten *Orten* ab. In den *Organisationen* werden dafür Wissensstrukturen aufgebaut, in dem die relevanten *Beziehungen* zwischen Wissensgebieten und Kategorien geknüpft werden. Beides zusammen ermöglicht es Mitarbeitern, benötigtes Wissen rasch zu finden und zu nutzen.

Diese Methodensammlung berührt fast alle Entitäten des Semantischen Raums. Der Pfad führt von den Methoden der Wissensbestandserweiterung (Mind Mapping, Assoziationspaarbildung, Metapher, Morphologischer Kasten) über Dokumentationsmethoden (Checkliste, FAQ, Handbuch, Lerncard) bis zu den Strukturierungs- und Visualisierungsmethoden (Wissenskarten, Argumentationskarten, Wissensbestandskarten, Wissensstrukturkarten). Den Abschluss bildet eine Methode zur Formalisierung von Wissensstrukturen (Ontologieentwicklung).

Diese Methodenauswahl kann genutzt werden, um Wissensstrukturen und -bestände aufzubauen und zu visualisieren.

Mind Mapping

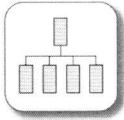

Mind Mapping ist eine Methode mit einem breiten Anwendungsfeld. Sie kann sowohl für Ideengenerierung als auch -strukturierung genutzt werden. Eine Einzelperson kann sie ebenso gut anwenden wie eine Gruppe von Personen.

Daher befindet sich diese Methode im Semantischen Raum zwischen *Wissensträgern*, *Organisationen*, *Wissensgebiete* und *Kategorien*.

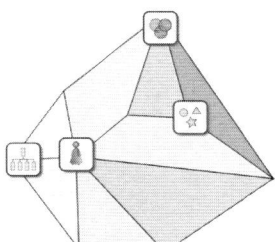

Die Methode

Die von Tony Buzan entwickelte Methode dient der visuellen Sammlung und Strukturierung von Ideen oder Themen rund um ein Wissensgebiet.

Ziel und Nutzen

Ziel dieser Methode ist es, rasch und unkompliziert Ideen zu einem Problemkreis oder Thema zu sammeln und zu gliedern. Sie ermöglicht eine intuitive, nicht-sequentielle Vorgehensweise, die dem natürlichen Gedankenfluss folgt. Durch die visuelle Darstellung in Form von Ästen, Zweigen und Symbolen wird die Vorstellungskraft gefördert und die Erinnerung an die Themen in der Mind Map erleichtert. Die Strukturierung von Wissensgebieten ist mit Hilfe von Mind Mapping einfach zu bewältigen.

Anwendung

Mind Mapping startet mit der Festlegung, welches Generalthema bzw. Wissensgebiet bearbeitet werden soll. Dieses wird in die Mitte eines Papierblattes geschrieben und umrahmt. Danach werden Themen gesammelt, wobei sich manche als Hauptthemen, manche als Subthemen herausstellen werden. Hauptthemen werden in Form von Ästen zum Generalthema in der Mitte hinzugefügt, Subthemen als Unteräste zu den entsprechenden Ästen, Subsubthemen als Zweige zu den Unterästen. Aus Gründen der Übersichtlichkeit sollte auf eine tiefere Schachtelung als drei Ebenen verzichtet werden. Nach und nach entsteht so eine graphische Gruppierung der Themen. Besteht ein Zusammenhang zwischen zwei Themen verschiedener Äste, so können diese durch Pfeile verbunden werden. Dadurch werden wichtige Zusammenhänge zwischen Themen in übersichtlicher Form angezeigt. Als zusätzliche visuelle Anker können Symbole zur Kennzeichnung der Hauptthemen verwendet werden.

Mind Mapping kann von Einzelpersonen oder Personengruppen u.a. für Brainstorming verwendet werden. Am besten gelingt dies computerunterstützt mit Hilfe einer Mind Mapping Software. Jede Idee wird im ersten Schritt als eigener Ast hinzugefügt, ohne darauf zu achten, ob bereits etwas Ähnliches vorhanden ist. Im zweiten Schritt werden ähnliche Ideen zu Ideengruppen mit neuen Hauptästen zusammengefasst.

Sehr gut geeignet ist Mind Mapping auch für Planungsvorgänge (zB Reiseplanung, Planung eines Projekts oder einer Marketing-Aktion). Auch dies kann man wieder allein oder kollektiv in einer Gruppe rasch und effizient erledigen. Die Ergebnis-Mind Map selbst ist ein gutes Hilfsmittel für die Kommunikation mit Betroffenen.

Beispiel

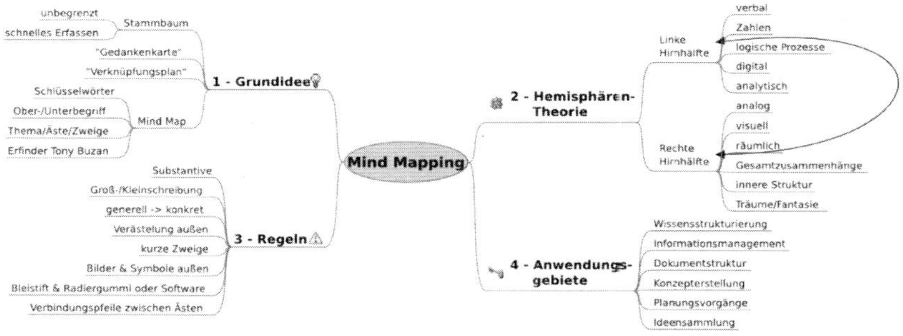

Abbildung 27: Eine Mind Map über Mind Mapping

Referenzen

Buzan, Tony; Buzan, Barry (2002): *Das Mind-Map-Buch: Die beste Methode zur Steigerung ihres geistigen Potenzials.* 5. Auflage, Heidelberg: mvg.

Mittelmann, Angelika et al. (2000): *Geschäftsprozesse mit menschlichem Antlitz: Methoden des Organisationalen Lernens anwenden.* Band 1 der

Schriftenreihe Wissens- und Prozessmanagement hrsg. von Gappmaier, M. und Heinrich, L. J., 2. Auflage, Linz: Trauner Universitätsverlag.

Kirckhoff, Mogens (2003): *Mind Mapping: die Synthese von sprachlichen und bildhaften Denken.* 11. Auflage, Offenbach: Gabal.

Assoziationspaarbildung

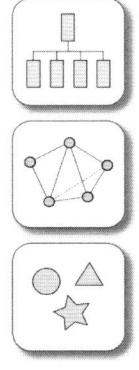

Die Assoziationspaarbildung schafft durch das Herstellen kreativer Beziehungen zwischen Begriffen (= Kategorien) ein tieferes Verständnis für die ausgewählten Fachgriffe innerhalb einer Gruppe von Personen.

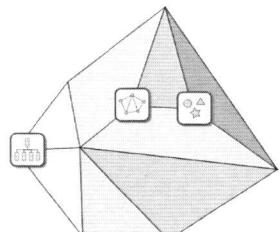

Diese Methode ist daher im Semantischen Raum zwischen *Organisationen*, *Beziehungen* und *Kategorien* anzutreffen.

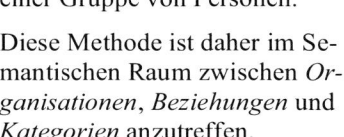

Die Methode

Bei der Assoziationspaarbildung wird je ein Fachbegriff mit einem Begriff aus der Alltagswelt in freier Assoziation auf fantasievolle Art und Weise miteinander verknüpft.

Ziel und Nutzen

Ziel dieser Methode ist es, ohne viel Vorwissen und mit geringem Ressourcenaufwand ein gemeinsames Verständnis von Fachbegriffen innerhalb einer Gruppe zu erreichen. Eine erfolgreiche Anwendung ermöglicht eine effiziente Begriffsbildung und ein tieferes Verständnis für die ausgewählten Fachbegriffe. Indem scheinbar völlig voneinander unabhängige Begriffe, von denen jeder aus der Alltagswelt hinreichend bekannt ist, miteinander in Verbindung gebracht werden, wird ein Denk-, Lern- und Verständnisprozess ausgelöst. Durch die Diskussion bzw. die Auseinandersetzung mit den Begriffen entwickelt sich in der Gruppe ein gemeinsames Begriffsverständnis. Dies fördert die Vorstellungskraft für die abstrakten Fachbegriffe und durch diesen völlig anderen Zugang die Kreativität aller Gruppenmitglieder.

Anwendung

Das Team wird in zwei Gruppen geteilt. Die eine Gruppe wählt max. fünf Kernbegriffe aus ihrem speziellen (jetzigen oder zukünftigen) Arbeitsgebiet. Die andere Gruppe sucht fünf beliebige konkrete Begriffe aus der Alltagswelt. Die Gruppen führen ihre Begriffssuche unabhängig voneinander durch. Nachdem sich beide Gruppen auf „ihre" Begriffe geeinigt haben, versuchen sie nun gemeinsam Assoziationspaare aus je einem Fach- und einem Alltagsbegriff zu bilden. Wichtig dabei ist, die Assoziationspaarbildung für alle verständlich zu begründen.

Beispiel

Eine Gruppe von Personen ist zusammengekommen, um gemeinsam einige Kernbegriffe des Wissensmanagements zu „erforschen". Die eine Teilgruppe einigte sich auf die Fachbegriffe *implizites Wissen, Wissensnetzwerk, Lernen, Lessons Learned Prozess, Wissensentwicklung*. Die andere Teilgruppe wählte die Alltagsbegriffe *Biene, Katze, Mond, Trompete* und *Wasser*.

Wissensmanagement-Begriff	Alltagsbegriff	Begründung für die Paarbildung
implizites Wissen	Wasser	Wasser umgibt uns überall, oft auch sehr versteckt, zB in unserem Körper, als unsichtbarer Dunst in der Luft.
Wissensnetzwerk	Biene	Bienen bilden Staaten, in denen jede nach ihrer besonderen Eignung (Königin, Drohne, Arbeiterin) ihre Arbeiten für das Gemeinwohl erledigt. Wissen über gute Futterplätze wird durch tänzerische Bewegungsabläufe an andere Bienen systematisch weitergegeben.
Lernen	Katze	Kleine Katzen werden von ihrer Mutter einige Monate lang auf das Leben als Einzelwesen vorbereitet. Sie lernen durch Nachahmung und probieren alles selbst aus. Die Katzenmutter dient ihnen als Modell. Sie sorgt auch dafür, dass ihnen in ihrem Übermut nichts Schlimmes passiert.

Lessons Learned Prozess	Trompete	Trompete spielen zu lernen ist ein langwieriger Prozess. Das kann nur gelingen, wenn der Spieler sich immer wieder mit seinem Lehrer austauscht. Idealerweise gibt dieser dem Schüler Rückmeldung, was er schon gut beherrscht und was er noch wie verbessern könnte.
Wissensentwicklung	Mond	Der Mond erhellt dunkle Nächte (Licht als Metapher für neues Wissen). Er ist auch einem Zyklus unterworfen wie der Prozess der Wissensentwicklung.

Referenzen

Mittelmann, Angelika et al. (2000): *Geschäftsprozesse mit menschlichem Antlitz: Methoden des Organisationalen Lernens anwenden*. Band 1 der Schriftenreihe Wissens- und Prozessmanagement hrsg. von Gappmaier, M. und Heinrich, L. J., 2. Auflage, Linz: Trauner Universitätsverlag.

Metapher

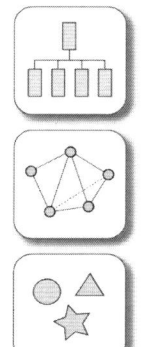

Eine „gute" Metapher verhilft einer Gruppe von Personen zu einer tieferen Einsicht in implizites Wissen, indem sie scheinbar unvereinbare Kategorien zueinander in Beziehung setzt.

Daher findet man auch diese Methode im Semantischen Raum zwischen *Organisationen*, *Beziehungen* und *Kategorien*.

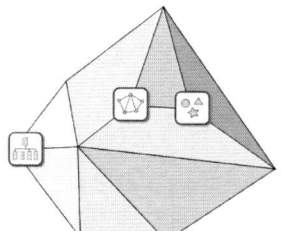

Die Methode

Eine Metapher (griech. Übertragung) ist ein Wort, das nicht in wörtlichem, sondern im übertragenen Sinn gebraucht wird. Sie besteht oft aus zwei Teilen, die zu einer neuen Bedeutungseinheit verschmelzen. Besonders hilfreich sind im Kontext von Wissensmanagement „kühne Metaphern" (= Fachbegriff aus der Linguistik), die zwei als unvereinbar angesehene Wirklichkeitsbereiche miteinander verknüpfen.

Ziel und Nutzen

Die Verwendung von Metaphern hilft, implizites Wissen in Form von ungewohnten Verknüpfungen kommunizierbar zu machen. Ihre Unschärfe und Vieldeutigkeit regt die Wissensentwicklung in Gruppen oder Teams an.

Anwendung

Ein Team, das zB die Aufgabe hat, ein neues Produkt zu entwickeln, sucht nach zusammengesetzten bildhaften Begriffen, die die Idee für ein neues Produkt vage beschreiben. Als Überschrift für eine Erfahrungsgeschichte hilft eine passende Metapher, tieferes Erfahrungswissen intuitiv zu erfassen.

Beispiele

Lebensabend ist eine Metapher für das Alter.

Wüstenschiff ist eine poetische Bezeichnung für ein Kamel.

Die Verwendung des Begriffs *Wilderer* in der Überschrift einer Erfahrungsgeschichte, in der es um Kompetenzüberschneidungen und -überschreitungen zwischen Organisationseinheiten geht.

Die Metapher der „Automobilevolution"

Das Musterbeispiel einer Metapher liefern Nonaka/Takeuchi, die bei Honda bei der Entwicklung eines völlig neuen Fahrzeugkonzepts zum Einsatz kam. Die Geschäftsführung beauftragte unter dem Motto "let's gamble" (wer wagt, gewinnt) ein junges Entwicklungsteam mit der Konzipierung. Die einzigen Vorgaben waren, dass das neue Produkt sich fundamental von allem unterscheiden soll, was Honda bisher gemacht hat, und kostengünstig, aber nicht billig sein soll. Um die Ideengenerierung in diese Richtung zu lenken, gab der Projektleiter die Metapher von der „Automobilevolution" (Wie müsste ein Auto beschaffen sein, wenn es ein Organismus wäre?) aus. Diese mündete in das Bild einer Kugel (kurzes, hohes Auto), was die herkömmlichen Vorstellungen eines landläufigen Autos revolutionierte. So entstand das Produkt-Konzept, das das Entwicklungsteam „Tall Boy" nannte, und in Hondas Stadtflitzer „Honda City" mündete.

Referenzen

Eder, Thomas; Czernin, Franz Josef (Hrsg., 2007): *Zur Metapher. Die Metapher in Philosophie, Wissenschaft und Literatur*. München, Paderborn: Wilhelm Fink Verlag.

Nonaka, Ikujiro; Takeuchi, Hirotaka (1997): *Die Organisation des Wissens: Wie japanische Unternehmen eine brachliegende Ressource nutzbar machen*. Frankfurt/New York: Campus.

Morphologisches Tableau

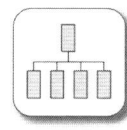
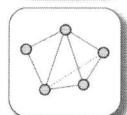

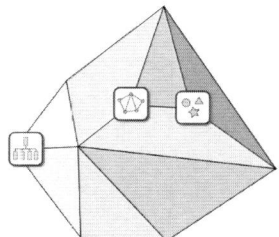

Ein Morphologisches Tableau unterstützt die systematische Lösungsfindung. Eine Gruppe von Personen zerlegt den Problembereich in Merkmale samt Ausprägungen und kombiniert die Merkmalsausprägungen zu neuen, ungewöhnlichen Lösungen.

Auch diese Methode befindet sich daher im Semantischen Raum zwischen *Organisationen*, *Beziehungen* und *Kategorien*.

Die Methode

Das Morphologische Tableau, entwickelt vom Schweizer Astrophysiker Fritz Zwicky, ist eine Kreativitätstechnik, bei der systematisch an die Ideenfindung herangegangen wird. Die Bearbeitung erfolgt mit Hilfe einer Matrix.

Das Wort „Morphologie" stammt aus dem Griechischen und bedeutet „Lehre der Gestaltung, Strukturierung und Formung". Jede nach einem bestimmten Verfahren erzeugte Ordnung wird als Morphologie bezeichnet. Der Begriff „Tableau" weist auf die Verwendung einer Matrix (siehe Abbildung 28) hin.

Ziel und Nutzen

Ziel dieser Methode ist es, durch Zerlegung des Problems in abgegrenzte Teilaspekte und die systematische Variierung ihrer Merkmalsausprägungen möglichst nahe an das denkbare Lösungsoptimum heranzukommen. Die Schwachstellen bisheriger Lösungen werden durch die Anwendung rasch erkannt und können beseitigt werden.

Anwendung

Das Verfahren beinhaltet die folgenden fünf Schritte:

Definition und Analyse des Problems:

Das Problem wird definiert, analysiert und in die wesentlichen Teilaspekte zerlegt. Diese Teilaspekte müssen variiert werden können und das gesamte Spektrum der Möglichkeiten, die im Problem stecken, abdecken.

Bestimmung der Merkmale:

Den Teilaspekten werden Merkmale zugeordnet und in die erste Spalte der Matrix übertragen. Die (aus Komplexitätsgründen) maximal sieben ausgewählten Merkmale sollen möglichst unabhängig voneinander sein, auf sämtliche Lösungsvarianten zutreffen und für das Gesamtproblem relevant sein. Dieser Schritt ist der kritischste und kann durch den Einsatz weiterer Kreativitätstechniken wie Mind Mapping (siehe Seite 68) unterstützt werden. Ebenso hilfreich kann die Beantwortung der W-Fragen (was, wann, wer, wo, warum und wie) in diesem Schritt sein.

Bestimmung möglicher Merkmalsausprägungen:

Je Merkmal werden seine möglichen Ausprägungen bestimmt und in die Matrixfelder rechts neben dem zugehörigen Merkmal eingetragen. Ergeben sich in diesem Schritt zu viele Merkmalsausprägungen, die sich nicht mehr einfach überblicken lassen, kann durch die Zerlegung in Teilmatrizen die Komplexität reduziert werden.

Festlegung der Kombinationen:

Jede sinnvolle Kombination einzelner Merkmalsausprägungen werden in der Matrix zB durch Pfeile miteinander verbunden.

Alternativenbewertung und Lösungsauswahl:

Die im vorherigen Schritt identifizierten Alternativen werden auf technische Machbarkeit und Wirtschaftlichkeit überprüft, um die optimalen Lösungen auswählen zu können.

Bei allen anderen Schritten ist darauf zu achten, dass eine vorzeitige Bewertung unterbleibt. Merkmalsausprägungen können für sich genommen suboptimale Lösungen darstellen, in Kombination mit anderen aber sehr gute Gesamtlösungen liefern.

Beispiel

Problem: ein hochwertiges Gefäß für den anspruchsvollen Kaffeetrinker

Wissensstrukturen und -bestände

Merkmal	Ausprägungen		
Material	Glas	Porzellan	Metall
Größe	klein (<0,1 l)	mittel (0,1 - 0,25 l)	groß (>0,25 l)
Form	Henkeltasse	Zylinder	Schale
Dekor	Bemalung außen	Relief	geritzt

⟹ gewählte Alternative

Abbildung 28: Morphologisches Tableau für die Problemlösung

Referenzen

Malorny, Christian; Schwarz, Wolfgang; Backerra, Hendrik (2002): *Die sieben Kreativitätswerkzeuge K7*. München/Wien: Hanser.

Mittelmann, Angelika et al. (2000): *Geschäftsprozesse mit menschlichem Antlitz: Methoden des Organisationalen Lernens anwenden*. Band 1 der Schriftenreihe Wissens- und Prozessmanagement hrsg. von Gappmaier, M. und Heinrich, L. J., 2. Auflage, Linz: Trauner Universitätsverlag.

Nöllke, Matthias (2006): *Kreativitätstechniken*. 5. Auflage, Planegg/München: Haufe.

Checkliste

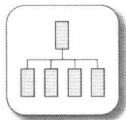

Eine Checkliste ist ein Wissensobjekt, das dokumentierbares Prozesswissen in Form von Fragen enthält.

Diese Methode ist daher im Semantischen Raum zwischen *Organisationen*, *Prozessen* und *Wissensobjekte* zu finden.

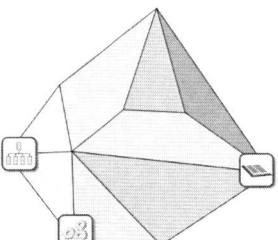

Die Methode

Eine Checkliste ist eine Abfolge von Fragen zu einem bestimmten Themengebiet. Meist sind thematisch zusammengehörige Fragen in Blöcken organisiert.

Ziel und Nutzen

Eine Checkliste hilft bei der Strukturierung und Dokumentation von Verfahrenswissen innerhalb verschiedener Aufgabenstellungen. Sie ist oft Teil in einer Vielzahl anderer Methoden (zB Training, Szenariotechnik, Kreativitätstechnik, etc.).

Anwendung

Eine Checkliste sollte man einsetzen, wenn ...

o   die Aufgabe gut strukturiert werden kann

o   die Aufgabe öfters, aber nicht unbedingt regelmäßig zu erledigen ist

o   eine Aufgabe immer gleich abläuft und von mehreren Personen alternativ erledigt werden soll

Wie entwickelt man eine Checkliste?

o   Strukturiere die Aufgabe in logische Blöcke

o   Sammle je Block die wichtigsten Fragen und Arbeitsschritte

o   Bringe das Ergebnis in eine übersichtliche Form

Eine Checkliste sollte nur Fragen enthalten, die mit „ja" oder „nein" beantwortet werden können. Sobald alle Fragen mit „ja" beantwortet sind, ist der zugehörige Arbeitsschritt erfolgreich abgeschlossen. Checklisten sorgen dafür, dass ihre Nutzer nichts Wichtiges vergessen. Für weniger erfahrene Personen sind Checklisten wie Leitplanken, die ihnen helfen, schwierigere Aufgabenstellungen in der erforderlichen Qualität zu bewältigen.

Beispiel

Ausschnitt aus einer Checkliste für einen Projektstart:

o   Ist die Projektaufgabe hinreichend konkret definiert?

o   Ist die Zielsetzung klar?

o   Ist klar, wer der Auftraggeber ist?

o   Steht die Geschäftsführung hinter dem Projekt?

o   Sind der Projektleiter und die Projektteammitglieder nominiert?

o   Sind deren Rollen klar definiert und niedergeschrieben?

o   Gibt es eine grobe realistische Zeitplanung?

o   Ist entschieden, welche Ressourcen dem Projekt zur Verfügung stehen?

o   Sind Kommunikations- und Entscheidungswege vereinbart und transparent?

o   Wurden alle beteiligten Personen über den Projektstart informiert?

o   Ist das Kick-Off-Meeting vorbereitet?

Handbuch

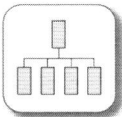

Ein Handbuch ist ein Wissensobjekt, das ausführliche Beschreibungen von komplexen Arbeitsschritten enthält.

Daher befindet sich diese Methode im Semantischen Raum zwischen *Organisationen*, *Wissensgebiete* und *Wissensobjekte*.

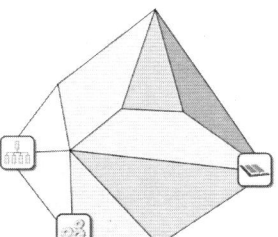

Die Methode

Durch die intensive Beschäftigung mit Fachaufgaben wird Wissen erzeugt. Ein Handbuch hält dieses Wissen in schriftlicher Form fest.

Ziel und Nutzen

Ein Handbuch sollte man einsetzen, wenn ...

o komplexe, immer wiederkehrende Arbeitsabläufe von verschiedenen Personen erledigt werden sollen

o umfangreiches Detailwissen dazu erforderlich ist

o ausführlichere Erklärungen je Arbeitsschritt nötig sind

o Ansprechpartner für Rückfragen nicht immer zur Verfügung stehen

Anwendung

Beim Schreiben eines Handbuchs sollte man achten auf ...

o logischen Aufbau (zB nach Abfolge der Arbeitsschritte)

o Verständlichkeit (Fachbegriffe erklären oder durch umgangssprachliche Begriffe ersetzen, kurze Sätze)

o Einsatz von Bildern oder anderen alternativen Medien zum besseren Verständnis des Inhalts („ein Bild sagt mehr als 1000 Worte")

Beispiel

Qualitätsmanagement-Handbücher, Projektmanagement-Handbücher, Softwareproduktbeschreibungshandbücher

FAQ

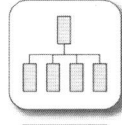

Eine FAQ ist ein Wissensobjekt, das häufig gestellte Fragen und die zugehörigen Antworten innerhalb eines Wissensgebiets enthält.

Daher befindet sich diese Methode im Semantischen Raum zwischen *Organisationen*, *Wissensgebiete* und *Wissensobjekte*.

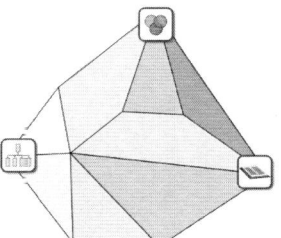

Die Methode

Eine FAQ (= Frequently Asked Questions) ist eine Liste von häufig gestellten Fragen mit den zugehörigen Antworten innerhalb eines bestimmten Wissensgebiets.

Ziel und Nutzen

Wenn sich Fragen zu einem bestimmten Thema innerhalb des Wissensgebiets eines Experten häufen, ist es aus Zeitersparnisgründen sinnvoll, eine FAQ anzulegen und zu veröffentlichen.

Anwendung

o   Sammle eine Zeit lang (abhängig vom Spezialisierungsgrad des Wissensgebiets) ähnliche Fragen und die zugehörigen Antworten

o   Formuliere ähnliche Fragen in ihrer einfachsten und verständlichsten Form zu einer einzigen Frage um

o   Ergänze die beste Antwort bzw. Antworten, wenn es mehrere Alternativen gibt

o   Veröffentliche die FAQ-Liste an passender Stelle (im Intra- oder Internet, als Dokument in einem öffentlichen Ordner, etc.)

o   Ergänze Fragen bei Bedarf

o   Ändere die Antworten, wenn bessere gegeben werden

LernCard

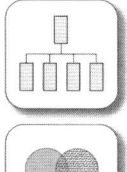

Eine LernCard ist ein Wissensobjekt, das auf der Vorderseite
eine Frage und auf der Rückseite die passende Antwort
innerhalb eines bestimmten
Wissensgebiets enthält.

Diese Methode befindet sich
daher im Semantischen Raum
zwischen *Organisationen*, *Wissensgebiete* und *Wissensobjekte*.

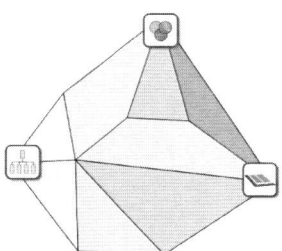

Die Methode

Eine LernCard ist eine Wissensmanagement-Methode, die nach einem Fra-
ge- und Antwortprinzip arbeitet. Auf der Vorderseite der LernCard befindet
sich eine offen formulierte Frage und auf der Rückseite eine Antwort oder
auch mehrere passende Antworten für unterschiedliche Kontexte. Dieses
Grundprinzip ist der Lernkarte im Lernkartei-System von Sebastian Leitner
nachempfunden.

Ziel und Nutzen

Auf häufig gestellte Fragen gibt es oft einfache und schnelle Antworten.
Mit Hilfe von LernCards lassen sich diese Fragen/Antworten-Paare einfach
dokumentieren und allen, die dieses Wissen benötigen, schnell zur Verfü-
gung stellen. Damit wird auch erreicht, dass Antworten auf häufig gestellte
Fragen nicht immer wieder „neu gefunden" werden müssen. Bereits ausfor-
mulierte Antworten können auch leichter überarbeitet und ergänzt werden.
Sammlungen von LernCards sind ein einfaches Hilfsmittel für die Aus- und
Weiterbildung von Mitarbeitern. Trainer können die Entwicklung von Lern-
Cards durch die Teilnehmer als Lerntransfermethode einsetzen.

Anwendung

LernCards sollten eingesetzt werden, wenn

o   häufig wiederkehrende Fragen gestellt werden

o   viele Personen in unterschiedlichen Bereichen ähnliche Fragen haben

o   einfache Antworten gegeben werden können

o   häufig verschiedene Zusammenstellungen für unterschiedliche Zwecke
    benötigt werden

Wie entwickelt man LernCards?

o   sammle häufig gestellte Fragen im eigenen Arbeitsbereich

o   füge die Antworten hinzu

o   sortiere sie nach Themengebieten

o   stelle die LernCards allen zur Verfügung, die sie benötigen

o   überarbeite die entsprechende Antwort, sobald eine bessere gegeben
    wird, oder füge eine neue für einen weiteren Kontext hinzu

Beispiel

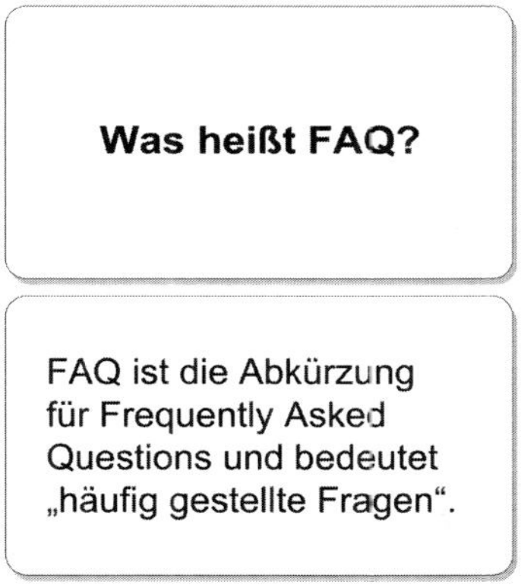

Was heißt FAQ?

FAQ ist die Abkürzung
für Frequently Asked
Questions und bedeutet
„häufig gestellte Fragen".

Abbildung 29: Vorder- und Rückseite einer LernCard

Referenzen

Leitner, Sebastian (1995): *So lernt man lernen.* 13. Auflage, Freiburg:
Herder.

Eckhardt, Thomas (2009): *LernCards.* In: Rachow, Axel (Hrsg.): Spielbar,
3. Auflage, Bonn: Managerseminare, S. 197-198.

Wissenskarten

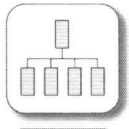

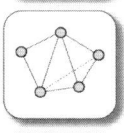

Wissenskarten sind ein Visualisierungswerkzeug für wichtige Beziehungen zwischen Entitäten des Wissensmanagements.

Daher findet man diese Methode im Semantischen Raum zwischen *Organisationen*, *Beziehungen* und *Kategorien*.

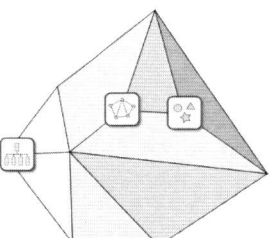

Die Methode

Eine Wissenskarte oder Wissenslandkarte (englisch: Knowledge Map) stellt einen Ausschnitt der realen oder virtuellen Welt grafisch dar. Wie Landkarten örtliche Gegebenheiten vereinfacht darstellen, so visualisieren Wissenskarten Zusammenhänge zwischen beliebigen Entitäten des Wissensmanagement. Sie bieten ganz allgemein eine systematische Orientierung im intellektuellen Territorium einer Organisation und helfen Richtungen zu finden, Situationen einzuschätzen oder Ressourcen zu planen.

Je nachdem, welche Entitäten (siehe Abbildung 1) in der Wissenskarte miteinander verknüpft sind, unterscheidet man die folgenden Arten von Wissenskarten. Bei der Erstellung organisationaler Wissenskarten werden oft mehrere Kartenarten miteinander kombiniert.

o   Argumentationskarten (siehe Seite 186)

o   Wissensanwendungskarten (siehe Seite 202)

o   Wissensbestandskarten (siehe Seite 190)

o   Wissensentwicklungskarten (siehe Seite 66)

o   Wissensstrukturkarten (siehe Seite 192)

o   Wissensträgerkarten (siehe Seite 127)

Jeder Wissenskarte liegt eine spezifische Struktur zugrunde, die entweder physisch-räumlicher (z. B. Koordinatensystem) oder abstrakter Natur (z. B. Organisations- oder Vernetzungsschema) sein kann. Auf Grundlage dieser Struktur bzw. dieses Kontexts werden die Entitäten in Form von Symbolen, Formen, Texten oder Bildern in eine Karte projiziert (Mapping). Eine Wis-

senskarte präsentiert im Endausbau komplexe Konzepte und Zusammenhänge in visueller Form.

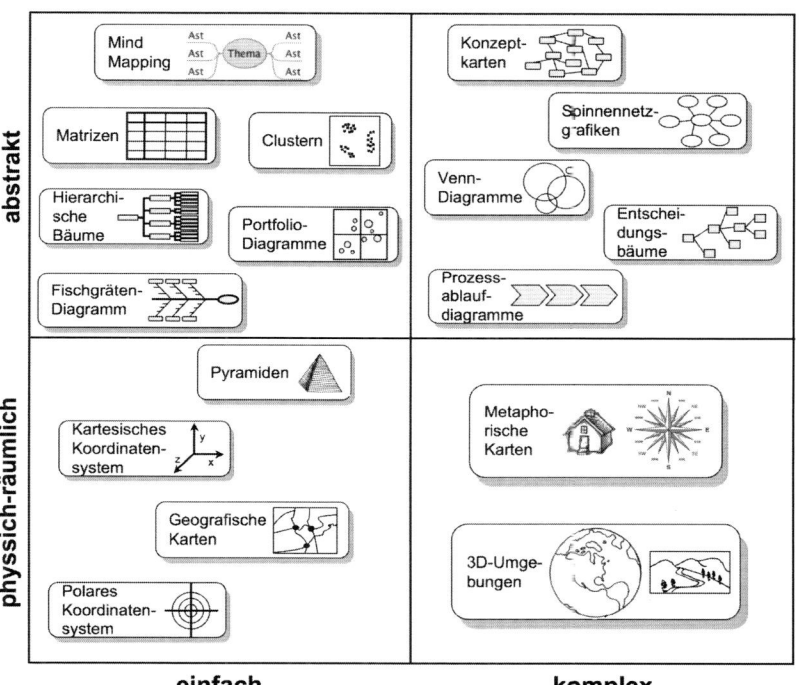

Abbildung 30: Visualisierungstechniken

Es gibt eine Vielzahl von Visualisierungstechniken (siehe Abbildung 30),
die beim Kartendesign verwendet werden können. Der Einsatz einer bestimmten Technik hängt von den konzeptionellen Anforderungen, der technologischen Infrastruktur und der verfügbaren Software ab, um eine Grafik
mit anklickbaren Flächen für die Verlinkung zu Detailkarten zu implementieren.

Ziel und Nutzen

Ziel von Wissenskarten ist dem Nutzer durch die grafische Darstellung einen schnelleren und besseren Überblick über komplexe Zusammenhänge zu
geben. Mit Hilfe von Wissenskarten kann sowohl explizites (bewusstes, zu-
greifbares) als auch implizites (weniger bewusstes, intuitives) Wissen rasch

erfasst und der Zugriff auf benötigtes Wissen oder Wissensträger erleichtert und beschleunigt werden.

Wissenskarten machen dabei von unseren Wahrnehmungs- und Kognitionsfähigkeiten Gebrauch, komplexe Zusammenhänge und große Datenmengen grafisch-visuell schneller und besser erfassen zu können, als dies verbal oder mit Hilfe von Zahlenwerten möglich wäre.

Anwendung

Die Erstellung von Wissenskarten umfasst folgende fünf Schritte, unabhängig davon, um welche Kartenart es sich handelt:

1. Bestandsaufnahme und Analyse

In diesem Schritt geht es um die Identifizierung von wissensintensiven Geschäftsprozessen oder wissensbezogenen Problembereichen in der Organisation. Dazu werden die Wertschöpfungskette oder die Kernprozesse der Organisation untersucht und Interviews mit Schlüsselpersonen durchgeführt. Die fertige Wissenskarte sollte auf diese wissensintensiven Bereiche fokussiert sein und die Wissensfragestellung beantworten.

Das wichtigste Ergebnis dieses Schritts ist die klare Zielsetzung, für welchen Zweck die Wissenskarte erstellt wird und welchen Nutzen sich die Organisation erwartet. Als „Nebenprodukte" ergeben sich die wissensintensiven Geschäftsprozesse mit ihren zugehörigen relevanten Wissensträgern und Wissensbeständen.

2. Modellierung

An dieser Stelle müssen die beiden Fragen beantwortet werden: „Welche Expertise und Erfahrungen werden benötigt bzw. sind hilfreich, um den Prozess oder den Problembereich gut beherrschen zu können?" und „Wo und wie kann man dieses Wissen abrufen?". Für die relevanten Wissensquellen und -bestände oder auch andere Elemente (zB Argumentationsketten, Ursachen für bestimmte Ereignisse) wird eine geeignete elektronische Erfassungsmethode ausgewählt (entspricht der Kodifizierung). Die Entitäten werden miteinander in Beziehung gebracht (entspricht der Kartografierung) und eine für die Fragestellung geeignete Visualisierung (siehe Abbildung 30) ausgewählt. Ergebnis dieses Schritts sind neben dem finalen Kartendesign alle Anforderungen an die informationstechnische Realisierung der Wissenskarte.

Wissensstrukturen und -bestände

3. Technisierung

Die Entitäten werden so kodifiziert, dass ihre Verfügbarkeit für die ganze Organisation verbessert wird. Dazu kann es notwendig sein, Kategorien von Expertisen bzw. Erfahrungen zu bilden, die für die identifizierten Geschäftsprozesse oder Fragestellungen wichtig sind.

Für die Kartografierung und Visualierung werden auf Basis der Anforderungen aus dem Modellierungsschritt geeignete Softwaresysteme ausgewählt, die in die Systemarchitektur der Organisation passen oder vielleicht schon vorhanden sind. Wichtig ist dabei, dass eine Integration in die relevanten Geschäftsprozesse möglich ist sowie ein Navigationsprinzip und Kommunikationselemente realisierbar sind.

4. Inbetriebnahme

Die kodifizierten Entitäten werden in ein visuelles Interface integriert, das dem Nutzer visuelles Suchen und Navigieren erlaubt. Das Navigationssystem wird mit dem Geschäftsprozess oder der Arbeitsumgebung verbunden (zB durch Integration in den Workflow des Prozesses oder in das Intranet der Organisation).

Das Ergebnis dieses Schritts ist die softwaretechnische Realisierung der Wissenskarte. Hier wird die spezifische Visualisierungstechnik implementiert, die am besten zum Zweck der Karte passt. ZB kann eine Wissensträgerkarte als Mind Map realisiert werden. Deren Hauptäste zeigen die Wissensgebiete und die Zweige die Experten für dieses Wissensgebiet. Das detaillierte Expertenprofil erscheint durch Klicken auf den entsprechenden Zweig.

Außerdem ist in diesem Schritt zu klären, wer für welchen Teil der Karte die inhaltliche Verantwortung trägt und wie die Aktualisierung wie oft erfolgen soll. Die Einhaltung dieser Vereinbarungen ist ein kritischer Erfolgsfaktor für Wissenskarten, weil nur eine immer aktuelle Karte ihren Zweck erfüllen kann. Die Verantwortung der ständigen Aktualisierung sollte idealerweise bei demjenigen bleiben, der die Karte „gemacht" hat bzw. bei den darin vorkommenden Personen. D.h. ein Wissensträger sollte sein Kartenprofil selbst pflegen (dürfen).

Die implementierte Wissenskarte wird einer abschließenden Qualitätskontrolle unterworfen, bevor sie den Nutzern bereitgestellt wird. Es werden vier Qualitätsdimensionen durch folgende Review-Fragen überprüft:

Funktionale Kartenqualität:

o Erfüllt die Karte den expliziten Zweck für eine spezifische Zielgruppe?

o Ist eine Vorgehensweise schriftlich vereinbart, die die periodische Überarbeitung der Karte garantiert?

o Können Nutzer über einen Feedbackmechanismus Verbesserungen an der Karte vorschlagen?

Kognitive Kartenqualität:

o Kann die Karte auf einen Blick erfasst werden (nicht überladen)?

o Bietet sie mehrere Detaillierungsebenen?

o Kann man Elemente visuell vergleichen?

o Sind alle Elemente klar erkennbar?

Technische Kartenqualität:

o Ist die Zugriffszeit ausreichend (keine Verzögerungszeit)?

O Kann die Karte mithilfe eines Browsers benutzt werden?

O Ist die Karte bei allen gängigen Bildschirmauflösungen deutlich lesbar?

o Ist die Karte gegen unerlaubten Zugriff abgesichert?

Ästhetische Kartenqualität:

o Ist die Karte angenehm für das Auge (passende Kombinationen aus Farben und geometrische Formen)?

o Bleibt die visuelle Identität der Karte erhalten, auch wenn neue Elemente hinzugefügt werden (Skalierbarkeit der Karte)?

Können für die implementierte Wissenskarte alle Fragen positiv beantwortet werden, kann mit der Nutzerschulung begonnen und die Karte Schritt für Schritt zum allgemeinen Gebrauch freigeschaltet werden.

4. Betrieb und Wartung

Wie bereits oben erwähnt, ist eine Karte nur so gut wie ihre Aktualität. Wenn Informationen und/oder Verknüpfungen in der Karte veraltet sind, ist die Karte wertlos. Um dies nachhaltig zu verhindern, kann ein Workflow Abhilfe schaffen, der in regelmäßigen Abständen die Verantwortlichen nach der Aktualität ihrer Informationen in der Karte fragt. Das Aktualisieren muss möglichst leicht und schnell erledigt werden können. Zuguterletzt ist dafür zu sorgen, dass gemeldete Fehler und Verbesserungsvorschläge der Kartennutzer zeitnah und transparent in die Wartung der Karte einfließen.

Referenzen

Däßler, Rolf (2002): *Visuelle Kommunikation mit Karten*. http://interface.fh-potsdam.de/fb4/fb4/downloads/map1_daessler.pdf, Abruf: 27.09.2010.

Eppler, Martin J. (2001). *Making Knowledge Visible Through Intranet Knowledge Maps: Concepts, Elements, Cases*. http://csdl.computer.org/comp/proceedings/hicss/2001/0981/04/09814030.pdf, Abruf: 28.06.2010.

Nohr, Holger (2000): *Wissen und Wissensprozesse visualisieren*. In: Nohr, Holger: Wissensmanagement, Göttingen: Business Village eBook.

Ott, Florian (2003): *Wissenslandkarten als Instrument des kollektiven Wissensmanagement*. Diplomarbeit an der Wirtschaftsuniversität Wien, Institut für Unternehmensführung, http://fhib5jg.factlink.net/fsDownload/DA_Wissenslandkarten.pdf?forumid=286&v=1&id=166113, Abruf: 25.05.2010.

Argumentationskarten

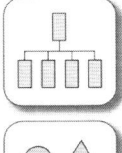

Argumentationskarten sind grafische Darstellungen von Argumentationsketten im Rahmen von Debatten einer Gruppe von Personen.

Daher befindet sich diese Methode im Semantischen Raum zwischen *Wissensträgern*, *Organisationen* und *Kategorien*.

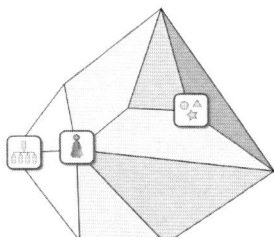

Die Methode

Argumentationskarten (auch: Debattenkarten) sind grafische Repräsentationen von Argumentationsketten im Rahmen von Diskussionen. Sie gehören zur Familie der „Gedankenkarten" wie Mind Maps (siehe Seite 164) und Konzeptkarten (siehe Seite 192). Im Unterschied zu diesen befassen sie sich mit textueller Beweisführung und „realen" Argumentationen.

Das einfachste allgemeine Schema einer Argumentationskarte umfasst eine These oder eine Frage, zu der Begründungen, Vorschläge oder Ideen (allgemein: Positionen) hinzugefügt werden. Die Positionen können durch Argumente verstärkt (pro) oder abgeschwächt (kontra) werden. Sowohl Positionen als auch Argumente können durch Angabe von verlässlichen Quellen oder Referenzen gestützt werden. Mit Hilfe dieses Konzepts lassen sich auch komplizierte Debatten grafisch durch Rechtecke und Pfeile darstellen (siehe Abbildung 31). Die Rechtecke enthalten den Text, die Pfeile zeigen die Zusammenhänge zwischen den Positionen und den Argumenten. Da man mit Bleistift und Papier dabei sehr rasch an die Grenze des sinnvoll Machbaren kommt, gibt es mittlerweile eine Vielzahl von Software-Tools mit guten Benutzerschnittstellen für diesen Zweck.

Die Entwicklung von Argumentationskarten geht zurück auf John Henry Wigmore und Stephen Toulmin. Wigmore veröffentlichte 1937 eine grafische Notationsform, die sog. Wigmore Diagramme, für die Beweisführung in Rechtsstreitigkeiten. Der Philosoph Toulmin schlug 1958 ein einfaches Argumentationsschema vor, das Grundlage für viele Argumentationskarten-Tools wurde.

Wissensstrukturen und -bestände

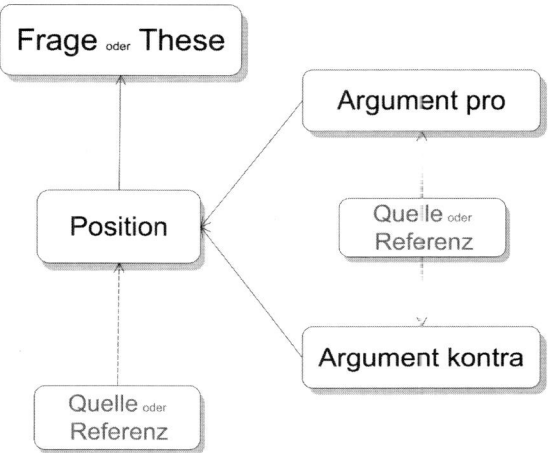

Abbildung 31: Allgemeines Schema einer Argumentationskarte

Ziel und Nutzen

Ziel von Argumentationskarten ist es, Diskussionsprozesse visuell zu dokumentieren, um sie leichter nachvollziehen und kommunizieren zu können. Sie fördern beim Autor bei regelmäßiger Anwendung die Fähigkeit des kritischen Denkens. Beweisführungen werden klarer, überzeugender und geordneter, was schlussendlich zu besseren Entscheidungen führt. Missverständnisse können durch diese Präsentationsform vermieden bzw. schneller ausgeräumt werden, weil unter den Beteiligten eine gemeinsame Sicht auf die Argumentationsketten entsteht.

Anwendung

Argumentationskarten kann man für sich allein erstellen, um Klarheit über einen Sachverhalt oder eine Frage zu erlangen und das Ergebnis besser argumentieren zu können. Dasselbe kann auch eine Gruppe von Personen machen entweder im Rahmen einer Besprechung oder virtuell durch Beteiligung an einer Debatte im Internet.

Die Erstellung einer Argumentationskarte läuft immer nach dem folgenden Schema ab:

o   Beginne mit einer Frage oder These.

o   Füge alle Positionen hinzu, die für die Frage/These relevant sind.

o   Ergänze Argumente und Gegenargumente nach eigenem Ermessen.

o Untergliedere die Positionen und Argumente in: Titel – Zusammenfassung – Text, wenn längere Texte unvermeidlich sind.

o Notiere die Quellen bzw. Referenzen, wo immer möglich.

Argumentationskarten können auch reine Textdokumente sein, die zu einer Aussage alle wesentlichen Argumente kompakt, möglichst auf einer Seite zusammenfassen. Diese Form wird mittlerweile häufig in der Politik verwendet.

Beispiel

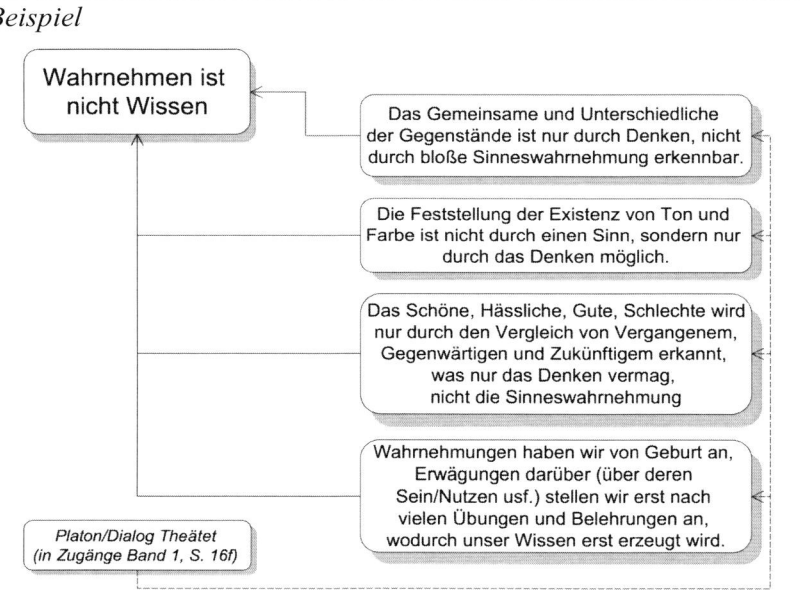

Abbildung 32: Beispiel einer Argumentationskarte

Um sich an Debatten im Internet zu beteiligen oder selbst eine Debatte zu beginnen, bieten sich die beiden Foren http://www.fuerundwider.org (Abruf: 11.2.2011) für den deutschsprachigen und http://debategraph.org (Abruf: 11.2.2011) für den englischsprachigen Raum an.

Referenzen

Greve, Klaus; Rinner, Claus (1999): *Argumentationskarten - GIS-basiertes Planungswerkzeug im WWW*. In: Strobl, J. (Hrsg.): Angewandte Geographische Informationsverarbeitung XI, S. 237-244.

Grötker, Ralf (2010): *Eine Wikipedia der Debatten - Wie Argumentationskarten beim Diskutieren im Netz helfen können.* WZB Mitteilungen, Heft 130 Oktober 2010, S. 54-55, http://www.wzBeu/publikation/pdf/wm130/54-55.pdf, Abruf: 11.2.2011.

Kirschner, Paul A.; Buckingham-Shum, Simon J.; Carr, Chad S. (Hrsg., 2003): *Visualizing Argumentation: Software Tools for Collaborative and Educational Sense-Making.* London: Springer.

Toulmin, Stephen (1958): *The Uses of Argument.* Cambridge: University Press.

Wigmore, John Henry (1937): *The Science of Proof: As Given by Logic, Psychology and General Experience and Illustrated in Judicial Trials* (3. Auflage). Boston: Little, Brown.

Wissensbestandskarten

Wissensbestandskarten stellen dar, welche Wissensbestände in welcher Form vorliegen und wer über sie qualifiziert Auskunft geben kann.

Diese Methode befindet sich daher im Semantischen Raum zwischen *Wissensträger*, *Wissensobjekte* und *Orte*.

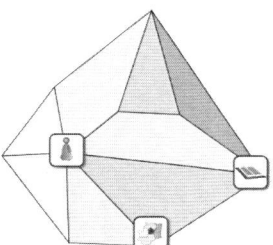

Die Methode

Wissensbestandskarten zeigen an, wo und wie bestimmte Wissensbestände gespeichert sind. Sie geben dem Benutzer wichtige Hinweise, in welcher Form das Wissen vorliegt (Aggregationszustand des Wissens). Der Benutzer kann damit entscheiden, wie er das vorliegende Wissen weiterverarbeiten kann.

Ziel und Nutzen

Ziel von Wissensbestandskarten ist, vorhandene Wissensbestände sichtbar zu machen und den Zugriff auf benötigtes Wissen zu erleichtern und zu beschleunigen.

Anwendung

Bei der Erstellung von Wissensbestandskarten beginnt man beim Kern-Geschäftsprozess. Für jeden seiner Teilprozesse werden die drei wichtigsten Wissensgebiete identifiziert. Anschließend erhebt man in den zugehörigen Organisationseinheiten die wichtigsten Wissensobjekte durch Befragung. Wissensobjekte können Dokumente jeder Art (Texte, Präsentationen, Bilder, Videos, etc.), Datenbanken und Papierdokumente sein. Diese Liste der relevanten Wissensobjekte wird um den Ort, wo sie zu finden sind, um die Person bzw. Personen, die qualifizierte Auskunft über dieses Wissensobjekt geben können, und um das Wissensgebiet, dem es zuzuordnen ist, ergänzt.

Die einfachste Darstellungsform für diese Auflistung ist eine Tabelle. Wenn größere Bestände von Wissensobjekten katalogisiert werden sollen, wird man sie besser in Datenbanken mit Such- und Visualisierungsmöglichkeiten ablegen. Die ständige Aktualisierung der Wissensbestandskarten muss sichergestellt werden, um den Nutzen der Wissensbestandskarten auf Dauer zu sichern.

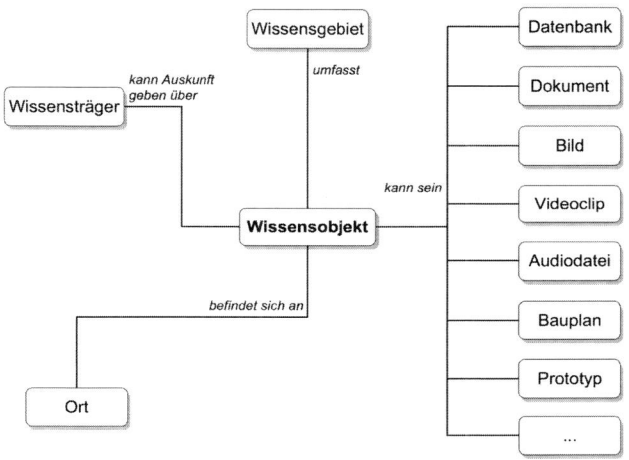

Abbildung 33: Struktur einer Wissensbestandskarte

Referenzen

Nohr, Holger (2000): *Wissen und Wissensprozesse visualisieren*. In: Nohr, Holger: Wissensmanagement: Wie Unternehmen ihre wichtigste Ressource erschliessen und teilen. Göttingen: BusinessVillage, S. 41-60.

Ott, Florian (2003): *Wissenslandkarten als Instrument des kollektiven Wissensmanagement*. Diplomarbeit an der Wirtschaftsuniversität Wien, Institut für Unternehmensführung. http://fhib5jg.factlink.net/fsDownload/ DA_Wissenslandkarten.pdf?forumid=286&v=1&id=166113, Abruf: 25.05.2010.

Preissler, Harald et al. (1997): *Haken, Helm und Seil: Erfahrungen mit Instrumenten des Wissensmanagements*. In: Organisationsentwicklung 2/97. http://www.enbiz.de/wmk/papers/public/HakenHelmSeil/ hakenhelmseil.html, Abruf: 25.05.2010.

Vail, Edmund F. (1999): *Mapping Organizational Knowledge*. In: Knowledge Management Review, Ausgabe 8, S. 10-15.

Wissensstrukturkarten

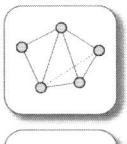

Wissensstrukturkarten zeigen Beziehungen zwischen Begriffen oder Sachverhalten. Mit ihrer Hilfe können Wissensträger komplexe Zusammenhänge sichtbar machen.

Daher befindet sich diese Methode im Semantischen Raum zwischen *Wissensträger*, *Beziehungen* und *Kategorien*.

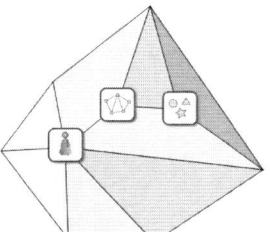

Die Methode

Wissensstrukturkarten visualisieren Zusammenhänge zwischen Begriffen oder Sachverhalten. Im ersteren Fall zeigt die Wissensstrukturkarte Kategorien mit Begriffsclustern eines oder mehrerer Wissensgebiete. Die Begriffe und Kategorien sind entsprechend ihrer semantischen Nähe zueinander in der Karte angeordnet (siehe Abbildung 35). In diesem Fall ist die Wissensstrukturkarte die Repräsentation einer Taxonomie der betreffenden Wissensgebiete.

Wenn in der Karte nicht Begriffshierarchien dargestellt werden, sondern wie Begriffe zueinander in Beziehung stehen, dann spricht man von einer Konzeptkarte oder einem semantischen Netz (siehe Abbildung 34). Grundlage dieser Art der Darstellung ist eine vorausgegangene Konzeptualisierung. Eine Konzeptualisierung ist der Versuch, ein Phänomen der realen Welt modellhaft darzustellen. Dabei darf nur der (für den Kontext) relevante Kern des Phänomens betrachtet werden. Für den Statiker ist es zB wichtig, wie viele Stockwerke ein Haus hat und auf welchem Untergrund es erbaut ist. Den Innenarchitekten interessiert mehr die Farbe der Wände, um die passenden Möbel und Vorhänge auswählen zu können.

Ziel und Nutzen

Ziel von Wissensstrukturkarten ist es, Wissen über bzw. in Wissensgebieten und komplexe Zusammenhänge durch Visualisierung leichter erfassbar zu machen. Sie erleichtern die Orientierung in komplexen Wissensgebieten und helfen beim Sichtbarmachen von Hintergrundwissen.

Anwendung

Wenn eine „Taxonomie-Karte" für ein Wissensgebiet erzeugt werden soll, werden von den Wissensträgern zunächst die Kernbegriffe identifiziert und dann in passenden Begriffsklassen zusammengefasst. Anschließend werden verwandte Begriffe den entsprechenden Klassen zugeordnet. Dieser Vorgang verläuft nicht rein sequentiell, sondern iterativ in mehreren Durchgängen je nach Komplexität des betreffenden Wissensgebiets. Es ist auch empfehlenswert, einen Moderator und ev. einen Linguistiker für die Modellierung einzusetzen.

Für den Modellierungsschritt zur Entwicklung von Konzeptkarten (= Explizierung von impliziten Konzepten) schlägt Polanyi folgende Drei-Schritt-Methode vor:

o   Es müssen Symbole gefunden werden, welche eine erste Repräsentation des Wissens ermöglichen (*Denotation*).

o   Diese Symbole müssen dann solange vom Wissensträger umorganisiert werden, bis dieser (und auch andere) gewisse Muster erkennen können (*Reorganisation*).

o   Diese Muster müssen anschließend interpretiert und kommentiert werden (*Interpretation*).

Dieses Schema wurde mittlerweile dahingehend vereinfacht, dass bei der Denotation als Symbole Rechtecke für die Begriffe verwendet werden und beschriftete Pfeile für die Darstellung der Zusammenhänge. Die Reorganisation beschränkt sich darauf, die Rechtecke und Pfeile grafisch übersichtlich auf der Karte anzuordnen. Ohne schriftliche oder (noch besser) mündliche Interpretation ist eine komplexe Konzeptkarte für andere nicht immer leicht nachzuvollziehen.

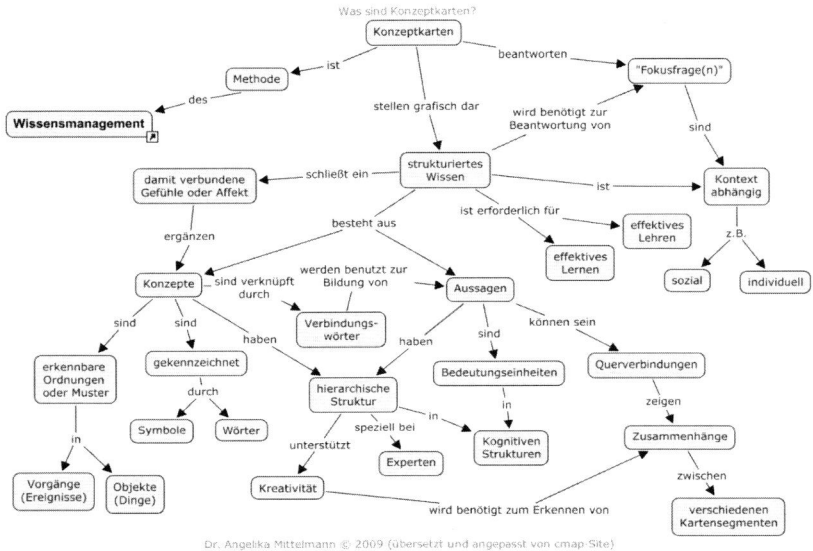

Abbildung 34: Konzeptkarte über „Was sind Konzeptkarten? "

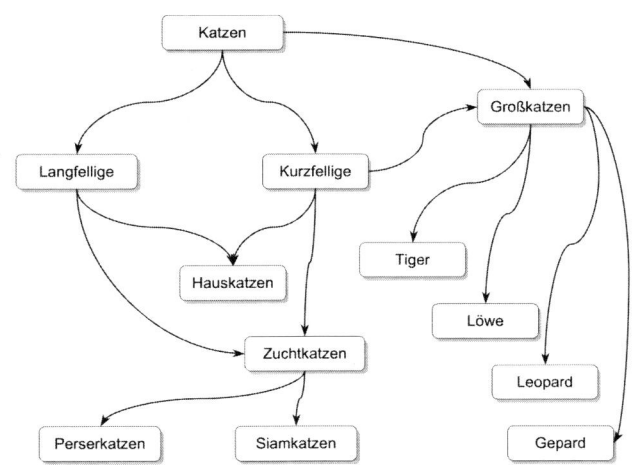

Abbildung 35: Ausschnitt aus einer Wissensstrukturkarte über „Katzen"

Referenzen

Eppler, Martin J. (1999): *Michael Polanyis post-kritische Philosophie und deren Konsequenzen für das Management von Wissen*. In: Mittelstrass, J. (Hrsg.): Die Zukunft des Wissens. Universitätsverlag Konstanz.

Jüngst, Karl Ludwig; Strittmatter, Peter (1995): *Wissensstrukturdarstellung: Theoretische Ansätze und praktische Relevanz*. In: Unterrichtswissenschaft, Zeitschrift für Lernforschung, Heft 3, Jg. 23, S. 194-207.

Mandl, Heinz; Fischer, Frank (Hrsg., 2000): *Wissen sichtbar machen. Wissensmanagement mit Mapping-Techniken*. Göttingen: Hogrefe.

Polanyi, Michael (1962): *Personal Knowledge. Towards a Post-Critical Philosophy*. Chicago, London: Chicago Press.

Ontologieentwicklung

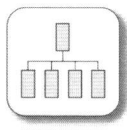
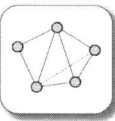

Die Ontologieentwicklung ist eine Methode, die der Formalisierung von semantischen Beziehungen zwischen Kategorien und Wissensgebieten dient.

Daher befindet sie sich im Semantischen Raum zwischen *Organisationen*, *Beziehungen*, *Wissensgebieten* und *Kategorien*.

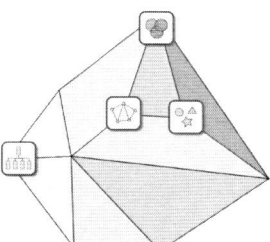

Die Methode

Während Wissensstrukturkarten (siehe Seite 192) Zusammenhänge zwischen Begriffen oder Sachverhalten visualisieren, beinhalten Ontologien die formale, explizite Spezifikation dieser Zusammenhänge in Form von standardisierten Begriffen, Beziehungen zwischen den Begriffen und Regeln über diese Beziehungen. Ontologien werden im Wissensmanagement benutzt, um Daten bzw. Informationen mit dessen Bedeutung (Semantik) anzureichern und für Computer auswertbar zu machen.

Typische Anwendungsgebiete (nach Biesalski) für Ontologien sind:

o Sprachverarbeitung und maschinelle Übersetzung

o Wissensverarbeitung (Knowledge Engineering)

o elektronischer Handel und elektronische Marktplätze

o Kataloge im Web

o Intelligente Suchmaschinen

o Digitale Bibliotheken

o Intelligente Benutzeroberflächen

o Geschäftsprozessmodellierung

Wissensstrukturen und -bestände

Das Entwickeln einer Ontologie ist ein kooperativer Prozess, in dem versucht wird, das Wissen von Experten eines Wissensgebiets zu formalisieren und mit Hilfe einer Repräsentationssprache in eine für Computer verarbeitbare Form zu bringen.

Ziel und Nutzen

Menschen fällt es leicht, Wissen im jeweiligen Kontext anzuwenden. Sie nutzen zB Nachschlagewerke und verbinden die Suchergebnisse mit ihrem Erfahrungshintergrund, um ein gegebenes Problem zu lösen. Unschärfen in den Begrifflichkeiten des betreffenden Wissensgebiets stellen sie dabei selten vor ein größeres Problem. Computer benötigen, um Ähnliches leisten zu können, eine entsprechend formalisierte Repräsentation des Wissensgebiets in Form einer Ontologie. Bei der Analyse sehr komplexer Konzepte sind sie den Menschen durch ihre Fähigkeit, große Datenmengen in kurzer Zeit zu verarbeiten, überlegen. Sie können ihm nun helfen Zusammenhänge aufzudecken, die ohne Computerunterstützung unentdeckt geblieben wären.

Die Entwicklung einer Ontologie ergibt ein Grundset von allgemeinen möglichst widerspruchsfrei formalisierten Konzepten, die die Wiederverwendung dieses Wissens erleichtert. Beispielsweise könnte das Konzept Energie mit allen relevanten physikalischen Details von anderen Ontologieentwicklern im physikalischen Kontext wiederverwendet werden. Dadurch können Entwicklungskosten eingespart werden. Im Rahmen des Entwicklungsprozesses werden nicht nur die Begriffe und ihre vielfältigen Beziehungen untereinander geklärt, sondern auch implizite Prämissen und Regeln explizit gemacht, was zur Externalisierung von Wissen beiträgt. Die Experten werden sich der Regeln in ihrem Wissensgebiet bewusst und können diese anderen besser erklären.

Anwendung

Für die Entwicklung einer Ontologie ist es ratsam, ein Projektteam aus professionellen Ontologieentwicklern, Wissensingenieuren und Experten aus dem betreffenden Wissensgebiet zusammenzustellen. Der Entwicklungsprozess durchläuft die folgenden Phasen:

1. Anforderungsspezifizierung

In dieser Phase erarbeitet das Projektteam unter Einbeziehung des Projektauftraggebers die Anforderungen an die zukünftige Ontologie. Dies geschieht meist in Form von Workshops. Das Ergebnis ist eine Ontologie-Anforderungsspezifikation, die das Wissensgebiet, die Zielsetzung, relevante Wissensquellen, potenzielle Benutzer und Anwendungsszenarien enthält. Da bereits existierende Ontologien eine große Arbeitserleichterung für den Entwicklungsprozess darstellen, versuchen die Ontologieentwickler bereits in dieser frühen Phase wieder verwendbare Ontologien für den Anwendungsfall zu identifizieren. Sie recherchieren dazu in freien Ontologie-Bibliotheken.

2. Wissensakquisition

Die Wissensingenieure interviewen in dieser Phase die Wissensträger, für die die Ontologie entwickelt werden soll. Sie erheben, welche typischen Fragen zur Unterstützung der Aufgabenstellungen im betreffenden Wissensgebiet beantwortet werden sollen. Diese werden in den sog. Kompetenzfragebogen eingetragen, der neben den Kompetenzfragen die daraus abgeleiteten Begriffe und die Beziehungen zwischen diesen Begriffen enthält. Dabei erfolgt auch die Klärung der Bedeutung ähnlicher Begriffe (zB ist ein Geschäftsfeld das Gleiche wie ein Unternehmensbereich bzw. was sind die Unterschiede).

3. Konzeptualisierung

In dieser Verfeinerungsphase werden die so gesammelten Konzepte in eine taxonomische Hierarchie gebracht. Auf dieser Grundlage fügen die Wissensträger weitere Begriffe, relevante Eigenschaften der Begriffe, Beziehungen zwischen den Begriffen sowie Inferenz- und Integritätsregeln ein, um die Ontologie zu vervollständigen. Am Ende dieser Phase liegt die Ontologie in Form einer Wissensstrukturkarte (siehe Seite 192) angereichert mit den Inferenz- und Integritätsregeln oder in Textform vor.

4. Implementierung

Die Ontologieentwickler formalisieren die Ontologie mit Hilfe einer Repräsentationssprache. Identifizierte wieder verwendbare Teil-Ontologien werden dabei integriert. Den Abschluss dieser Phase bildet das Verknüpfen der Konzepte mit konkreten Instanzen. Das Ergebnis ist eine Datenbank, die durch die Ontologie auch die semantische Ebene der Daten enthält (zB das Konzept *Person* [Vorname, Nachname, Geschlecht, Geburtsjahr, etc.] wird verknüpft mit konkreten Personenangaben wie „Maria", „Musterfrau", „weiblich", „1980", etc. entsprechend der Ontologie).

5. Evaluierung

In der Evaluierungsphase testen und verfeinern die Wissensträger gemeinsam mit den Wissensingenieuren die Ontologie durch Prüfen der Antworten auf die ursprünglich in der Anforderungsspezifikation gestellten Kompetenzfragen. Alle Anwendungsszenarien werden durchgespielt und auf Qualität und Plausibilität geprüft. Ggfs. ergänzen die Ontologieentwickler fehlende Details oder beseitigen Inkonsistenzen.

Referenzen

Angele, Jürgen; Schnurr, Hans-Peter; Staub, Steffen Studer, Rudi (2000): *The Times They are A-Changin' - The Corporate History Analyzer.* In: Reimer, U.: Proceedings of the Third International Conference on Practical Aspects of Knowledge Management (PAKM2000), Basel, Oktober 2000. http://www.uni-koblenz.de/~staab/Research/Publications/ PAKM00Angeleetal.pdf, Abruf: 31.10.2010.

Biesalski, Ernst (2006): *Unterstützung der Personalentwicklung mit ontologiebasiertem Kompetenzmanagement.* Dissertation, Universität Karlsruhe. http://digbib.ubka.uni-karlsruhe.de/volltexte/1000004813, Abruf: 4.5.2009.

Gruber, Thomas R. (1993): *Toward Principles for the Design of Ontologies Used for Knowledge Sharing.* http://www-ksl.stanford.edu/ knowledge-sharing/papers/onto-design.rtf, Abruf: 11.3.2011.

Noy, Natalya F.; McGuinness Deborah L. (2001): *Ontology Development 101: A Guide to Creating Your First Ontology.* http://protege.stanford.edu/publications/ ontology_development/ ontology101-noy-mcguinness.html, Abruf: 10.3.2011.

Voß, Jakob (2003): *Modellierung von Ontologien.* http://www.dbis.informatik.hu-berlin.de/dbisold/lehre/WS0203/SemWeb/ artikel/9/Voss_ontologien-modellieren2003.pdf, Abruf: 14.03.2011.

Werkzeuge im Kapitel 5

Wissensanwendungskarten
Beschreibungsmethode für Problemlösungen oder Vorgehensweisen

Job Rotation
Wissenserweiterungsmethode für Mitarbeiter in Geschäftsprozessen

Planspiel
Wissenserweiterungsmethode für komplexe Situationen

Szenariotechnik
Wissenserweiterungsmethode für mögliche zukünftige Situationen

Critical Incident Technik
Interviewmethode um relevante Erfahrungen bzw. Verhaltensweisen in positiven wie negativen Extremsituationen zu Tage zu fördern

Wissensorientierte Geschäftsprozessanalyse
Analysemethode, die neben Aktivitäten, Akteure und Ressourcen erforderliche Wissensobjekte und -träger untersucht

Partisanen Methode
Einführungsmethode für Wissensmanagement, die an einer bestimmten Stelle in der Organisation ansetzt

K2BE Roadmap
Strategiegeleitete, ganzheitliche Einführungsmethode für Wissensmanagement

quICK win Produktivitätsanalyse
Methode für die Standortbestimmung und Identifikation von Möglichkeiten zur Steigerung der Wissensproduktivität

Wissensmanagement Benchmarking
Methode für den Vergleich von Wissensmanagement-Systemen unterschiedlicher Organisationen bzw. Organisationseinheiten

Balanced Scorecard
Managementwerkzeug für die wissensorientierte Steuerung von Unternehmen

Wissensbilanz
Methode mit deren Hilfe Investitionen in intellektuelles Kapital erfasst, bewertet, kommuniziert und gesteuert werden können

5 Prozesse mit Wissensorientierung

Prozesse, Organisationen & Co

In diesem Kapitel geht es um Methoden, die im unmittelbaren Zusammenhang mit (Geschäfts-)Prozessen stehen. Sie dienen der Wissensprozessoptimierung, Wissenserweiterung und Kompetenzmessung sowie der Einführung von Wissensmanagement. Im Semantischen Raum bewegen wir uns rund um die Entitäten *Prozesse* und *Organisationen* in enger Verbindung mit der Entität *Wissensträger*, ohne die es keine Organisation gäbe.

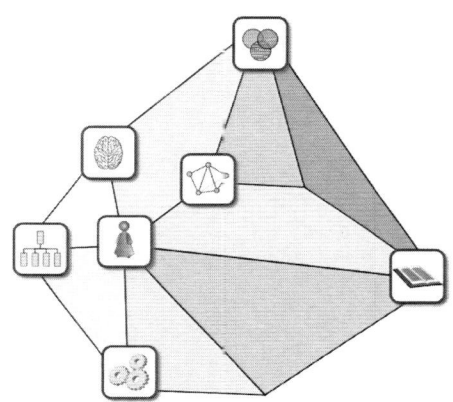

Von Wissensträgern analysierte, gestaltete und ausgeführte (Geschäfts)Prozesse erweitern die Wissensbasis einer Organisation in strategisch relevanten *Wissensgebieten* zB in Form von *Wissensobjekten* und die *Kompetenzen*. Die Wissensträger führen Wissensmanagement ein und steuern den Ausbau des Human-, Struktur- und *Beziehung*skapitals, also des intellektuellen Kapitals eines Unternehmens.

Die Tour in diesem Gebiet des Semantischen Raums beginnt mit einer Beschreibungsmethode für Vorgehensweisen (Wissensanwendungskarten). Sie führt weiter über einige prozessbezogene Wissenserweiterungsmethoden (Job Rotation, Planspiel, Szenariotechnik) zu einer Interviewmethode zum Lernen aus Extremsituationen (Critical Incident Technik) und einer Prozessanalysemethode (Wissensorientierte Geschäftsprozessanalyse). Jeweils zwei Methoden sind der Einführung von Wissensmanagement (Partisanen Methode, K2BE Roadmap) bzw. der Bewertung und Steuerung des intellektuellen Kapitals gewidmet. Eine Vergleichsmethode für Wissensmanagement-Systeme (Wissensmanagement Benchmarking) rundet diese Tour ab.

Diese Methodenauswahl kann genutzt werden, um den Weg einer Organisation in Richtung organisationales Lernen zu begleiten.

Wissensanwendungskarten

Wissensanwendungskarten enthalten Beschreibungern für Vorgehensweisen oder Problemlösungen, die Wissensträger zur Verfügung stellen.

Diese Methode befindet sich daher im Semantischen Raum zwischen *Wissensträger*, *Prozesse* und *Wissensobjekte*.

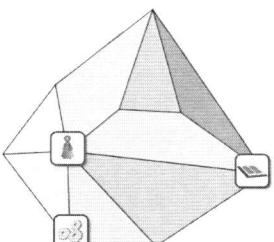

Die Methode

Wissensanwendungskarten (auch: Integrationskarten) enthalten Informationen zu einem Wissensgebiet in möglichst komprimierter Form. Sie beschreiben Problemlösungen oder Vorgehensweisen innerhalb konkreter Prozesse oder Projektphasen und verknüpfen sie mit den zugehörigen Wissensträgern.

Ziel und Nutzen

Ziel von Wissensanwendungskarten ist es, strategisch relevante Wissensgebiete möglichst kompakt, aber auch so umfassend wie nötig zu dokumentieren, um kein erfolgsrelevantes Wissen beim Abgang von Schlüsselpersonen zu verlieren.

Anwendung

Bei der Erstellung von Wissensanwendungskarten beginnt der Wissensträger bei der Zerlegung des jeweiligen Wissensgebiets in „verdaubare" Einheiten. Anschließend beschreibt er diese Informationseinheiten in einer passenden Struktur (zB was, warum, wie, Beispiele, etc.) und verknüpft sie mit anderen Karten (zB Wissensstrukturkarten), wenn erforderlich.

Beispiel

Die vorliegende Methodensammlung ist ein Beispiel für eine Wissensanwendungskarte. Sie ist mit den Wissensträgern (= Autoren der referenzierten Publikationen) verbunden. Außerdem kann man mit Hilfe des Stich-

Prozesse mit Wissensorientierung

wort- und Inhaltsverzeichnisses sowie unter Verwendung des Semantischen Raums des Wissensmanagements (siehe Seite 7) in der Karte navigieren.

Referenzen

Eppler, Martin J. (2001). *Making Knowledge Visible Through Intranet Knowledge Maps: Concepts, Elements, Cases.* http://csdl.computer.org/ comp/proceedings/hicss/2001/ 0981/04/09814030.pdf, Abruf: 28.06.2010.

Kraemer, Susanne (2006): *Wissenslandkarten im Wissensmanagement.* http://server02.is.uni-sb.de/seminare/wima/dl_relour ch_06_04_12/ Wissenslandkarten.pdf, Abruf: 10.9.2010.

Ott, Florian (2003): *Wissenslandkarten als Instrument des kollektiven Wissensmanagement.* Diplomarbeit an der Wirtschaftsuriversität Wien, Institut für Unternehmensführung, http://fhib5jg.factlink.net/fsDownload/ DA_Wissenslandkarten.pdf?forumid=286&v=1&id=166113, Abruf: 25.05.2010.

Job Rotation

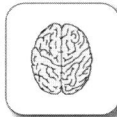

Job Rotation fördert die Kompetenzerweiterung von Wissensträgern durch den systematischen Arbeitsplatzwechsel im Rahmen eines oder mehrerer Geschäftsprozesse.

Daher befindet sich diese Methode im Semantischen Raum zwischen *Wissensträger*, *Prozesse* und *Kompetenzen*.

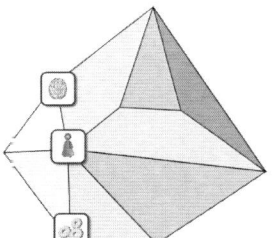

Die Methode

Unter Job Rotation versteht man den systematischen Arbeitsplatzwechsel, bei dem Mitarbeiter gleiche oder unterschiedliche Aufgabenbereiche in einer anderen Organisationseinheit eines Unternehmens übernehmen. Job Rotation liegt nicht vor, wenn das Aufgabengebiet wechselt, nicht aber die Arbeitsstelle, wenn der Wechsel im Zuge von Restrukturierungsmaßnahmen erfolgt oder wenn „unliebsame" Mitarbeiter „abgeschoben" werden.

Ziel und Nutzen

Ziel dieser Methode ist die horizontale Wissenserweiterung im unmittelbaren Arbeitsbereich des Mitarbeiters. Durch den Wechsel des Arbeitsplatzes und damit des Arbeitsbereiches lernt der Mitarbeiter vor- und nachgelagerte Teilprozesse seines Arbeitsbereiches besser kennen und verstehen. Erfolgt dieser Wechsel systematisch, entsteht bei ihm nach und nach ein gesamtheitliches Bild über den gesamten Geschäftsprozess, was das ganzheitliche Denken besonders fördert. Die Erfahrungen, die durch den regelmäßigen Arbeitsplatzwechsel gesammelt werden, können mit anderen Mitarbeitern ausgetauscht werden. Innerhalb einer Arbeitsgruppe oder Abteilung entsteht auf diese Weise eine breitere Wissensbasis.

Anwendung

In regelmäßigen Abständen erfolgt ein Wechsel des Arbeitsplatzes im Arbeitsumfeld des Mitarbeiters. Mit dem neuen Arbeitsplatz erhält der Mitarbeiter neue Aufgaben, Kompetenzen, Zuständigkeiten und Verantwortungsbereiche. Job Rotation wird für einen bestimmten Zeitraum vereinbart, nach dessen Ablauf der Mitarbeiter wieder an seinen Stammarbeitsplatz zurückkehrt. Die Verweildauer sollte je nach Komplexität des Arbeitsgebietes zwischen einem dreiviertel Jahr und drei Jahren liegen.

Wird Job Rotation im Rahmen eines Trainee-Programms angewandt, dann bleibt der Mitarbeiter nach dessen Beendigung an einem von ihm durchlaufenen Arbeitsplatz, der für ihn am besten passt. Die Verweildauer an einem Arbeitsplatz sollte in diesem Fall ein bis maximal drei Monate betragen.

Referenzen

Bartscher, Thomas: *Stichwort: Jobrotation*. In: Gabler Wirtschaftslexikon, Gabler Verlag (Hrsg.), http://wirtschaftslexikon.gabler.de/Archiv/57351/jobrotation-v7.html, Abruf: 30.11.2010.

Winzenried, Eva (2005): *Job Rotation*. Lizentiatsarbeit, Universität Bern.

Planspiel

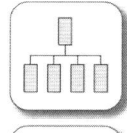

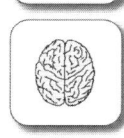

Ein Planspiel ermöglicht das risikofreie Durchspielen von Handlungsoptionen, was den Teilnehmern Erfahrungswissen beschert.

Diese Methode ist daher im Semantischen Raum zwischen *Organisationen, Prozesse* und *Kompetenzen* zu finden.

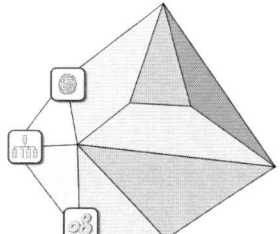

Die Methode

Unter Planspiel versteht man das Durchspielen von Szenarios, die ein vereinfachtes Abbild einer ausgewählten realen oder fiktiven Situation darstellen, um mögliche Auswirkungen und Konsequenzen von Handlungsalternativen zu erkennen. Ein Planspiel verläuft meist in mehreren Runden, wobei sich die Ausgangslage jeder Folgerunde aus den Ergebnissen der Vorrunde durch Anwendung der Planspielregeln ergibt.

Der Begriff "Planspiel" leitet sich von der ursprünglichen Form der Planspiele ab, die auf einem Plan durchgeführt wurden. Der Plan stellte eine Stadt oder eine militärische Situation dar. Für Planspiel wird oft der Begriff „Simulationsspiel" synonym verwendet. Dieser Begriff lehnt sich an den englischen Begriff "Simulation Game" an.

Ziel und Nutzen

Durch das spielerische Experimentieren in komplexen Situationen erfahren die Teilnehmer am eigenen Leib, welche Auswirkungen ihre eigenen und die Verhaltensweisen der Mitspieler haben. Sie gewinnen nicht nur Fachwissen, sondern auch Erfahrungswissen, das sich in der Realität unmittelbar umsetzen lässt.

Anwendung

Ein Planspiel verläuft üblicherweise in den folgenden vier Phasen:

1. Informationssammlung:

In dieser Phase werden alle vorhandenen Informationen über die Ausgangslage des Szenarios gesammelt und analysiert. Wichtig ist dabei, dass jeder Teilnehmer die dargestellte Situation verstanden hat und die Rahmenbedingungen kennt.

2. Interessensgruppenanalyse:

Die Rollen, Aufgaben und Funktionen aller Interessensgruppen im Szenario werden analysiert. Jeder Teilnehmer wählt eine Interessensgruppe und entwickelt mögliche Vorgehensstrategien für diese Interessensgruppe.

3. Spielrunde:

Zu Beginn dieser Phase ist der entscheidende Moment, in dem die Teilnehmer die Planungsebene verlassen und unmittelbar in die Handlungsebene gehen. Die Interessensgruppen kommen zusammen und spielen ihre vorbereiteten Strategien durch. Spontane situationsbedingte Strategieanpassungen sind dabei nicht nur erlaubt, sondern erwünscht.

4. Transferphase:

Hier werden die Erlebnisse in der Spielrunde reflektiert und die unmittelbaren Erfahrungen und Erkenntnisse ausgewertet. Während dieser Reflexionsarbeit entwickeln die Teilnehmer ihre Erfahrungen aus dem Planspiel zu praxiswirksamem Handlungswissen weiter. Zentrale Bedeutung erhält das Erkennen von Fehlern als Lernchance. Das Erleben, dass angewandte Verhaltensweisen nicht den gewünschten Erfolg bringen, kann auch eine erhöhte Offenheit gegenüber Handlungsalternativen bewirken. Den Abschluss in dieser Phase bildet die Diskussion über die Übertragbarkeit auf die Realität.

Beispiel

Als einfaches Beispiel für ein Planspiel dient eine Variante (Fietkau/Trénel, 1999) des bekannten Spiels „Gewinnt, soviel ihr könnt". Dieses Planspiel deckt Entscheidungsprozesse zwischen Teilgruppen auf. Die Teilnehmergruppe wird in vier Teilgruppen getrennt. Danach wird ihnen die Spielanleitung schriftlich und mündlich näher gebracht.

Rahmengeschichte:

Sie wurden von Ihrem Unternehmen nach Heringsland geschickt, einem Staat in der Nähe des Polarkreises. Sie haben dort an einem gemeinsamen Projekt gearbeitet. Ihre Arbeit wurde erfolgreich beendet, zum Abschluss gibt Ihnen das gastfreundliche Heringsländer Volk ein großes Fest, dessen

Höhepunkt ein Spiel mit dressierten Heringen ist. Dieses Spiel ist eine Heringsländer Spezialität. Sie sind eingeladen, sich daran zu versuchen.

Spielanleitung:

In einem großen Teich schwimmen 4 Boote und sehr viele Heringe. Um jedes Boot haben sich bereits 10 Heringe versammelt. Sie sollen sich auf die 4 Boote verteilen und versuchen, weitere Heringe anzulocken. Dieses Locken geschieht durch Füttern mit Schnecken oder mit Muscheln. Die Heringe reagieren aufgrund ihrer Dressur ganz berechenbar darauf:

Wenn	Dann
alle Schnecken streuen	kommt zu jedem Boot 1 Hering dazu
1 Boot Schnecken streut, 3 Boote Muscheln	verlassen hier 3 Heringe das Boot, und hier kommt zu jedem 1 Hering dazu
2 Boote Schnecken streuen, 2 Boote Muscheln	verlassen hier je 2 Heringe die zwei Boote, und hier kommen je 2 Heringe dazu
3 Boote Schnecken streuen, 1 Boot Muscheln	verlässt hier je 1 Hering jedes der 3 Boote, und hier kommen 3 Heringe dazu
alle Muscheln streuen	verschwindet von jedem Boot 1 Hering

Dieses Spiel geht über maximal 10 Runden, in jeder Runde entscheidet jede Bootsbesatzung neu, ob sie Schnecken oder Muscheln streut. Sobald eine Teilgruppe einen negativen Heringssaldo bekäme, wird das Spiel abgebrochen.

1. Informationssammlung:

Die Teilnehmer machen sich mit der Spielanleitung vertraut. Sie diskutieren Entscheidungsalternativen und bereiten sich auf die erste Entscheidungsrunde vor.

2. Interessensgruppenanalyse:

Da es nur eine Interessensgruppe, die Bootsbesatzungen, gibt, entfällt diese Phase.

3. Spielrunde:

Die Teilgruppen geben ihre Entscheidung für die jeweilige Runde bekannt. Da die Spielanleitung offen lässt, ob mit „Gewinnt, soviel ihr könnt" die Teilgruppe oder die Gesamtgruppe gemeint ist, entwickeln die Teilgruppen unterschiedliche Strategien je nach ihrer Einschätzung der Gesamtsituation. Die Spielanleitung verbietet nicht die Abstimmung zwischen den Teilgruppen. Es bleibt den Teilgruppen überlassen, ob sie von dieser Möglichkeit Gebrauch machen oder nicht. Das Spiel kommt dadurch sehr in die Nähe realer Entscheidungsprozesse in Unternehmen.

4. Transferphase:

In dieser Phase wird der Spielverlauf reflektiert. Es wird untersucht, was für das Erreichen des Gesamtoptimums förderlich oder hinderlich war. Es wird offensichtlich, dass das Gesamtoptimum nur erreicht werden kann, wenn kooperatives Entscheidungsverhalten an den Tag gelegt wird. Diese Erkenntnis lässt sich durch diese unmittelbare Erfahrung im Spiel in der Realität einfacher umsetzen.

Referenzen

Capaul, Roman; Ulrich, Markus (2010): *Planspiele: Simulationsspiele für Unterricht und Training.* 2. Auflage, Altstätten: Tobler.

Fietkau, Hans-Joachim; Trénel Matthias (1999): *Gewinnt soviel Ihr könnt! Entscheidungsverhalten in Intergruppenkonflikten – Eine experimentelle Untersuchung von Entrapment-Strategien.* Discussion Paper FS II 99 - 301, Wissenschaftszentrum Berlin für Sozialforschung. http://bibliothek.wz-berlin.de/pdf/1999/ii99-301.pdf, Abruf: 05.12.2010.

Klippert, Heinz (2008): *Planspiele.* 5. Auflage, Weinheim/Basel: Beltz.

Mittelmann, Angelika et al. (2000): *Geschäftsprozesse mit menschlichem Antlitz: Methoden des Organisationalen Lernens anwenden.* Band 1 der Schriftenreihe Wissens- und Prozessmanagement hrsg. von Gappmaier, M. und Heinrich, L. J., 2. Auflage, Linz: Trauner Universitätsverlag.

Szenariotechnik

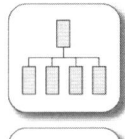

Die Szenariotechnik ermöglicht einen systematisierten „Blick in die Zukunft" und liefert als Ergebnis wahrscheinliche Zukunftsszenarien.

Daher befindet sich diese Methode im Semantischen Raum zwischen *Organisationen, Wissensgebiete* und *Wissensobjekte.*

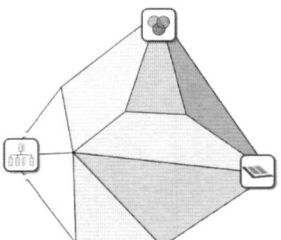

Die Methode

Die Szenariotechnik ist eine Methode, mit deren Hilfe isolierte Vorstellungen über positive und negative Veränderungen einzelner Entwicklungsfaktoren in der Zukunft zu umfassenden Modellen zusammengefasst und dadurch kommunizierbar werden. Sie enthält sowohl kreative als auch analytische Elemente und berücksichtigt allgemeine Zukunftstrends.

Ziel und Nutzen

Die Szenariotechnik ermöglicht das Erarbeiten von realistischen Entwicklungsmöglichkeiten in fernerer Zukunft und bei relativ großer Unsicherheit in Abhängigkeit von bestimmten Rahmenbedingungen. Die Methode bewährt sich besonders dort, wo quantitative Prognosemethoden versagen und die Unsicherheiten für Simulationen zu groß sind.

Anwendung

Die Szenariotechnik läuft üblicherweise in den folgenden fünf Phasen ab:

Phase 1: Szenario-Vorbereitung

In dieser Phase wird das Problem- oder Gestaltungsfeld definiert, für das Szenarien entwickelt werden sollen. Problemfelder können unbefriedigende Zustände sein, die dringend einer Lösung bedürfen und für die es kontroverse Lösungsansätze gibt (zB Individualverkehr im innerstädtischen Bereich). Ein Gestaltungsfeld im Organisationskontext kann eine Branche (zB Automobil-Branche), ein Unternehmen oder ein Geschäftsfeld (zB Motorenentwicklung für PKWs) sein.

Phase 2: Szenariofeld-Analyse

Der in der vorangegangenen Phase ausgewählte Untersuchungsgegenstand ist in ein komplexes System von relevanten Umwelten eingebettet, die zusammengenommen das Szenariofeld beschreiben. Das Szenariofeld wird nun in geeignete Einflussbereiche zerlegt und die zugehörigen Einflussfaktoren, die unmittelbar auf den Untersuchungsgegenstand wirken, identifiziert. Mit Hilfe der Einfluss- und Relevanzanalyse werden jene Einflussfaktoren ausgewählt, die die Zukunft des Untersuchungsgegenstands besonders stark prägen. Meist sind das in etwa zwanzig sog. Schlüsselfaktoren. Ergänzend kann je Schlüsselfaktor (zB Autoverkehr) zumindest eine quantitative (zB Anzahl der PKW pro 1000 Einwohner - Autodichte) oder qualitative Kenngröße (= Deskriptor, zB Einstellung der Bevölkerung zum Auto - positiv, negativ, neutral) gesucht werden. Zur Ergebnisdarstellung bietet sich eine Matrix an, die nach Einflussbereiche strukturiert jeweils die Schlüsselfaktoren mit ihren Deskriptoren enthält. Je umfassender die Schlüsselfaktoren analysiert werden, desto einfacher gestaltet sich die Weiterarbeit in der nächsten Phase.

Phase 3: Szenario-Prognostik

In dieser Phase entstehen die „Zukunftsbilder". Als Zeithorizont sollte dafür zumindest ein Jahrzehnt gewählt werden. Für jeden Schlüsselfaktor werden mehrere alternative Zukunftsprojektionen entworfen (siehe Abbildung 36), die sich deutlich voneinander unterscheiden. Sinnvollerweise erarbeitet man sowohl aus heutiger Sicht plausible als auch extreme (positive und negative), aber vorstellbare Zukunftsentwicklungen. Auf die Erarbeitung dieser Zukunftsbilder sollte große Sorgfalt gelegt werden, weil sie die Bausteine für die Entwicklung der Szenarien in der nächsten Phase bilden. Der Einsatz einer Wirkungsmatrix als Kommunikationshilfsmittel kann hier hilfreich sein. In den Zeilen der Wirkungsmatrix wird eingetragen, wie groß der Einfluss des Faktors x auf den Faktor y ist (zB 2=groß, 1=klein, 0=kein). Die Ergebnisse in dieser Matrix sind weniger von Belang. Wichtig ist der Kommunikationsprozess, der zu diesen Einschätzungen führt. Das Ergebnis dieser Phase bilden die allgemein verständlichen und prägnanten Beschreibungen der Zukunftsprojektionen, die auch mit einem Bild verdeutlicht werden sollen. Diese Bilder dienen später der Visualisierung der Szenarien.

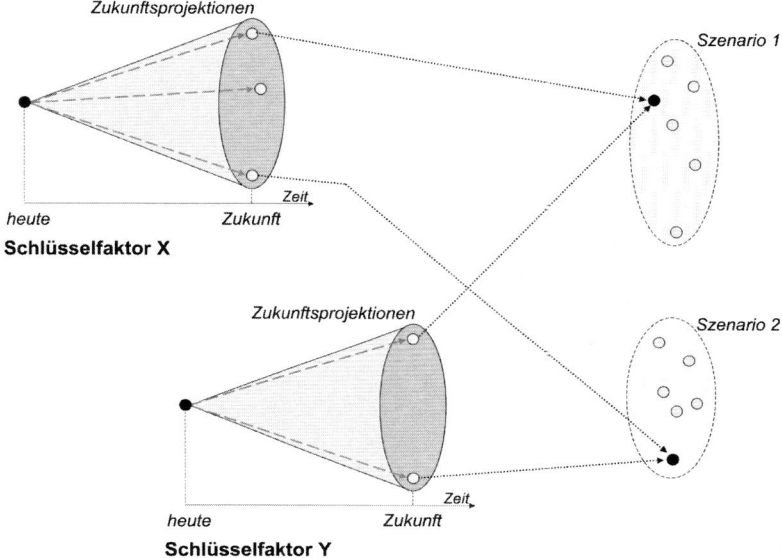

Abbildung 36: Von Zukunftsprojektionen zu Szenarien

Phase 4: Szenario-Bildung

Diese Phase kann als Höhepunkt der Szenariotechnik angesehen werden, da jetzt aus den Analyseergebnissen aussagekräftige und in sich schlüssige Szenarien erstellt werden. Dazu werden die Zukunftsprojektionen paarweise einer Konsistenzprüfung unterzogen. Schlüssige Kombinationen von Zukunftsprojektionen werden so zu einem Projektionsbündel zusammengefasst, sodass in jedem Bündel von jedem Schlüsselfaktor genau eine Projektion enthalten ist (siehe Abbildung 36). Einander ähnliche Bündel werden mit Hilfe einer Clusteranalyse zusammengefasst. Aus diesem Vorgang entstehen Cluster von Zukunftsprojektionen, die gut zusammenpassen. Sie sind die Rohszenarien, für die nun Beschreibungen erstellt werden. Dabei greift man auf Textausschnitte der zugehörigen Zukunftsprojektionen zurück. Der Szenarioautor hat dabei die Aufgabe, diese Textstellen in eine logische Reihenfolge zu bringen. Es bietet sich an, beim Aufbau der Beschreibung vom Globalen zum Detail zu gehen. Schlussendlich entstehen stimmige Situationsbeschreibungen möglicher zukünftiger Entwicklungen, die auch die Extremszenarien (bestmögliches, schlechtestmögliches) einschließen.

Phase 5: Szenario-Transfer

Szenarien dienen üblicherweise Entscheidungsprozessen, wie in dem betrachteten Problem- oder Gestaltungsfeld weiter vorgegangen werden soll. Dazu werden die Folgen der erarbeiteten Szenarien für einzelne Handlungsfelder systematisch untersucht und Handlungsoptionen daraus abgeleitet. Entscheidungsträgern werden damit fundierte Entscheidungshilfen zur Verfügung gestellt.

Bei der Anwendung der Szenariotechnik entsteht viel Information über das untersuchte Problem- oder Gestaltungsfeld, das durch die textuellen Beschreibungen und visuellen Ergänzungen noch angereichert wird. Dieses Wissen sollte gesichert werden, um im Bedarfsfall wiederverwendet werden zu können.

Referenzen

Gausemeier, Jürgen; Stoll, Karsten; Wenzelmann, Christoph (2007): *Szenario-Technik und Wissensmanagement in der strategischen Planung*. In: Gausemeier, Jürgen (Hrsg.): Vorausschau und Technologieplanung. 3. Symposium für Vorausschau und Technologieplanung Heinz Nixdorf Institut, HNI-Verlagsschriftenreihe, Paderborn, Band 219, Gütersloh, 29. - 30. Nov. 2007. http://www.innovations-wissen.de/fileadmin/spp_downloads/Presseartikel/Szenario-Technik_WiMa_in_der_StP_klein.pdf, Abruf: 23.11.2010.

Scholles, Frank (2006): *Planungsmethoden: Szenariotechnik*. http://www.laum.uni- hannover.de/ilr/lehre/Ptm/Ptm_Szenario.htm, Stand: 12.05.2006, Abruf: 20.11.2010.

Weinbrenner, Peter (2002): *Szenariotechnik*. http://www.sowi-online.de/methoden/dokumente/szenariotechnik.htm, Stand: 12.04.2002, Abruf: 09.09.2010.

Critical Incident Technik

Die Critical Incident Technik fördert besonders effiziente oder ineffiziente Verhaltens- bzw. Vorgehensweisen in Bezug auf bestimmte Arbeitsschritte zu Tage.

Im Semantischen Raum befindet sich daher diese Methode zwischen *Wissensträger*, *Prozesse* und *Wissensgebiete*.

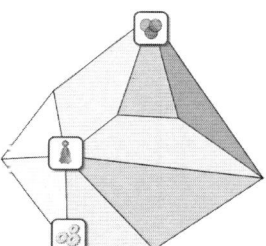

Die Methode

Die Critical Incident Technik (CIT) ist eine Interview- und Beobachtungsmethode („Technik"), die sich auf vergangene Vorfälle bzw. Ereignisse („incidents") bezieht. Sie fördert Schilderungen relevanter Erfahrungen bzw. Verhaltensweisen in positiven wie negativen Extremsituationen („critical") zu Tage. Bei der Befragung zu konkreten Verhaltensweisen steht entweder die auslösende Situation im Mittelpunkt (zB „Welche Jobanforderungen an die Maschinenbediener führen zu Betriebsfehlern?") oder die Fähigkeit, Rolle oder Eignung der Person („Welche besonderen Fähigkeiten sind notwendig, um die kritische Situation zu meistern?"). Die Methode basiert auf der berechtigten Annahme, dass Erinnerungen am verlässlichsten und detailliertesten für Situationen behalten und wiedergegeben werden können, die vom Normalfall deutlich abweichen.

Für die Untersuchung kritischer Ereignisse sind zwei Dimensionen zu berücksichtigen: der Situationskontext und der zeitliche Verlauf. Der Situationskontext umfasst alle Kriterien, die den externen Kontext der Situation (zB Ort, Zeitpunkt), den inneren Zustand der beteiligten Personen (= internaler Kontext wie zB Gefühlslage, physischer Zustand) und den Kontext des Ereignisses selbst beschreiben. Die zeitliche Dimension betrachtet das kritische Ereignis von der Ausgangssituation inkl. Auslöser (*Vorgeschichte*) über die Aktivität selbst bis zum Ergebnis (*Zukunft*), das sich in Erfolg oder Misserfolg ausdrückt (siehe Abbildung 37).

Ursprünglich wurde die Methode in den 40er und 50er Jahren des 20. Jahrhunderts in der Flugpsychologie entwickelt, um die Personalauswahl und -entwicklung von Piloten zu verbessern. Dazu wurden erfahrene Piloten nach ihren psychischen Zuständen und Verhaltensweisen in kritischen Flug-situationen befragt.

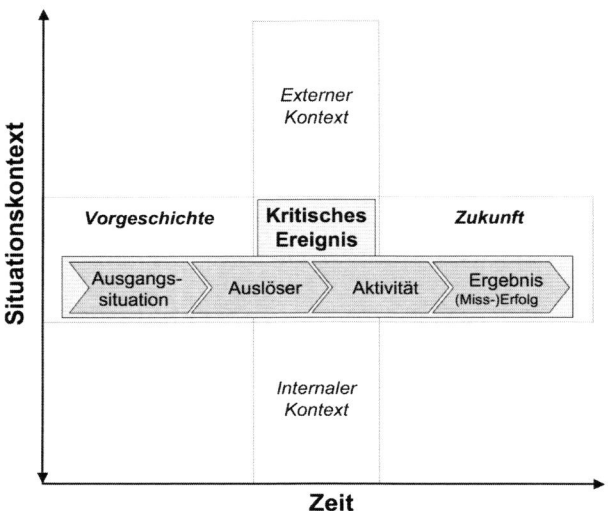

Abbildung 37: Modell der kritischen Ereignisse

Daraus zog man einerseits Rückschlüsse auf erwünschte Fähigkeiten und andererseits auf Trainingsbedarfe. Die Idee wurde im Rahmen einer Serie von Studien zur Entwicklung von kritischen Jobanforderungen weiterentwi-ckelt und von John C. Flanagan 1954 erstmals veröffentlicht.

Ziel und Nutzen

Ziel der Methode ist besonders effiziente bzw. ineffiziente Verhaltens- bzw. Vorgehensweisen im Rahmen einer Tätigkeit zu identifizieren, um daraus für die Zukunft zu lernen. Durch die Fokussierung auf Schlüsselereignisse im Arbeitsablauf unterstützt sie die Identifizierung sowohl von erfolgsrele-vantem und sehr kontextabhängigem Wissen als auch schnell einsetzbarem Handlungswissen.

Anwendung

Der Einsatz der CIT in einer Organisation wird von einer kleinen Personen-gruppe begleitet. Diese setzt sich aus dem Auftraggeber aus dem Mana-gement und Experten zusammen. Die Durchführung umfasst folgende Schritte:

Prozesse mit Wissensorientierung

1. Bestimmung der Zielkriterien

Zunächst wird festgelegt, was untersucht werden soll. Man wählt eine Tätigkeit, deren Ergebnis in hohem Maß den Erfolg der Organisation mitbestimmt und von sehr kontextsensitivem Wissen abhängt (zB Customer Relationship Management). Interessant sind auch Situationen, die selten vorkommen und deren gelungene Bewältigung das Überleben der Organisation sichern (zB Wirtschaftskrise).

Danach wird geklärt, nach welchen Zielkriterien die Handlung bzw. Situation beurteilt werden kann. Dies geschieht im Rahmen einer Diskussionsrunde. Zur Eröffnung dieser Runde kann die Frage „Welchen Nutzen hat die Formulierung eines angemessenen oder zielführenden Verhaltens bzw. einer erfolgreichen Vorgehensweise?" gestellt werden.

2. Planung der Erhebung

In diesem Schritt wird eine genaue Planung der Datenerhebung durchgeführt. Das Ergebnis dieses Schritts sind ein Interviewleitfaden mit den Beobachtungskriterien und eine Liste passender Interviewpartner. Folgende Schlüsselfragen sollten im Interviewleitfaden nicht fehlen:

o   Was sind die relevanten kritischen Ereignisse und was sind die Umstände, in denen sie auftreten (Situationsparameter: Ort, beteiligte Personen, Bedingungen, Handlungen)?

o   Führt das dabei gezeigte Verhalten zum Ziel?

o   In welchem Umfang ist das Verhalten bzw. die Maßnahme zur Zielerreichung hilfreich?

Bei der Auswahl der Interviewpartner sollte laut Flanagan deren Expertenstatus berücksichtigt werden. Die Befragten sollten fundiertes Wissen über die Tätigkeit haben. Die Gruppe sollte hinsichtlich Zusammensetzung, Ort der Beobachtung und zeitlicher Rahmen näher spezifiziert werden. Die Verhaltensweisen, auf die sich die Befragung konzentriert, sollten auf das spezifische Verhalten und dessen Relevanz für das Ziel eingegrenzt werden.

3. Datenerhebung

Die Datenerhebung kann mittels Einzel- oder Gruppeninterviews (siehe Befragung auf Seite 71) erfolgen. Eine rein schriftliche Erhebung mittels Fragebogen ist ebenfalls möglich, aber nicht empfehlenswert, weil hier keine Möglichkeit des Nachfragens und damit Klärung von unspezifischen Aussagen möglich ist. Der Fokus bei den Interviews liegt auf der Beschreibung und nicht Erklärung der Situation, daher sollten beim detaillierten Nachfragen primär Wie-Fragen und keine Warum-Fragen gestellt werden.

Die sich in diesem Schritt ergebene Frage nach der richtigen Stichprobengröße von gesammelten kritischen Ereignissen kann nicht generell beantwortet werden, weil sie von der Redegewandtheit der Befragten, der Komplexität der Verhaltensweise und vom Befragungsgegenstand abhängt. Am ehesten lässt sie sich durch die Beobachtung des Sättigungsgrads abschätzen. Wenn beispielsweise 30 Ereignisse identifiziert wurden und in weiteren Befragungen keine neuen Ereignisse genannt werden, dann ist eine Sättigung erreicht.

4. *Datenauswertung*

Die Datenauswertung orientiert sich an der Zielsetzung der Erhebung. Das Datenmaterial wird zunächst einer Inhaltsanalyse unterworfen. Mehrere Auswerter durchforsten unabhängig das Material nach kritischen Ereignissen und Vorgehensweisen. Sie bilden auch vorläufige Kategorien, die zur Zielsetzung passen, und versehen sie mit aussagekräftigen Überschriften. Mit fortschreitender Auswertung ergeben sich daraus allmählich Unterkategorien und die Hauptkategorien verfestigen sich. Danach werden die Häufigkeiten der identifizierten kritischen Ereignisse gezählt und den Kategorien zugeordnet. Daraus ergibt sich ein Relevanzraster für die kritischen Ereignisse in Bezug auf die Zielsetzung.

Den Abschluss dieses Schritts bildet die Analyse der Zusammenhänge zwischen den Kategorien, um implizite Denk- und Handlungsmuster aufzudecken. Dies ermöglicht die Ableitung von handlungsrelevantem Wissen in Bezug auf die untersuchten Tätigkeiten oder Situationen.

5. *Interpretation und Ergebnisdarstellung*

Die Interpretation der Ergebnisse sollte deren Glaubwürdigkeit darlegen, inwieweit das Ziel erreicht wurde und die untersuchte Gruppe repräsentativ war. Als Ergebnis werden daran anschließend zB Optimierungsmaßnahmen für die untersuchten Tätigkeiten oder ein Schulungskonzept für die betroffene Zielgruppe vorgeschlagen.

Referenzen

Butterfield, Lee D.; Borgen, William A.; Amundson, Norman E.; Maglio, Asa-Sophia T. (2005): *Fifty years of the critical incident technique: 1954-2004 and beyond.* Qualitative Research, 5 (4), S. 475-479.

Flanagan, John C. (1954): *The Critical Incident Technique.* Psychological Bulletin, 51(4), S. 327-359.

Hemmecke, Jeanette; Stary, Chris (2006): *The Tacit Dimension of User Tasks: Elicitation and Contextual Representation.* In: Coninx, K.; Luyten, K.; Schneider, K.A. (Hrsg., 2007): TAMODIA 2006, LNCS 4385, , Berlin, Heidelberg: Springer, S. 308–323, http://s3.amazonaws.com/academia.edu. documents/82351/hemmecke-stary-tamodia06-printed07.pdf, Abruf: 19.1.2011.

Reuschenbach, Bernd (2000): *Grundlagen der Critical Incident Technique.* http://www.pflegewissenschaft.org/cit_methode.pdf, Abruf: 7.3.2010.

Wissensorientierte Geschäftsprozessanalyse

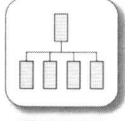

Die wissensorientierte Geschäftsprozessanalyse unterstützt bei der Optimierung der Wissensprozesse und erleichtert die Identifizierung der Wissensträger und -objekte der zugehörigen Prozesse.

Daher befindet sich diese Methode im Semantischen Raum zwischen *Wissensträgern*, *Organisationen* und *Beziehungen*.

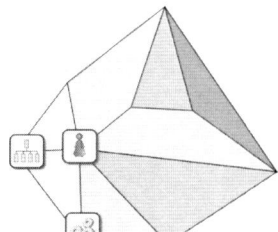
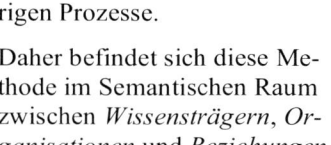

Die Methode

Ein Geschäftsprozess ist eine Abfolge von Tätigkeiten, die von Personen unter Verwendung von Hilfsmitteln (Maschinen, Formulare, IT-Systeme, etc.) und Beachtung organisatorischer Vorgaben (Normen, Regelungen, etc.) ausgeführt werden, um ein bestimmtes Ergebnis (Produkt, Dienstleistung) zu erzielen oder permanente Unterstützung zu leisten.

Die Geschäftsprozessanalyse beschäftigt sich mit der Untersuchung aller Tätigkeiten in einer Organisation mit dem Ziel, Ansätze für Verbesserungen zu identifizieren. Die wissensorientierte Geschäftsprozessanalyse ergänzt diese klassische Betrachtung der Aktivitäten, Akteure und Ressourcen um die Untersuchung der Wissensobjekte und -träger, die für den Geschäftsprozess bei der Ausführung erforderlich sind. Sie macht die Wissensprozesse, die orthogonal zu den Geschäftsprozessen verlaufen, sichtbar.

Ziel und Nutzen

Wissensprozesse erzeugen einen Mehrwert für die Geschäftsprozesse, zB durch die Einsparung von Ressourcen, durch die Wiederverwendung von Wissen, durch die Steigerung der Produktqualität oder durch die Entwicklung neuer Vorgehensweisen, Produkte oder Dienstleistungen. Klassische Geschäftsprozessanalyse liefert aber keine Hinweise auf Optimierungspotenziale der Wissensprozesse. Hier setzt die wissensorientierte Geschäftsprozessanalyse an. Sie liefert als Ergebnis, welches Wissen und welche Wissensträger an welchen Stellen im Prozess erfolgskritisch sind. Außerdem macht sie den aktuellen Verlauf der Wissensprozesse und ihre Unzulänglichkeiten sichtbar. Damit wird die Grundlage geschaffen, die Wissensprozesse entsprechend den Anforderungen aus den Geschäftsprozessen zu optimieren.

Anwendung

Voraussetzung für die wissensorientierte Geschäftsprozessanalyse ist die Kenntnis der Abläufe. Sollten in der Organisation noch keine Prozessbeschreibungen existieren, dann werden zuerst die wesentlichsten Aktivitäten je Geschäftsprozess mittels Befragung (siehe dazu Seite 124) der Prozessexperten erhoben und mit Hilfe von Prozessablaufdiagrammen visualisiert (siehe Abbildung 30 auf Seite 181). Daran anschließend kann mit der eigentlichen wissensorientierten Geschäftsprozessanalyse begonnen werden.

Da der Aufwand für diese Art von Analyse nicht unerheblich ist, wählt das Management die Prozesse sorgfältig dafür aus. Es bieten sich jene Prozesse an, die Kernaktivitäten der Organisation beinhalten und klassische Geschäftsprozessanalysen nur noch marginale Verbesserungspotenziale ergeben haben.

1. *Wissensgebiete, -objekte und -träger identifizieren*

Für jede Aktivität der für die Analyse ausgewählten Geschäftsprozesse werden den beteiligten Mitarbeitern folgende Fragen gestellt:

o Welches Wissen brauchen Sie, um die Aktivität zu bearbeiten?

o Wo finden Sie dieses Wissen?

o Sind die von Ihnen genannten Quellen ausreichend oder gibt es aus Ihrer Sicht Lücken in der Wissensversorgung?

o Welches Wissen entsteht bei der Ausführung der Aktivität?

o Wie und wo wird dieses Wissen gespeichert? Wenn nicht, warum nicht?

o Für wen bzw. für welche Aktivität ist dieses Wissen für die weitere Bearbeitung wichtig?

o Wie wird für die lückenlose Weitergabe gesorgt? Wenn nicht, warum nicht?

o Welche Personen würden Sie als Experten für diese Aktivität bzw. diesen Geschäftsprozess bezeichnen?

Als Strukturierungshilfsmittel für die Ergebnisdarstellung bieten sich hier Wissensbestandskarten an, in denen die Wissensobjekte und -träger gemeinsam mit ihrer Lokalisierung Wissensgebieten zugeordnet werden (siehe Seite 190). Man ergänzt sie außerdem um die Referenzen auf die zugehörigen Aktivitäten und um Lücken in der Wissensversorgung.

2. Prozessablaufdiagramme erweitern

Prozessablaufdiagramme enthalten üblicherweise keine Hinweise auf benötigtes Wissen oder Wissensträger. Daher wird in diesem Schritt das klassische Prozessmodell um die Wissensträger im Organisationsmodell und die Wissensobjekte im Dokumenten- und Ressourcenmodell ergänzt, um die wissensorientierte Modellierung von Geschäftsprozessen zu ermöglichen (siehe Abbildung 38).

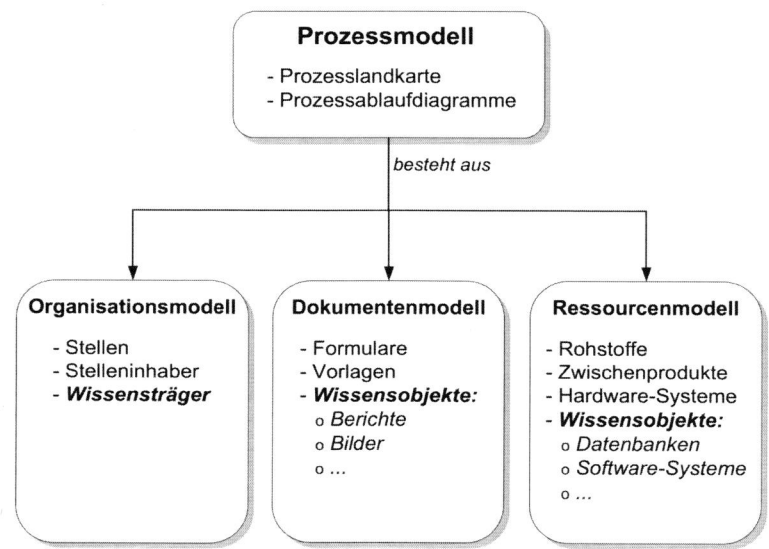

Abbildung 38: Wissensorientiertes Prozessmodell

Die Wissensbestandskarten können nun im Prozessmodell modelliert und mit den entsprechenden Aktivitäten in den Prozessablaufdiagrammen verknüpft werden. Es ist damit möglich, die relevanten Wissensobjekte und -träger samt Lokalisierung je Aktivität darzustellen. Eine prozessbedingte Veränderung der Wissensobjekte lässt sich damit nicht darstellen.

3. Wissensprozesse ableiten

Der Wissensprozess wird entlang der Aktivitäten der Geschäftsprozesse modelliert, um den Fluss und die Veränderung von Wissensobjekten darzustellen. Der Modellierer verwendet dazu die Ergebnisse aus den beiden vorangegangenen Schritten. Damit kann nachvollzogen werden, wo und wie welche relevanten Wissensobjekte entstehen, verwendet, verändert und gespeichert werden. Es werden die Lücken im Wissensfluss deutlich und welche Wissensträger bei welchen Aktivitäten besonders wichtig sind und was sie tun, um ihr Wissen bereitzustellen.

4. Optimierungsmaßnahmen definieren

Abschließend werden die durch die Befragung festgestellten Lücken und die Wissensprozesse auf Unzulänglichkeiten untersucht. Das Ergebnis dieser Untersuchung ist eine Liste von Maßnahmen. Für die Priorisierung der Maßnahmen kann ein Aufwand-Nutzen-Portfolio erstellt werden.

Beispiel

Als Beispiel dient hier ein kleineres Unternehmen, dessen Kerngeschäft die Projektierung und Montage von Solaranlagen für Privathäuser ist. Die Solaranlagen werden von einem strategischen Partner des Unternehmens hergestellt. Die Kundenakquise mit fachgerechter Beratung erfolgt über solartechnisch ausgebildete Verkaufsmitarbeiter. Jeder Kundenauftrag wird in Projektform abgewickelt. Daher haben die Wissensgebiete Solartechnik und Projektmanagement hohe strategische Bedeutung.

Das Unternehmen ist nach ISO-9000 zertifiziert, daher sind seine Geschäftsprozesse in ausreichender Tiefe beschrieben und werden ständig verbessert. Im Zuge der Vorbereitung zur letzten Rezertifizierung hat sich herausgestellt, dass der Auftragsabwicklungsprozess suboptimal läuft. Die klassische Geschäftsprozessanalyse hat kaum Ansatzpunkte für deutliche Verbesserungen ergeben. Daher hat die Geschäftsführung den Qualitätsmanager (QM) mit der wissensorientierten Geschäftsprozessanalyse beauftragt. Nachfolgend werden der Verlauf und die Ergebnisse der einzelnen Schritte auszugsweise dargestellt.

1. Wissensobjekte und -träger identifizieren

Zur Identifizierung der Wissensobjekte und -träger lädt der QM einige Personen, die den Auftragsabwicklungsprozess (AAP) als Ganzen oder einzelne Aktivitäten sehr gut kennen, zu einem Gruppeninterview (Dauer ca. 3 Stunden) ein. Die Teilnehmer sind im Vorfeld über den Sinn und Zweck dieser Veranstaltung informiert worden. Der QM hat das Prozessablaufdiagramm des AAP vorbereitet. Er klärt mit den Beteiligten, was unter Wissensgebieten, Wissensobjekten und -trägern zu verstehen ist. Sie einigen sich darauf, zunächst nur die Wissensgebiete je Aktivität zu identifizieren, die Wissensobjekte erst in einem nächsten Schritt. Als Wissensträger für den gesamten Prozess identifizieren sie einen Verkaufsmitarbeiter, einen Projektleiter und einen Techniker des strategischen Partners. Das Ergebnis dieses Schritts sieht wie folgt aus:

Aktivität	Benötigtes Wissen (Lücken)	Neues Wissen (Speicherung ja/nein)
1 Kundenauftrag in Projektauftrag überführen	Wissen über Kunde, Auftrag, Projektmanagement (-)	Besonderheiten des Kundenauftrags im Projektauftrag hinterlegen (nein, nicht relevant für Folgeaufträge)
2 Projekt aufsetzen	Wissen über Projektmanagement (keine Standards, jeder macht es ein bisschen anders; kein Berücksichtigen von Lessons Learned)	Besonderheiten des Kundenauftrags im Projektplan hinterlegen (nein, nicht relevant für Folgeaufträge)
3 Detail-Engineering durchführen	Wissen über Solaranlagen, Engineering (mangelnde Aktualität der technischen Beschreibungen)	Wissen über technische Details von Solaranlagen und deren Umsetzung für Kundenaufträge (ja, in Projektdokumentation)
4 Solaranlage bei Partner bestellen	Wissen über Solaranlagen, Partner (Fehlen von Organisationsdetails bei Partner)	Neues Wissen über Partner (nein, Grund unbekannt)
5 Montage ausführen	...	...
6 Kundenauftrag verrechnen	...	...

Abbildung 39: Wissensbestandskarte des AAP (Auszug)

2. Prozessablaufdiagramme erweitern

Der QM hat bereits dafür gesorgt, dass Wissensgebiete, -objekte und -träger im Prozessmodell hinterlegt werden können, daher dokumentiert er das Ergebnis aus Schritt 1 unmittelbar nach der Besprechung im Prozessablaufdiagramm. Die festgestellten Lücken hält er in einem eigenen Dokument fest. Außerdem vereinbart er mit jedem Teilnehmer einen Einzelinterview-Termin für die Erhebung der Wissensobjekte.

3. Wissensprozesse ableiten

Das ist der anspruchsvollste Schritt dieser Methode. Der QM benötigt dafür ausreichend Zeit, Erfahrung in der Modellierung von Prozessen und Kenntnisse des Wissensmanagements. Die ersten beiden Voraussetzungen sind erfüllt. Da der QM wenig Erfahrung im Wissensmanagement hat, bindet er in diesem Schritt einen externen Experten ein, der Erfahrung in der Modellierung von Wissensprozessen hat.

Aus der Analyse der Ergebnisse aus Schritt 1 und 2 geht hervor, dass kein durchgängiger Prozess für die Kommunikation von Wissen definiert ist. Für diesen Unterstützungsprozess definieren sie einen groben Prozessablaufplan

Prozesse mit Wissensorientierung

und diskutieren ihn mit den Teilnehmern. Das folgende Prozessablaufdiagramm ist das visualisierte Ergebnis dieses Schritts.

Abbildung 40: Wissensprozess (grober Ablaufplan)

4. Optimierungsmaßnahmen definieren

Die durch die Befragungen festgestellten Lücken und die Analyse des Wissensprozesses ergeben die folgende Maßnahmenliste. Eine sinnvolle Realisierungsreihenfolge kann aus dem Kosten-Nutzen-Portfolio (siehe Abbildung 41) abgeleitet werden.

o Unterstützungsprozess implementieren, der für die Dokumentation und Rückführung des Wissens in den AAP sorgt

o Periodisch Lessons-Learned-Prozesse für kritische Kundenaufträge durchführen und Ergebnisse dokumentieren

o Besonderheiten von Kundenaufträgen mit den Auswirkungen auf die Projektierung dokumentieren

o Erfahrungsaustauschtreffen mit Technikern des strategischen Partners organisieren und Ergebnisse dokumentieren

o Projektmanagement-Prozess standardisieren

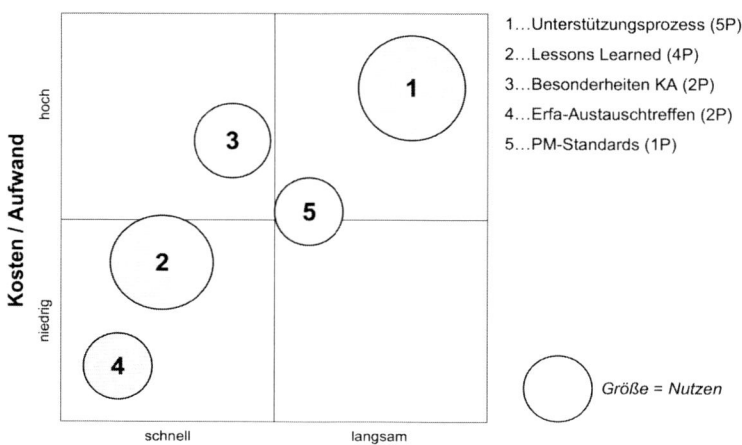

Abbildung 41: Kosten-Nutzen-Portfolio der Maßnahmen

Referenzen

Heisig, Peter (2005): *Integration von Wissensmanagement in Geschäftspro-zesse*. Berlin: eureki - European Research Center for Knowledge and Inno-vation.

Hoffmann, Marcel; Goesmann, Thomas; Kienle, Andrea (2002): *Analyse und Unterstützung von Wissensprozessen als Voraussetzung für erfolgrei-ches Wissensmanagement*. In: Abecker, A.; Hinkelmann, K.; Maus, H.; Müller, H. J. (Hrsg.): Geschäftsprozessorientiertes Wissensmanagement. Berlin: Springer, S. 159-181.

Mertins, Kai; Orth, Ronald (2009): *Wissensorientierte Analyse und Gestal-tung von Geschäftsprozessen*. In: Mertins, Kai; Seidel, Holger (Hrsg.): Wissensmanagement im Mittelstand. Wien, New York: Springer, S. 41-48.

Mittelmann, Angelika (2004): *Gemeinsamkeiten und Unterschiede von Informations-, Qualitäts- und Wissensmanagement*. In: Riedl, René; Auin-ger, Thomas (Hrsg.): Herausforderungen der Wirtschaftsinformatik. Wiesbaden: Deutscher Universitäts-Verlag, S. 119-138.

Partisanen Methode

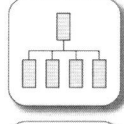

Die Partisanen Methode ist eine Einführungsmethode für organisationales Wissensmanagement, die an einer „schmerzenden" Stelle in der Organisation ansetzt.

Im Semantischen Raum befindet sich daher diese Methode zwischen *Organisationen, Prozesse* und *Wissensgebiete.*

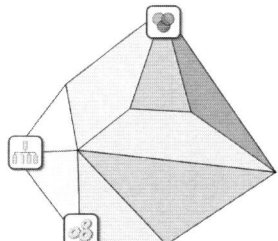

Die Methode

Die Partisanen Methode ist ein Vorgehensmodell zur Einführung von Wissensmanagement, das an einer ausgewählten Thematik in der Organisation ansetzt. Es ist im Gegensatz zur K2BE Roadmap nicht strategiegeleitet, sondern arbeitet bottom-up von einer „schmerzenden" Stelle in der Organisation aus.

Ziel und Nutzen

Es ist oft schwierig in Organisationen, die keine oder wenig Erfahrung mit Wissensmanagement haben, den Nutzen von Wissensmanagement sowohl dem Management als auch den Mitarbeitern zu vermitteln. Am besten gelingt dies, wenn es Anwendungen von Wissensmanagement gibt, die für möglichst viele Mitarbeiter in der Organisation eindeutige Vorteile bringt. Die Partisanen Methode unterstützt dabei, dass solche Anwendungen rasch entwickelt und verbreitet werden.

Anwendung

Die Partisanen Methode umfasst folgende Schritte:

Hot-Spot finden:

Die Herausforderung in diesem Schritt ist, eine brennende Problemstellung in der Organisation zu finden, die sich nur mit Hilfe von Wissensmanagement-Methoden gut bewältigen lässt. Man sollte dabei darauf achten, dass eine Problemlösung innerhalb eines überschaubaren Zeitraums gefunden werden kann.

Projekt definieren und umsetzen:

Für die identifizierte Problemstellung definiert man einen Projektauftrag, formt ein kleines Projektteam und realisiert das Projekt möglichst innerhalb von drei bis maximal sechs Monaten. Wichtig in diesem Schritt sind zwei Dinge: das Projekt muss für alle Beteiligten als erfolgreich erlebt werden und die Projektteammitglieder dürfen keine Informationen an Personen außerhalb des unmittelbaren Anwendungsbereiches weitergeben.

Partisanenarbeit starten:

Die Ergebnisse werden nicht veröffentlicht, sondern man bedient sich der Mundpropaganda der Nutznießer. Die informellen Kanäle einer Organisation sorgen sehr rasch dafür, dass die Nachfrage nach der Lösung steigt und damit die Sinnhaftigkeit von Wissensmanagement sich wie „von selbst" verbreitet.

Lösung nutzen:

Durch die erfolgreiche Partisanenarbeit entsteht ein „fast natürliches" Bedürfnis, in weiteren Organisationseinheiten die Lösung ebenfalls zu nutzen. Dadurch kann der Beweis angetreten werden, dass Wissensmanagement einen nachhaltigen Nutzen in der Organisation stiften kann. Diese erfolgreiche Anwendung kann man so als Vehikel für die Verbreitung von Wissensmanagement einsetzen.

Referenzen

Mittelmann Angelika; Lindlbauer Oliver (2004): *Gewerkschaften in die Wissensgesellschaft*. Präsentationsunterlage, Keutschach, 6. Juni 2004.

K2BE Roadmap

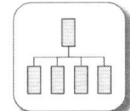

Die K2BE Roadmap dient der strategiegeleiteten Einführung von Wissensmanagement. Sie unterstützt eine ganzheitliche Vorgehensweise, in der der Entwicklung der sozialen, organisatorischen und technischen Reife gleichermaßen Rechnung getragen wird.

Im Semantischen Raum findet man daher diese Methode zwischen *Wissensträger*, *Organisationen*, und *Prozessen*.

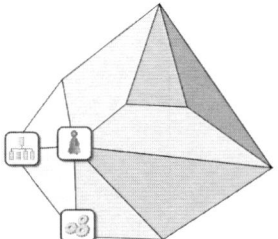

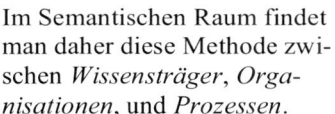

Die Methode

Die K2BE Roadmap ist ein strategiegeleitetes Vorgehensmodell zur professionellen Einführung von Wissensmanagement. K2BE steht für *Knowledge Management to Business Excellence* und dient der Einführung eines ganzheitlichen Wissensmanagements in Organisationen.

Ziel und Nutzen

Die K2BE Roadmap gibt dem Einführungsprozess so viel Struktur wie nötig und so wenig Struktur wie möglich. In der Projektplanung erfolgt die unternehmensspezifische, situationsabhängige Detailierung der K2BE Roadmap. Der Hauptnutzen der K2BE Roadmap liegt in der Sicherheit, die den Entscheidungsträgern mit dieser Vorgehensweise gegeben wird. Die Entscheidungsträger fühlen sich nicht mehr „im luftleeren Raum". Der Einführungsprozess wird überschaubar und steuerbar. Die K2BE Roadmap trägt auch durch die geforderte Arbeit an der „sozialen Reife" zur Entwicklung einer wissensorientierten Kultur bei.

Anwendung

In den fünf Phasen der K2BE Roadmap (siehe Abbildung 42) geschieht folgendes:
In der *Check-In* Phase liegt der Schwerpunkt (ausgehend von wahrgenommenen Defiziten und der Idee, dieses Problem mit Wissensmanagement lösen zu können) auf der Mobilisierung der Entscheidungsträger, dem Werben für einen ganzheitlichen Systemansatz und einer Top-Down-Strategie

sowie dem Aufbau einer Lobby *(Bewusstseinsbildung)*. In den beiden Phasen *Start-Up* and *Line-Up* erfolgt die unternehmensweite und langfristige Planung zur Professionalisierung von Wissensmanagement *(Strategieentwicklung)*. Die gesamthafte Konzeption bestimmt den Fokus und die zeitliche Abfolge des Implementierungsprozesses. Abhängig von der Verfügbarkeit von Ressourcen und der Risikobereitschaft der Organisation wird der Implementierungsprozess in passende Abschnitte zerlegt. Die stufenweise Einführung erfolgt in der Phase *Take-Off* *(Strategieumsetzung)*. In der Phase *Stop-Over* erfolgt die Konsolidierung und Bewertung der bisherigen Wissensmanagementaktivitäten *(Strategiebewertung)*. Damit wird die Voraussetzung für den nächsten Zyklus (beginnend mit Start-Up) geschaffen.

An jedem "Point of Clearance" (PoC, siehe Abbildung 42) der K2BE Roadmap erfolgt eine explizite Beurteilung der Projektergebnisse. Die konkreten Ergebnisse und geplanten weiteren Schritte werden den Entscheidungsträgern präsentiert, die über den weiteren Verlauf der Wissensmanagementaktivitäten (Fortführung, Änderung oder Abbruch) auf Basis dieser Informationen entscheiden.

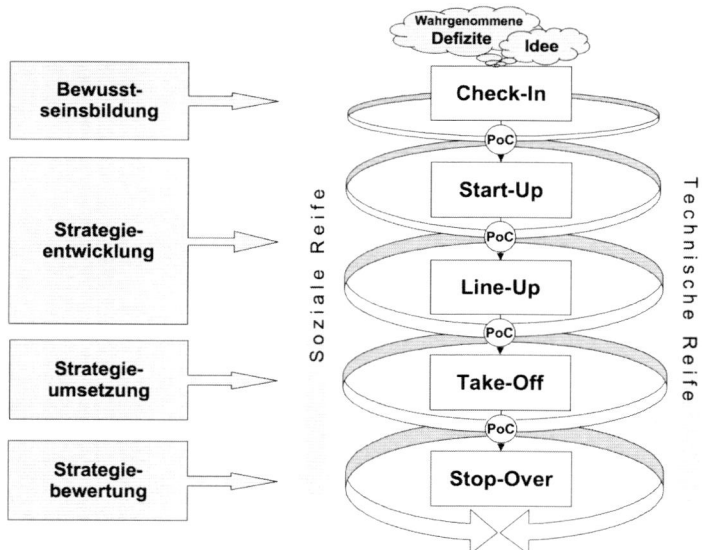

Abbildung 42: Phasen der K2BE Roadmap

Die K2BE Roadmap bedient sich der Begriffswelt der Luftfahrt, in der ein Flug in fünf Phasen definiert wird, von der Vorbereitung des Flugs (Check-

Prozesse mit Wissensorientierung

In), dem Anlassen der Triebwerke (Start-Up), dem Rollen des Flugzeugs auf die Startbahn (Line-Up), dem Abheben des Flugzeugs (Take-Off) bis hin zur Zwischenlandung (Stop-Over), bevor erneut die Triebwerke angelassen werden. Sinngemäß reflektieren diese Aufgaben auch jene der Einführung von Wissensmanagement. Jede Phase ist dabei durch einen „Point of Clearance" (PoC, siehe Abbildung 42) von der nachfolgenden Phase getrennt. Mit dem PoC erteilt die Flugsicherungsstelle, als die zentrale Steuerungsstelle, den Piloten Freigaben für bestimmte Flugphasen.

Besonderes Augenmerk wird in der K2BE Roadmap auf die Entwicklung der sozialen und technischen Reife gelegt. Ein kontinuierlicher und erfolgreicher Verlauf bei der Einführung von Wissensmanagement ist nur dann zu erwarten, wenn an der Weiterentwicklung der technischen wie auch der sozialen Reife der Organisation mit gleicher Sorgfalt und Intensität gearbeitet wird. Die technische Reife wird bestimmt durch die Qualität der Ergebnisse (Produkte und Prozesse), die Auswahl und Anwendung von Methoden und Werkzeugen zur Umsetzung sowie durch die Nachvollziehbarkeit und Korrektheit der Umsetzung von Veränderungsmaßnahmen. Die soziale Reife wird bestimmt durch das Vertrauen in die Veränderungen und die Akzeptanz bei den Mitarbeitern. Die „Freigaben" an den PoC sind Ausdruck für das Erreichen eines bestimmten Reifegrades des Einführungsprozesses. Bei zu geringer sozialer und/oder technischer Reife ist mit Widerstand und Ablehnung im Unternehmen zu rechnen.

Die Phasen der K2BE Roadmap beinhalten im Detail folgende Aktivitäten:

Check-In

Der Zweck von Check-In ist die Initialisierung des Einführungsprozesses. Den Anstoß geben Probleme und wahrgenommene Defizite bei der Nutzung, Verteilung oder Generierung für das Unternehmen wichtigen Wissens. Diese „Initialzündung" kann von verschiedenen Seiten erfolgen. Beispielsweise kann ein Mitglied des Top-Managements auf das Thema aufmerksam geworden sein und die Aktivitäten auslösen. Eine andere Möglichkeit ist, dass sich ein Mitarbeiter ohne konkreten „Auftrag" mit dem Thema auseinandersetzt und eine Lobby dafür im Unternehmen findet.

Folgende Fragen stehen in dieser Phase im Mittelpunkt:

o *Was ist Wissen und der Wissensmanagementprozess?*

o *Was ist sind die Defizite, Chancen und Potenziale für das Unternehmen?*

o *Was sind die Risiken, Barrieren und Erfolgsfaktoren?*

o *Wie kann Wissensmanagement im Unternehmen eingeführt werden?*

o *Sind die Defizite den Entscheidungsträgern bewusst? Wem sind die Defizite bewusst? Wie können die Entscheidungsträger von der Notwendigkeit von Wissensmanagement überzeugt werden?*

Der Phase Check-In kommt eine ganz besondere strategische Bedeutung zu, weil bereits in dieser frühen Phase des Einführungsprozesses das Potenzial von Wissensmanagement für das betreffende Unternehmen erkannt werden muss. Im Check-In ist der Aufbau einer guten Kommunikationsbasis mit den Entscheidungsträgern erfolgskritisch, damit eine Lobby für die Einführung von Wissensmanagement entsteht und die nötige Unterstützung durch das Top-Management gesichert ist. Die individuellen Interessen und Ziele werden im Check-In zu einem gemeinsamen, organisationalen Problem- und Lösungsbewusstsein verdichtet.

Abbildung 43 veranschaulicht die Aufgaben und Ergebnisse von Check-In.

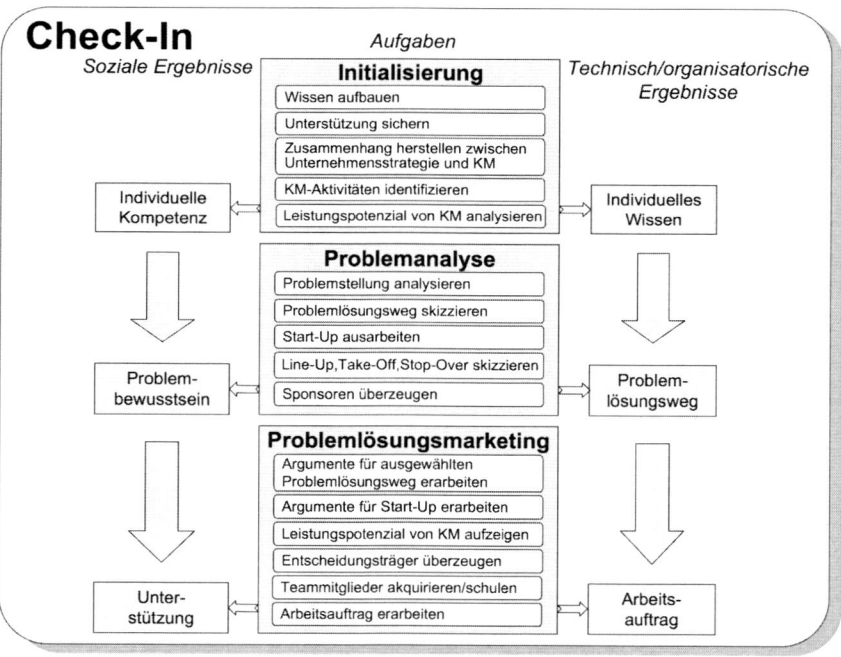

Abbildung 43: Aufgaben und Ergebnisse der Phase Check-In

Prozesse mit Wissensorientierung

Initialisierung

Zweck der Initialisierung ist, dass sich der mit der Einführung Beauftragte Wissen und Kompetenz für die Beseitigung der wahrgenommenen Defizite aneignet und eine grobe Lagebeurteilung (Grobsituationsanalyse) durchführt. Die beauftragte Person macht sich mit der Aufgabenstellung und der Ausgangssituation vertraut. Sie erarbeitet sich Wissen über Wissensmanagement, falls nicht ausreichend vorhanden, und über die aktuelle Wissensmanagementsituation im Unternehmen. Als Raster für die grobe Lagebeurteilung können die Kriterien des Wissensmanagement-Benchmarking-Modells (siehe Abbildung 50 auf Seite 249) dienen. Der Beauftragte verschafft sich mit dessen Hilfe einen ersten groben Überblick über die Gesamtsituation im Unternehmen. Nach Abschluss dieser Aufgabe hat der Beauftragte individuelles Wissen über Wissensmanagement und Problemlösungskompetenz erworben.

Problemanalyse

Zweck dieser Aufgabe ist es, die Problemstellung möglichst genau zu beschreiben und den Problemlösungsweg auszuarbeiten. Die Problembeschreibung erfolgt in Zusammenarbeit mit dem Sponsor, d.h. mit dem Unterstützer des Vorhabens aus der Geschäftsführung. Anschließend werden ein Vorschlag zur Gestaltung des Problemlösungsweges und die nötigen Maßnahmen zur Umsetzung ausgearbeitet. Das Konzept enthält eine detaillierte Ausarbeitung der Phase Start-Up und eine Grobskizze für alle weiteren Phasen auf Basis der Lagebeurteilung und der K2BERoadmap als Referenzmodell für den Einführungsweg. Wichtig ist in dieser Phase, dass der Beauftragte mit seinem Sponsor über sein Problemverständnis und über das Lösungskonzept diskutiert, um ein Einvernehmen über die weitere Vorgangsweise herzustellen. Ergebnisse dieses Aufgabenblockes sind einerseits Problembewusstsein bei dem Beauftragten und andererseits der skizzierte Problemlösungsweg selbst.

Problemlösungsmarketing

Zweck dieser Aufgabe ist die Kommunikation zwischen dem Sponsor, allen einflussreichen Entscheidungsträgern und den mit der Einführung von Wissensmanagement Beauftragten. Besonders wichtig ist es, dass die Beteiligten ihre individuellen Vorstellungen über den Lösungsweg austauschen und zu einem gemeinsamen Problembewusstsein finden. Damit wird erreicht, dass die Entscheidungsträger die Verantwortung für die Einführung von Wissensmanagement übernehmen und den Einführungsprozess fördern. Dies ist dadurch erkennbar, dass sie u.a. den Beauftragten beim Finden geeigneter Teammitglieder unterstützen und mit dieser Projektgruppe den Arbeitsauftrag abstimmen. Mit Abschluss dieser Aufgabe ist die Unterstützung durch die Sponsoren und Entscheidungsträger gesichert und der Arbeitsauftrag klar formuliert.

Check-In - Point of Clearance

Am PoC der Phase Check-In erfolgt die Vorstellung der *K2BE Roadmap* als Referenzmodell für den gewählten Problemlösungsweg und die Abnahme des Arbeitsauftrags für Start-Up zur Fortführung des Einführungsprozesses. Durch die explizite Zustimmung der Entscheidungsträger zum Arbeitsauftrag ist deren Unterstützung sichergestellt.

Erfolgt an dieser Stelle die Freigabe der Phase Start-Up, liegen folgende Ergebnisse vor:

o   Die Entscheidungsträger übernehmen die Verantwortung für die Einführung von Wissensmanagement und unterstützen die Veränderungsprozesse im Unternehmen.

o   Bei Entscheidungsträgern, Sponsoren und die Teammitgliedern besteht ein gemeinsames Problem- und Problemlösungsbewusstsein.

o   Der Arbeitsauftrag für die Durchführung einer langfristigen und unternehmensweiten Planung in Start-Up wurde erteilt.

Start-Up

Der Zweck von Start-Up ist festzustellen, was mit der Einführung von Wissensmanagement im Unternehmen erreicht werden soll bzw. kann. Es erfolgt die Entwicklung einer unternehmensweiten und langfristigen Strategie für die Einführung von Wissensmanagement unter der Berücksichtigung von organisatorischen, technologischen und personellen Einflussfaktoren. Die Aktivitäten von Start-Up dienen der Strategieentwicklung (siehe Abbildung 42).

Die Entscheidungsträger sind bei der Strategieentwicklung in den Arbeitsprozess aktiv eingebunden und werden sich über die anstehenden Veränderungen im Unternehmen bewusst. Dies führt zu einer realistischen Einschätzung der Ziele und einer gemeinsamen Erwartungshaltung. Es stehen folgende Fragen im Mittelpunkt:

o   *Was soll mit Wissensmanagement im Unternehmen erreicht werden? Was sind die Ziele der Einführung?*

o   *Was ist die Ausgangslage für die Einführung von Wissensmanagement?*

Prozesse mit Wissensorientierung

o *Wie unterscheidet sich der durch die Ziele definierte Soll-Zustand vom Ist-Zustand?*

Abbildung 44 veranschaulicht die Aufgaben und Ergebnisse von Start-Up.

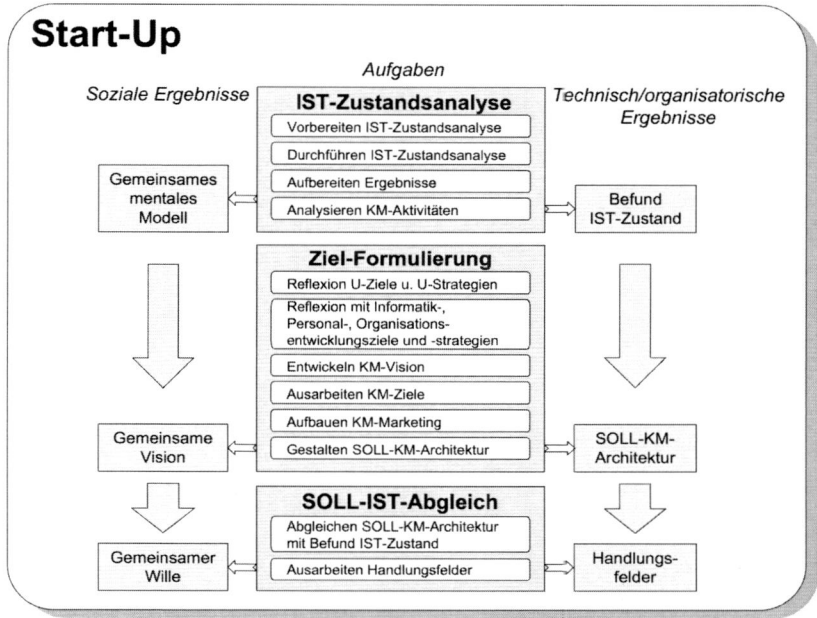

Abbildung 44: Aufgaben und Ergebnisse der Phase Start-Up

Ist-Zustandsanalyse

Zweck der Ist-Zustandsanalyse ist es, die Ausprägungen der Gestaltungselemente des Wissensmanagements im Unternehmen zu erfassen, zu bewerten und in einem Befund zu dokumentieren. Die Gestaltungselemente sind Werte und Normen, Verhalten, Wissensmanagement-Organisation, Prozessdurchdringung, IT-Infrastruktur, Führungssysteme und Entwicklungspotenziale.

Ausgehend von den Zielen der Ist-Zustandsanalyse werden die Objekte für die Untersuchung ausgewählt (zB Mitarbeiter, Informationssysteme, Ausbildungsprogramme, etc.) sowie die Methoden und Werkzeuge (zB Ziel: Beteiligung möglichst vieler Mitarbeiter; Objekte: Mitarbeiter; Methode: Befragung; Werkzeug: Fragebogen). Auf Grundlage der Planung erfolgt die Durchführung der Analyse. Es werden die Ist-Ausprägungen der Eigenschaften der Objekte erhoben und mit den Soll-Ausprägungen verglichen. Die erhobenen Daten werden in Bezug auf die Zielsetzungen der Ist-Zustandsanalyse ausgewertet und aufbereitet. Ergänzend dazu werden die im Check-In identifizierten und bereits laufenden Wissensmanagement-Aktivitäten oder -Projekte analysiert und mit den Ergebnissen der Ist-Zustandsanalyse zu einem Befund zusammengefasst.

Durch die Aktivitäten zur Ist-Zustandsanalyse entwickelt sich ein gemeinsames mentales Modell, das die im Check-In von den Teammitgliedern erarbeitete Definition von Wissen und Wissensmanagement sowie ein gemeinsames Verständnis der laufenden Wissensmanagement-Aktivitäten enthält.

Ziel-Formulierung

Der Zweck dieser Aufgabe ist, eine Wissensmanagement-Vision in Abstimmung mit den Unternehmenszielen und -strategien zu entwickeln. Die Informatik-, Personal-, Organisationsentwicklungsziele und -strategien sowie das Leistungspotential von Wissensmanagement stecken den Rahmen für die Entwicklung ab.

Gemeinsam mit den Entscheidungsträgern prüfen die Teammitglieder, ob Wissensmanagement ein geeigneter Managementansatz für die gegebene Problemstellung ist und ob der geplante Problemlösungsweg adäquat ist. Sie untersuchen dazu, ob laufende Informatik-, Personal- und Organisationsentwicklungsaktivitäten zu Konflikten mit den geplanten Wissensmanagement-Aktivitäten führen können und ob Ziele und Strategien zusammenpassen. Sie entwickeln gemeinsam ein Bild - die Wissensmanagement-Vision - über die zukünftige Ausprägung ihres wissensorientierten Unternehmens, das den langfristigen Rahmen für alle Wissensmanagement-Aktivitäten im Unternehmen bildet. Aus dieser Vision leiten sie die Wissensmanagement-Ziele und die Soll-Wissensmanagement-Architektur ab, die mittelfristig erreichbar sind und der Verwirklichung der Vision dienen. In der Soll-Wissensmanagement-Architektur wird für jedes Wissensmanagement-Gestaltungselement (siehe Abbildung 45) die erwünschte Ausprägung festgelegt.

Zur Sicherung der Akzeptanz bei den Mitarbeitern erarbeiten sie ein Kommunikationskonzept. Das Wissensmanagement-Marketing begleitet den Einführungsprozess und stellt sicher, dass die Mitarbeiter frühzeitig über Wissensmanagement, die Vision, die Ziele und die Nutzeffekte sowie über die anstehenden Veränderungen informiert werden. Für eine größtmögliche

Prozesse mit Wissensorientierung

Breitenwirkung können dazu zB die Formulierung eines Mottos oder die
Verwendung eines Logos dienen.

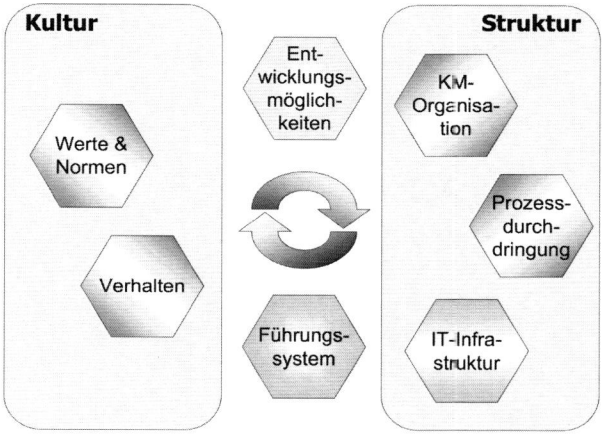

Abbildung 45: Gestaltungselemente des Wissensmanagements

Soll-Ist-Abgleich

Zweck dieser Aufgabe ist es, durch den Abgleich der Soll-Wissensmanagement-Architektur mit dem Befund des Ist-Zustandes die Handlungsfelder
für die nachfolgenden Aktivitäten der Phasen Line-Up und Take-Off festzu-
legen. Die Handlungsfelder sollen die Lücken zwischen dem Soll-Zustand
(bestimmt durch die Soll-Wissensmanagement-Architektur) und dem Ist-
Zustand schließen. Sie werden im Projektauftrag für die Phase Line-Up als
gemeinsamer Wille der Entscheidungsträger und der Teammitglieder fest-
geschrieben.

Zunächst werden für jedes Gestaltungselement (siehe Abbildung 45) die
Abweichungen zwischen dem Soll-Zustand (beschrieben in der Soll-Wissensmanagement-Architektur) und dem Ist-Zustand (beschrieben im Befund
Ist-Zustand) festgestellt und dokumentiert. In einem Diskussionsprozess
zwischen Entscheidungsträgern und Teammitgliedern werden die Abweichungen zwischen Soll-Wissensmanagement-Architektur und Ist-Zustand
geclustert und zu Handlungsfeldern zusammengefasst. Den Abschluss dieser Aufgabe bildet die saubere Abgrenzung dieser Handlungsfelder und
Klärung ihrer Abhängigkeiten.

Start-Up - Point of Clearance

Am PoC der Phase Start-Up erfolgt die Zustimmung zu den ausgearbeiteten Handlungsfeldern. Die Abnahme sichert die weitere Unterstützung des Einführungsprozesses durch die Entscheidungsträger.

Erfolgt an dieser Stelle die Freigabe der Phase Line-Up, wurden folgende Ergebnisse erreicht:

o   Die Wissensmanagement-Aktivitäten sind langfristig und unternehmensweit geplant. Es liegt ein Gesamtkonzept vor.

o   Handlungsfelder, die die Vorgabe für die nachfolgenden Aufgaben bilden, sind festgelegt.

o   Es besteht ein gemeinsamer Wille von Entscheidungsträgern und Teammitgliedern über die weitere Vorgehensweise.

o   Der Arbeitsauftrag für die Durchführung von Line-Up wurde erteilt.

Line-Up

Der Zweck der Phase *Line-Up* ist es, für die Handlungsfelder Projektideen zu entwickeln, zu bewerten und ein Wissensmanagement-Projektportfolio zu erstellen. Dies geschieht durch Aufteilung des Gesamtkonzepts in Teilschritte. Line-Up ist die zweite Phase der Strategieentwicklung (siehe Abbildung 42) und stellt die Verbindung zur Strategieumsetzung her.

Line-Up beinhaltet die Bearbeitung folgender Fragen:

o   *Welche Maßnahmen sollen gesetzt werden?*

o   *Wie und in welcher zeitlichen Abfolge erfolgt die Umsetzung?*

o   *Welche Ressourcen sind für die Realisierung notwendig?*

o   *Wie können die laufenden Aktivitäten/Projekte integriert werden?*

Abbildung 46 veranschaulicht die Aufgaben und Ergebnisse von Line-Up.

Projektentwicklung

Zweck dieser Aufgabe ist es, aus alternativen Projektideen die wirtschaftlichste und wirksamste Umsetzungsart auszuwählen. Ausgehend von den Handlungsfeldern, die als Ergebnis der Phase Start-Up vorliegen, werden Maßnahmen zur Bearbeitung der Handlungsfelder generiert. Organisatorische, finanzielle, personelle und technologische Einflussfaktoren bestimmen die Art und Weise, wie die Maßnahmen in Projekten umgesetzt werden. Für die Bewertung der einzelnen Projekte müssen Schätzungen über Kosten, Zeit und Ressourcen vorgenommen werden sowie eine Analyse der

Machbarkeit, des Risikos und den damit verbundenen Konsequenzen. Kosten-/Nutzenüberlegungen ermöglichen eine transparente und nachvollziehbare Auswahl der Projekte.

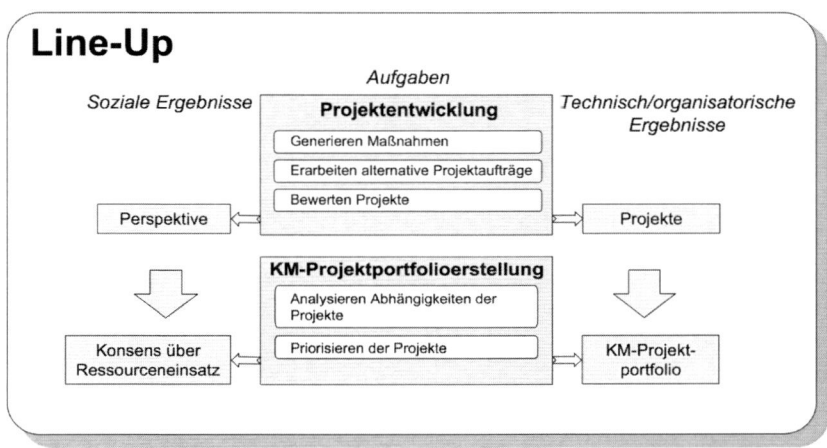

Abbildung 46: Aufgaben und Ergebnisse der Phase Line-Up

Machtpolitische Einflussfaktoren werden durch rationale Argumente entschärft. Die Aufteilung des Gesamtkonzeptes in Teilprojekte führt zu einer Verminderung der Komplexität bzw. des Risikos und ermöglicht eine schrittweise Einführung von Wissensmanagement. So werden im Unternehmen rasch Ergebnisse bei der Umsetzung erzielt. Die daraus gewonnenen Erfahrungen können in den nachfolgenden Projekten berücksichtigt werden.

Für jedes Handlungsfeld werden in einem Kreativprozess mögliche Maßnahmen zur Bearbeitung der „weißen Flecken" erarbeitet. Die Maßnahmen werden voneinander abgegrenzt und systematisiert. Entsprechend den Unternehmensstandards werden ggfs. alternative Projektaufträge erarbeitet und in einem abschließenden Diskussionsprozess bewertet.

Erstellung Wissensmanagement-Projektportfolio

Das Projektportfolio beinhaltet alle Projekte zur langfristigen und unternehmensweiten Einführung von Wissensmanagement, geordnet nach Abhängigkeiten und Prioritäten. Die vorhandenen Ressourcen, die Relevanz der Zielerreichung und die Risikobereitschaft des Unternehmens führen zur Priorisierung der Projekte. Bei der Priorisierung der Projekte ist zu beachten, dass manche Veränderungen schnell machbar sind, manche aber eine bestimmte Zeit, die von der Sache her nicht beliebig verkürzbar ist, brauchen. Schnell umsetzbare Veränderungen werden aber oft nur im Zusammenspiel mit den langsam greifenden Veränderungen voll wirksam. Beim Entscheidungsprozess können machtpolitische Einflussfaktoren nicht zur Gänze vermieden werden. Die unternehmensweite Abstimmung der Projekte führt jedoch dazu, dass die Entscheidungen den Unternehmenserfolg nicht gefährden. Bei der Analyse der Abhängigkeiten darf die Integration laufender Projekte nicht vergessen werden. Die Priorisierung der Projekte erfolgt entsprechend der unternehmensspezifischen Vorgangsweise.

Line-Up - Point of Clearance

Am PoC der Phase Line-Up erfolgt die Zustimmung zum ausgearbeiteten Projektportfolio. Die Abnahme sichert die weitere Unterstützung aller Projekte im Portfolio durch die Entscheidungsträger.

Erfolgt an dieser Stelle die Freigabe der Phase Take-Off, wurden folgende Ergebnisse erreicht:

o   Es liegt ein unternehmensweit abgestimmtes Wissensmanagement-Projektportfolio, geordnet nach Abhängigkeiten und Prioritäten, vor.

o   Es besteht Konsens über den Ressourceneinsatz.

o   Die Projektaufträge für die Umsetzungsprojekte im Take-Off sind erteilt.

Take-Off

In der Phase *Take-Off* werden die Veränderungsmaßnahmen (Umsetzungsprojekte) im Unternehmen umgesetzt. Hier wird wie beim Abheben eines Flugzeuges die meiste „Energie" (in Form von Ressourcen) benötigt. Je nach Gestaltung des Wissensmanagement-Projektportfolios entsteht eine Menge von Projekten mit unterschiedlichen Projektgegenständen (zB Integration von Wissensmanagement-Aufgaben in die Geschäftsprozesse, Wissenskulturprogramm). Die Art der Projekte ergibt sich aus den Gestaltungselementen.

Take-Off beinhaltet die Bearbeitung folgender Fragen:

o   *Welche Maßnahmen sollen zur Schaffung der organisatorischen Sensibilisierung für Wissensmanagement gesetzt werden?*

o   *Wie und in welcher zeitlichen Abfolge erfolgt die Abstimmung der Umsetzungsprojekte?*

o   *Wie erfolgt die Sicherung der Projektergebnisse?*

o   *Wie erfolgt das Marketing für den Gesamtprojektfortschritt?*

o   *Wie erfolgt die Implementierung des ganzheitlichen Wissensmanagement-Systems?*

Abbildung 47 veranschaulicht die Aufgaben und Ergebnisse von Take-Off.

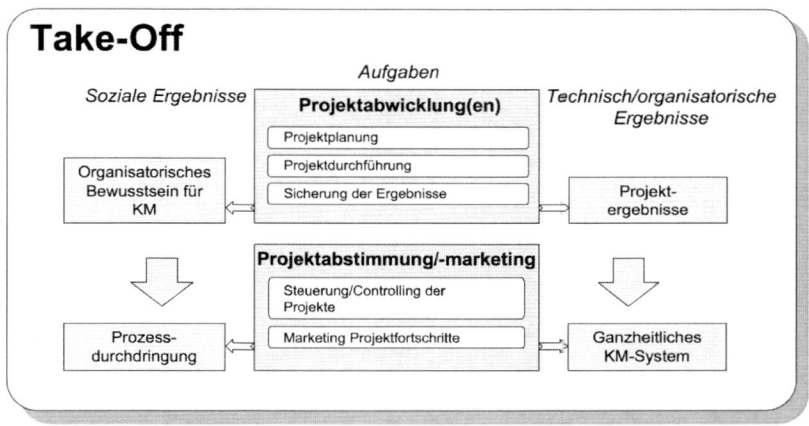

Abbildung 47: Aufgaben und Ergebnisse der Phase Take-Off

Projektabwicklung(en)

Der Zweck dieser Aufgabe ist es, entsprechend den Projektmanagement-Standards des Unternehmens die freigegebenen Projektaufträge abzuwickeln.

Die im Projektauftrag grob enthaltene Planung wird detailliert ausgearbeitet, mit den Vorgaben des Gesamtprojektcontrollings abgestimmt und dem Projektauftraggeber zur Genehmigung vorgelegt. Entsprechend dem Detailprojektplan erfolgt die Abarbeitung der Arbeitspakete durch das Projektteam. An den definierten Meilensteinen werden die Ergebnisse entsprechend den Projektmanagement-Vorgaben des Unternehmens in einem Bericht zusammengefasst und dem Auftraggeber vorgelegt.

Projektabstimmung und -marketing

Zweck dieser Aufgabe ist die kontinuierliche, gegenseitige Abstimmung aller Projekte. Es genügt nicht, jedes Projekt für sich zu überwachen. Die gesteckten Ziele (Soll-Wissensmanagement-Architektur) können nur dann erreicht werden, wenn gemachte Erfahrungen und Kurskorrekturen in allen Projekten berücksichtigt werden. Wichtigste Aufgabe der Beauftragten ist in dieser Phase die Steuerung und Abstimmung aller Projekte und Aktivitäten.

In regelmäßigen Abständen (zB monatlich) kommen die Beauftragten mit den Teilprojektleitern zusammen, überprüfen und stimmen die Projektfortschritte aller Projekte im Wissensmanagement-Projektportfolio ab. Wesentliche Erkenntnisse aus den Projekten werden ausgetauscht und wieder verwendet. Zur organisatorischen Sensibilisierung für Wissensmanagement werden unter Ausnutzung aller verfügbaren Kommunikationshilfsmittel (zB Intranet, Firmenzeitungen, Info-/Kommunikationsworkshops) die Projektfortschritte an alle Mitarbeiter kommuniziert.

Take-Off - Point of Clearance

Am PoC der Phase Take-Off erfolgt die Durchsicht des Projektportfolios mit allen Teilergebnissen. Bei den Entscheidungsträgern entsteht dabei ein Gesamtbild des derzeitigen Stands der Entwicklung.

Erfolgt an dieser Stelle die Freigabe der Phase Stop-Over, wurden folgende Ergebnisse erreicht:

o   Alle Projekte des Wissensmanagement-Projektportfolios sind abgeschlossen und haben ihre Projektziele erreicht.

o   Die Projektergebnisse sind von den Projektauftraggebern abgenommen worden.

o   Der Wissensmanagement-Prozess ist entsprechend der Vision in den Geschäftsprozessen der Organisation verankert.

o   Erste Veränderungen in Richtung eines wissensorientierten Unternehmens sind sichtbar.

Stop-Over

Der Zweck der Phase *Stop-Over* ist es, alle Projekt-Ergebnisse zu sammeln und die Veränderungen gesamtheitlich zu bewerten (neuer Ist-Zustand). Dies erfolgt durch den Einsatz eines geeigneten Bewertungsverfahrens. Es werden Anpassungen an die veränderten Rahmenbedingungen durch Adaptierungen der Ziele durchgeführt. Stop-Over ist die einzige Phase der Strategiebewertung (siehe Abbildung 42) und schafft die Voraussetzungen für den nächsten Einstieg in Start-Up, um den Reifegrad des Wissensmanagementprozesses auf die nächste Stufe zu heben.

Es stehen folgende Fragen im Mittelpunkt:

o   *Wo stehen wir?*

o *Was ist passiert?*

o *Was haben wir gelernt?*

o *(Wie) Geht's weiter?*

Abbildung 48 veranschaulicht die Aufgaben und Ergebnisse von Stop-Over.

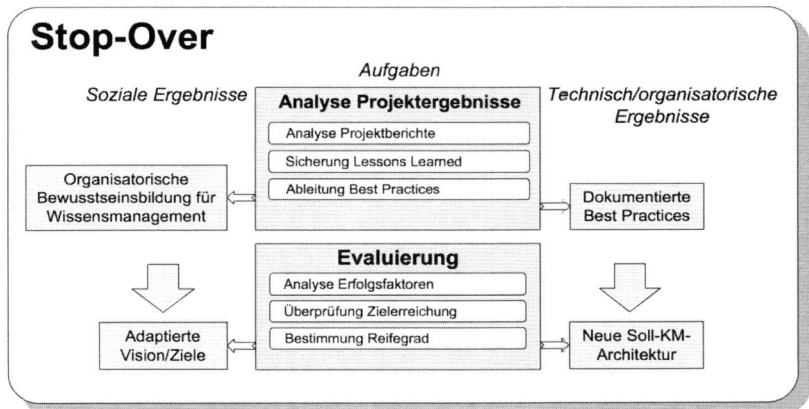

Abbildung 48: Aufgaben und Ergebnisse der Phase Stop-Over

Analyse Projektergebnisse

Der Zweck dieser Aufgabe ist es, die Projektergebnisse einer genauen Analyse zu unterziehen, um die Lessons Learned zu Best Practices im Sinne eines professionellen Wissensmanagements verdichten zu können.

Die schriftlich vorliegenden Projektberichte werden auf die Fakten (Ressourcenverbrauch, Zielerreichungsgrad, etc.) untersucht und zusammengefasst. In einem oder mehreren Workshops (siehe auf Seite 71) werden alle Lessons Learned identifiziert und zusammengefasst. Aus den aggregierten Lessons Learned werden die Good Practices extrahiert und in geeigneter Weise für zukünftige Wissensmanagement-Projekte bereitgestellt.

Evaluierung

Der Zweck dieser Aufgabe ist es, die aggregierten Projektergebnisse zu evaluieren, um die Soll-Wissensmanagement-Architektur für die nachfolgende nächste Start-Up-Phase zu erhalten.

Alle Erfolgsfaktoren, die den momentanen Zustand des Wissensmanagement-Systems in den Umsetzungsbereichen der Projekte beschreiben, werden analysiert und mit den Erhebungsergebnissen zu Beginn von Take-Off verglichen. Die Gesamtergebnisse der Erfolgsfaktorenanalyse werden rückverfolgt zu den Ausgangszielen des Gesamtprojekts bzw. den entsprechenden Unternehmenszielen und damit der Zielerreichungsgrad überprüft.

Der Reifegrad des Ist-Wissensmanagement-Systems wird bestimmt und mit dem Zielerreichungsgrad in Beziehung gesetzt. Ggfs. werden die Wissensmanagement-Vision und -Ziele entsprechend den gegebenen Rahmenbedingungen angepasst und damit eine neue Soll-Wissensmanagement-Architektur festgelegt. Diese dient als Input für die anschließende neuerliche Start-Up-Phase.

Beispiel

Das Projekt, in dem die K2BE Roadmap zum ersten Mal produktiv zum Einsatz kam, startete mit folgender Zielsetzung:

o   Schaffung einer gemeinsamen Begrifflichkeit von Wissen und Wissensmangement in der gesamten Organisation

o   Demonstrieren und Kommunizieren des Nutzens für jeden Mitarbeiter und die gesamte Organsation

o   Entwicklung und Implementierung eines integrierten und ganzheitlichen Wissensmanagement-Konzeptes

Das oben beschriebene Vorgehensmodell *K2BE Roadmap* wurde, wie folgt in die Praxis umgesetzt:

Check-In

Nach der Auftragserteilung durch den Vorstand wurde ein Projektteam gegründet. Dieses erarbeitete auf Basis der K2BE Roadmap den Projektauftrag im Detail, den der Gesamtvorstand im ersten PoC genehmigte.

Start-Up

In dieser Phase wurden durch Firmenbesuche Best Practice Beispiele gesammelt und analysiert. Mit Hilfe eines Fragebogens und strukturierten Interviews wurde der Ist-Zustand erhoben, welche Anforderungen bzw. Erwartungen „es an ein Wissensmanagement gab" und welche Projekte bzw. Aktivitäten, die dem Thema „Wissensmanagement" zugeordnet werden konnten, bereits liefen. Daraus wurden die Handlungsfelder abgeleitet, welche zunächst bearbeitet werden sollten. Im zweiten PoC wurde dem Vorstand das Ergebnis der Ist-Analyse zur Kenntnis gebracht und es erfolgte die Bestätigung der identifizierten Handlungsfelder.

Line-Up

In dieser Phase wurden zu jedem Handlungsfeld Projektaufträge mit passenden Pilotbereichen definiert, zu einem Projekt-Portfolio gebündelt und im dritten PoC vom Gesamtvorstand genehmigt.

Take-Off

Hier erfolgte die Abarbeitung der definierten Projekte entsprechend den Detailzielen und Inhalten in den Projektaufträgen. Für jedes Handlungsfeld wurden passende Pilotbereiche in der Organisation ausgewählt. Wichtige Zwischenergebnisse wurden an den Vorstand berichtet. Ein gemeinsamer PoC war in dieser Phase nicht sinnvoll, weil die Einzelprojekte sinnvollerweise mit unterschiedlichen Geschwindigkeiten liefen.

Stop-Over

Sobald alle Ergebnisse aus den Pilotbereichen vorlagen, wurde die Projektorganisation zu einer Prozessorganisation umgebaut und damit die einzelnen Handlungsfelder in die Verantwortung der Linienorgansiation gelegt, um die Institutionalisierung von Wissensmanagement weiter voranzutreiben.

Im laufenden Nachfolgeprogramm werden in strategisch wichtigen Handlungsfeldern ergänzende Maßnahmen gesetzt.

Referenzen

Mittelmann, Angelika et al. (2001): *Holistic Knowledge Management*. In: Hofer, Christian; Chroust, Gerhard (Hrsg.): IDIMT-2001 9th Interdisciplinary Information Management Talks Proceedings. Schriftenreihe Informatik, Band 6, Linz: Universitätsverlag Rudolf Trauner, S. 81 - 90.

Mittelmann Angelika; Häntschel, Irene (2002): *Ready for Take-Off - Wissensmanagement einführen mit der K2BE Roadmap*. In: wissensmanagement online, Ausgabe Juli/August 2002.

Mittelmann, Angelika; Häntschel, Irene (2007): *Wissensmanagement erfolgreich einführen*. In: Freilinger, Christian (Hrsg.): Management Made in Austria, Linz: Trauner, S. 260-280.

quICK win Produktivitätsanalyse

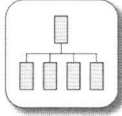

Die quICK win Produktivitätsanalyse ist eine Methode für die Einführung von Wissensmanagement in Teams und Organisationen. Mithilfe von Online-Interviews und Workshops erfolgt eine Standortbestimmung des Teams und die Identifikation von Möglichkeiten, die Wissensproduktivität zu steigern.

Diese Methode ist daher im Semantischen Raum zwischen *Organisationen*, *Wissensgebiete* und *Wissensobjekte* zu finden.

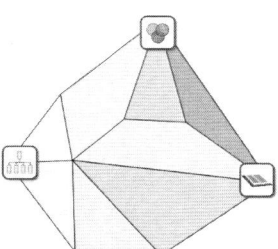

Die Methode

Die quICK win Produktivitätsanalyse hat ihre historischen Wurzeln in einem Projekt „The Human Side of Knowledge Management" bei Hewlett Packard in Palo Alto. In diesem Projekt wurden drei wesentliche Ebenen (Information, Communication, Knowledge) mit drei Schlüsselprozessen (Wissen gewinnen, Wissen austauschen und Wissen reflektieren) identifiziert. In über 100 Praxis-Projekten wurden im Zeitraum von 2000 bis 2009 die Grundlagen für ein standardisiertes Benchmark-System für die Einführung von Wissensmanagement-Methoden in Teams und Organisationen entwickelt. Im Jahr 2010 wurde die Methode für die Einführung von Collaboration-Werkzeugen und -Technologien weiterentwickelt.

Mit der quICK win Methode kann innerhalb von kürzester Zeit eine Standortbestimmung für Teams und Organisationen im Hinblick auf den systematischen Umgang mit Information, Kommunikation und Wissen durchgeführt werden. Zusätzlich werden Quick wins ermittelt, mit denen Teams und Organisationen rasch einen Nutzen erzielen können. Die Ermittlung von Potenzialen für die Steigerung der Wissensproduktivität bildet die Grundlage für Entwicklungspfade (Roadmaps) für die nachhaltige Verankerung von Wissensmanagement-Methoden in Teams und Organisationen.

Ziel und Nutzen

Folgende Dimensionen (Ziele und Nutzen) sind beim Einsatz der quICK win Produktivitätsanalyse besonders wichtig:

o Den Standort eines Teams in Bezug auf die Wissensproduktivität bestimmen. (Wo stehen wir im Vergleich zu anderen? – ICK-Benchmark; ICK = Information, Communication, Knowledge).

o Das Wissensmanagement/Collaboration–Profil ermitteln (Welche Wissensmanagement-Werkzeuge setzen wir ein, welche NICHT?).

o Verbesserungspotenziale für die Erhöhung der Wissensproduktivität im Team identifizieren.

o Eine Klassifikation von Schlüsselbegriffen und eine Strukturierung von Wissensthemen bzw. Wissensgebieten ermitteln

o Grundlegende Spielregeln für den Umgang mit Information, Kommunikation und Wissen im Team vereinbaren (Committment).

Anwendung

Die quICK win Produktivitätsanalyse ist eine Methode für die Einführung von Wissensmanagement-Methoden und Enterprise 2.0 Technologien in Teams und Organisationen.

Der besondere Aspekt bei „quICK win" ist die frühzeitige Integration von betroffenen Mitarbeitern in einem Entwicklungsprozess sowie die Herbeiführung von gemeinsam getroffenen Entscheidungen für den Einsatz von Wissensmanagement-Werkzeugen (Committment für Spielregeln: Welches Werkzeug wird für welchen Zweck eingesetzt?).

Die quICK win Produktivitätsanalyse wird in drei Phasen durchgeführt:

o *Online Interviews*: Online-Befragung bei ALLEN Mitarbeitern

o *QuICK win Workshop*: QuICK win Workshop für die Strukturierung der Wissensthemen (Wissensgebiete) und die Festlegung der ersten Umsetzungsschritte

o *Workshop Wissensproduktivität*: Workshops für die Priorisierung der weiteren Vorhaben für die Steigerung der Wissensproduktivität und der Vereinbarung von Spielregeln.

Online Interviews

Bei den Online Interviews werden alle Mitarbeiter eines Teams bzw. einer Organisation einbezogen, um eine Standortbestimmung vorzunehmen. Dabei werden wichtige Themen, zB die Bewertung der Wissensproduktivität, der aktuelle Einsatz von Wissensmanagement-Werkzeugen, die Erhebung von Verbesserungsvorschlägen zu den Bereichen Information, Kommunikation, Collaboration (Zusammenarbeit im Team) und Wissen behandelt. Durch die Integration ALLER betroffenen Mitarbeiter in dieser Befragung gelingt es, eine breite Akzeptanz zu schaffen, die in weiterer Folge für die Einführung von neuen Werkzeugen und die Umsetzung von Veränderungen von entscheidender Bedeutung sind.

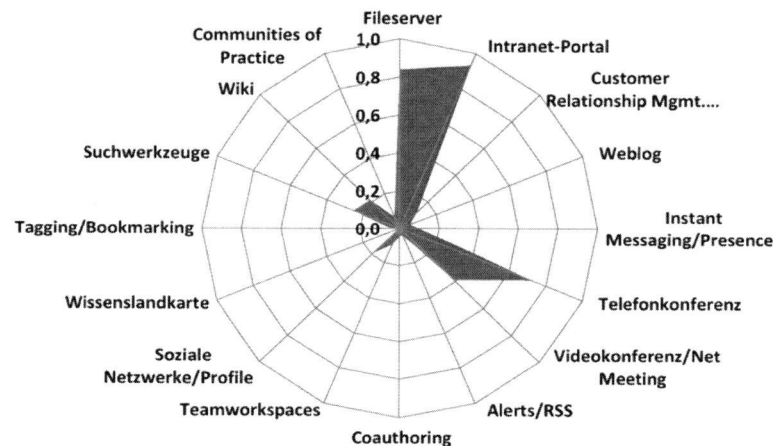

Abbildung 49: quICK win Wissensmanagement/Collaboration-Profil

Ein zentrales Ergebnis der quICK win Online-Interviews ist das Wissensmanagement/Collaboration-Profil (siehe Abbildung 49). Dabei wird sichtbar, welche Werkzeuge ein Team in welcher Intensität einsetzt UND welche verfügbaren Werkzeuge NICHT in Betracht gezogen werden. In der zweck- und zielgerichteten Fokussierung von bis heute nicht eingesetzten Werkzeugen und Methoden liegt das zukünftige Potenzial für die Produktivitätssteigerung der Wissensarbeit eines Teams oder der Organisation.

QuICK win Workshop

Die Ergebnisse der Online Interviews bieten die Grundlagen für den ersten quICK win Workshop. In diesem werden eine Strukturierung der Wissensthemen anhand der Online-Mind-Mapping Methode (siehe Seite 164) vorgenommen. Zusätzlich werden erste Umsetzungsschritte vereinbart, die für das Team einen raschen Nutzen bringen (zB die Neustrukturierung eines

Laufwerksverzeichnisses mit Namenskonventionen für die Datei-Bezeichnung).

Wissensproduktivitäts-Workshop

Durch die rasche Umsetzung von Quick wins können die Umsetzungserfahrungen bereits in dem zweiten, zeitlich nachgelagerten Workshop eingebracht werden. In diesem werden die Potenziale für die Verbesserung der Wissensproduktivität im Team bewertet und priorisiert. Auf der Basis der Verbesserungsvorschläge der Online Interviews können weiterführende Wissensmanagement-Projekte und -Prozesse identifiziert werden, um Wissensmanagement nachhaltig im Team und in der Organisation zu verankern.

In Teams und Organisationen ist der Umgang mit „Wissen" immer mit Emotionen verbunden (zB Wissen ist Macht, Wissen ist Freude am Geben und Schenken). Deshalb hat die quICK win Produktivitätsanalyse in der Praxis auch den Spitznamen „Wissensquickie" erhalten.

Gastbeitrag von Manfred della Schiava (MdS Wissensberater)

Referenzen

della Schiava, Manfred; Rees, William H. (1999): *Was Wissensmanagement bringt*. Wien, Hamburg: Signum, S. 140-142.

della Schiava, Manfred (2008): *2:O Das Spiel mit dem Marketingwissen*. Wien: Echoverlag, S. 129.

della Schiava, Manfred (2009): *Steigerung der Produktivität der Wissensarbeit im Finanzsektor – Benchmark/Banken*. In: Hinkelmann, K.; Wache, H. Management (2009): GI-Edition Lecture Notes in Informatics (LNI) – Proceedings, Volume P-145, Bonner Köllen Verlag, S. 406-413.

della Schiava, Manfred; Ehniß, Barbara (2010): *Marketingwissen schneller finden und vernetzen*. In: Pircher, Richard (Hrsg.): Wissensmanagement Wissenstransfer Wissensnetzwerke. Erlangen: Publicis Publishing, S. 117-126.

Wissensmanagement Benchmarking

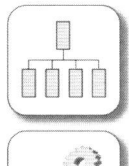

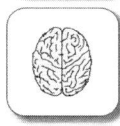

Wissensmanagement Bench-
marking ermöglicht es Unternehmen ihre Wissensmanagement-Systeme untereinander zu
vergleichen und auf Basis dieser
Erkenntnisse zu verbessern.

Diese Methode ist daher im
Semantischen Raum zwischen
Organisationen, *Prozesse* und
Kompetenzen zu finden.

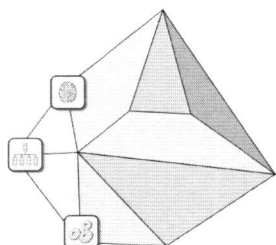

Die Methode

Wissensmanagement Benchmarking ist eine Methode, die es Organisationen oder -einheiten ermöglicht, ihre Wissensmanagement-Systeme untereinander zu vergleichen. Sie umfasst ein ganzheitliches Vergleichsmodell
basierend auf dem EFQM-Modell und das Vorgehen beim Benchmarking
selbst.

Dem Benchmarking-Modell liegen die sieben Bewertungskriterien zu Grun-
de (siehe Abbildung 50). Die Bewertungskriterien stehen zueinander in Beziehung (Befähiger / Ernte) und sind untereinander gewichtet. Die Gewichtung sagt aus, wie groß der Einfluss des jeweiligen Kriteriums auf den Erfolg von Wissensmanagement ist.

Die Nährboden-Kriterien ermöglichen es, die Wissensmanagement-spezifischen Handlungsweisen und Prozesse im Unternehmen und deren Anwen-
dungsgrad zu untersuchen und zu bewerten. Hier geht es darum zu zeigen,
wie gearbeitet wird. Die Ernte-Kriterien dagegen erlauben es, die Ergebnisse aus Wissensmanagement-spezifischen Aktivitäten systematisch zu messen, mit anderen Unternehmen zu vergleichen und damit Rückschlüsse auf
erforderliche Verbesserungsmaßnahmen bei den Nährboden-Kriterien zu
ziehen. Diese Kriterien beschreiben, was getan wird, um die Wissensmanagement-spezifischen Ziele der Organisation zu erreichen.

Dieses Modell ist im sog. Bewertungsbuch dokumentiert. Alle Kriterien
sind darin kurz beschrieben, was sie bedeuten und woran ihre Qualität nach-
gewiesen werden soll. Die Nährboden/Befähiger-Kriterien werden dafür um
Fragen, die Ernte/Ergebnisse-Kriterien um typische Beispiele ergänzt.

Ebenso sind darin das Bewertungsverfahren und das Rechenschema für die quantitative Bewertung zu finden, das die Gewichtung der Kriterien enthält.

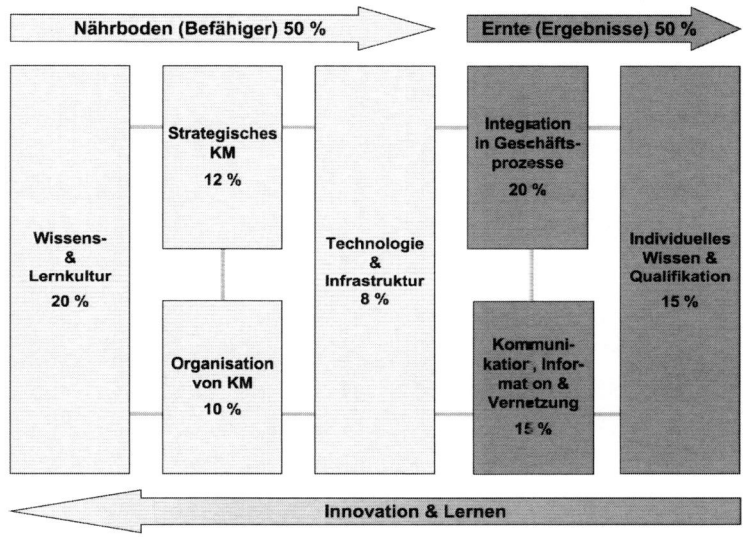

Abbildung 50: Bewertungsmodell

Die Kriterien stellen sich im Detail wie folgt dar:

Wissens- und Lernkultur

Eine Wissen und Lernen anregende Kultur ermöglicht eine selbstgesteuerte Entwicklung und damit Leistungssteigerung des Unternehmens. Wissen ist untrennbar mit Personen und sozialem System verwoben.

Leitfragen:

o   Wie wird in der Organisation mit Neuem umgegangen (stoßen neue Ideen eher auf Ablehnung oder auf fruchtbaren Boden)?

o   Wie weit ist das Bewusstsein für die Bedeutung von Wissen im Unternehmen ausgeprägt (Diskussion, Vorträge, Schulungen)?

o   Wie wird mit Halbwahrheiten (Gerüchten) umgegangen?

o   Wie gut sind die Rahmenbedingungen für Wissensweitergabe gestaltet (freies Zeitkonto, Info-Veranstaltungen, Unternehmensfrühstück, Wissensforen, etc.)?

o   Wie unterstützt die gelebte Führungskultur die Lern- und Wissensmanagement-Prozesse (Vorleben, bewusstes Einfordern, Vertrauen, Reflexion, Umgang mit Fehlern, Einbeziehen der Mitarbeiter)

o   Wie eigenverantwortlich gehen die Mitarbeiter mit Ihrem Wissen um (Eigeninitiative/Bereitschaft beim Lernen und bei der Wissensweitergabe)?

Strategisches Wissensmanagement

Es gibt immer mehr wissensintensive Produkte und Dienstleistungen. Wenn Wissensmanagement im Leitbild und der Strategie eines Unternehmens explizit verankert ist, dann verbessert sich die Wettbewerbssituation im Unternehmen.

Leitfragen:

o   Wie sind die Grundsätze des Wissensmanagement in der Unternehmenscharta bzw. Leitbild berücksichtigt (gar nicht, indirekt, explizit)?

o   Wie ist Wissensmanagement in der strategischen Unternehmensplanung integriert (Wissensziele vorhanden: gar nicht, indirekt, explizit)?

o   Wie werden erfolgsrelevante Kompetenzen strategisch geplant und aquiriert (zB mittels BSC, Wissensbilanz und MA-Entwicklungs-, Karriere- bzw. Einsatzplanung)?

o   Wie wird strategisches Wissen geschützt (Patentstrategie, etc.)?

o   Wie werden Innovationen und neue Ideen strukturiert und gemanagt (inkl. langfristige Vision zu zukünftigen Geschäftsfeldern und Tätigkeitsbereichen; Zukunftsforen, Ideenmanagement, KVP, Kaizen, etc.)?

o   Wie werden strategische Partnerschaften geknüpft und gepflegt?

Organisation von Wissensmanagement

Nur wenn es „Adressen" im Sinne von Ansprechpersonen oder definierte Organisationseinheiten im Unternehmen für Wissensmanagement gibt, wird es beobachtbar und bearbeitbar.

Leitfragen:

o   Inwieweit wird Wissensmanagement in der Aufbauorganisation sichtbar (definierte Ansprechpartner, eigene Stelle, Stabsstelle, Vorstands-/GF-Agenda)?

o   Inwieweit werden personelle und finanzielle Ressourcen für Wissensmanagement bereitgestellt (eigenes Budget, etc.)?

o   Inwieweit gibt es für die Koordination der laufenden KM-Aktivitäten eine Einführungsorganisation oder ein definiertes Projekt bzw. einen definierten Personenkreis?

Technologie & Infrastruktur

Ohne geeignete Technologieunterstützung ist die Professionalisierung und Verankerung von Wissensmanagement schwer möglich. Durch Informationstechnologie (IT) können Informationsaustauschprozesse schneller und effizienter abgewickelt werden. IT hilft die Beschränkung des Menschen bei der Daten- und Informationsverarbeitung zu überwinden.

Leitfragen:

o   Inwieweit wird eine ICT-Architektur für Wissensmanagement bereitgestellt und gepflegt (Installation, Wartung, Pflege, Helpdesk, Schulungen)?

o   Inwieweit ist das KMS (Knowledge Management System) mit externen Systemen vernetzbar (Kunden, Lieferanten, strategische Geschäftspartner)?

o   Inwieweit sind physische Kommunikations- und Begegnungsorte (Kantine, Cafeteria, Kaffee-/Wasserautomat, Informationsinseln, etc.) für informelle Treffen eingerichtet und wie sind sie gestaltet?

Integration von Wissensmanagement in die Geschäftsprozesse

Wissensmanagement fokussiert auf Leistungssteigerung der Organisation. Leistungssteigerung fußt auf der Handlungsebene, also auf den Geschäftsprozessen. Wenn Wissensmanagement in den Geschäftsprozessen integriert ist, hat Wissensmanagement Wurzeln, hat damit Boden und macht das Anwenden und Wiederverwenden von Wissen möglich

Beispiele:

o   Die Unternehmenskernprozesse sind allgemein bekannt und dokumentiert (zB Visualisierung).

o   Die wissensintensiven Teilprozesse und zugehörigen Informationsflüsse sind dokumentiert und mit wissensrelevanten Objekten (zB Wissensträger, Lessons Learned Protokolle) zwischen den Geschäftsprozessen und darüber hinaus verknüpft

o   Der Wissensmanagementprozess (Lebenszyklus des Wissens: zB Entstehen – Wiederverwenden – Verwerfen) ist definiert, beschrieben und wird gelebt.

o KM-Methoden und Werkzeuge (Technologie und Infrastruktur) werden standardmäßig im Rahmen der Geschäftsprozesse angewandt (welche, wo und wie)

Kommunikation, Information & Vernetzung (Beziehungskapital)

Die bewusste Beschäftigung mit Themen zu Kommunikation, Information & Vernetzung fördert die Wissensorientierung in der Organisation und verbessert die Anpassungsfähigkeit des Unternehmens in dynamischen Umwelten. Es hilft die Wettbewerbssituation einzuschätzen, schafft Orientierung zum eigenen Standpunkt und ermöglicht ständige Verbesserung.

Beispiele:

o Informationsverteilungsregeln (implizit, explizit, bis zu welcher Organisationstiefe)

o Verwendung von Informationsmedien (welche, wie viele, Zielgruppen)

o Kommunikationstiefe des Unternehmensleitbilds (top-down)

o Besprechungskultur (Vorbereitung, Durchführung, Nachbereitung) und Entscheidungsfindungsprozess (Effizienz und Effektivität)

o Interne Vernetzung (Vernetzung der Mitarbeiter untereinander und über Funktionen, Ebenen und geografische Grenzen hinweg; physisch und virtuell) vorhanden

o Externe Vernetzung (zB Forschungsnetzwerke, strategische Partnerschaften) vorhanden

o Einsatz von Methoden/Werkzeugen für die Wissensteilung (Lernzirkel, ERFA-Runden, social events, etc.)

Individuelles Wissen & Qualifikation (Humankapital)

Die Träger von Wissen sind Individuen. Wissensmanagement beginnt daher beim individuellen Wissen und behält die Qualifikation des Einzelnen sowie die Kompetenz der gesamten Organisation zur Absicherung der Wettbewerbsfähigkeit im Auge.

Beispiele:

o Aus- und Weiterbildung (Corporate University o.ä.)

o Skills Management (Kernkompetenzen und -träger sind bekannt, Aus-/Auf-/Umbau wird systematisch betrieben, KM-Rollen sind definiert und werden gelebt)

o Erfahrungsaustausch und -lernen wird organisatorisch unterstützt (zB Job Rotation, Sabbatical, Mentorenprogramm, Coaching, o.ä.)

o   Persönliche Entwicklungs- und Karriereplanung vorhanden

Das Bewertungsschema (siehe Abbildung 51) beschreibt, wie die Nährboden-Kriterien nach dem Grad der Kriterienausprägung und die Ernte-Kriterien nach deren Nachweisbarkeit in Form von Prozentzahlen eingeschätzt werden sollen.

		0 - 24%	25 - 49%	50%	51 - 75%	76 - 100%
Wissens- & Lernkultur	2,0	nicht/kaum erkennbar	teilweise erkennbar	zur Hälfte erkennbar	zu 3/4 erkennbar	voll erfüllt
Strategisches KM	1,2	nicht/kaum erkennbar	teilweise erkennbar	zur Hälfte erkennbar	zu 3/4 erkennbar	voll erfüllt
Organisation von KM	1,0	nicht/kaum erkennbar	teilweise erkennbar	zur Hälfte erkennbar	zu 3/4 erkennbar	voll erfüllt
Technologie & Infrastruktur	0,8	nicht/kaum erkennbar	teilweise erkennbar	zur Hälfte erkennbar	zu 3/4 erkennbar	voll erfüllt
Integration in Geschäftsprozesse	2,0	nicht/kaum nachweisbar	teilweise nachweisbar	zur Hälfte nachweisbar	zu 3/4 nachweisbar	voll erfüllt
Kommunikation, Information & Vernetzung	1,5	nicht/kaum nachweisbar	teilweise nachweisbar	zur Hälfte nachweisbar	zu 3/4 nachweisbar	voll erfüllt
Individuelles Wissen & Qualifikation	1,5	nicht/kaum nachweisbar	teilweise nachweisbar	zur Hälfte nachweisbar	zu 3/4 nachweisbar	voll erfüllt

Abbildung 51: Bewertungsschema

Stärken und Verbesserungspotentiale werden zu jedem Kriterium festgehalten, um die Prozentzahl zu begründen. Die gewichteten Prozentzahlen werden am Ende des Bewertungsverfahrens zu einer Gesamtzahl addiert.

Ziel und Nutzen

Ziel der Methode ist die Einschätzung der Reife einer Organisation in Bezug auf ihr Wissensmanagement-System durch Selbst- und Fremdbewertung. Stärken und Verbesserungspotentiale werden identifiziert und können direkt in Aktionspläne umgesetzt werden. Dies ist der Hauptzweck von Benchmarking, den Siebert/Kempf sehr treffend als „Suche nach den besten Praktiken und Implementierung im eigenen Unternehmen" beschreiben. Bei wiederholter Anwendung des Benchmarkings kann leicht festgestellt werden, bei welchen Kriterien Verbesserungen erfolgt sind und wodurch. Dies fördert wiederum Innovation und optimiert die Lernprozesse im Unternehmen.

Anwendung

Der Benchmarking-Prozess umfasst die folgenden Schritte:

1. Abfassen einer Unternehmensbeschreibung:

Das Bewertungsbuch ist die Basis für die Unternehmensbeschreibung, die gegliedert nach den Bewertungskriterien (siehe Abbildung 50) die Situation im jeweiligen Unternehmen möglichst objektiv und vollständig beschreibt. Alle Unterlagen und Dokumente, die als Beweise für die Erkennbarkeit bzw. Nachweisbarkeit der Kriterien dienen, werden zusammengetragen. Darüberhinaus wird noch eine Präsentation, die je Kriterium idealerweise eine Folie beinhaltet, vorbereitet.

2. Selbstbewertung:

Unter Zuhilfenahme des Bewertungsschemas beurteilt jedes Unternehmen zunächst selbst den Grad der Überdeckung zwischen der Unternehmensbeschreibung und der Kriterienbeschreibung im Modell. Man erkennt dabei ev. Lücken oder Widersprüche der eigenen Beschreibung und kann sie ggfs. schließen bzw. bereinigen. Das Ergebnis dieser Selbstbewertung wird zur Fremdbewertung mitgenommen.

3. Fremdbewertung:

Die Firmenvertreter kommen an einem neutralen Ort zusammen. Sie präsentieren sich gegenseitig ihre Unternehmensbeschreibungen und zeigen bei Bedarf die vorbereiteten Dokumente oder sonstigen Unterlagen. Die Beurteilung erfolgt unmittelbar nach der Präsentation der einzelnen Kriterien. Für jeden Benchmarking-Teilnehmer werden je Kriterium die gefundenen Stärken und Verbesserungspotentiale mitdokumentiert. Ergänzend dazu werden auch besonders interessante Vorgehensweisen oder Methoden und Werkzeuge notiert. Diese Art der Dokumentation ist auch unter dem Begriff „PMI-Schema" bekannt. PMI steht dabei für „plus-minus-interessant" (vgl. De Bono, 1993).

Das Ergebnisdokument aus dem letzten Schritt dient jedem teilnehmenden Unternehmen für die Identifizierung von Verbesserungsmaßnahmen für sein Wissensmanagement-System. Alle Präsentationsunterlagen werden ebenfalls allen Benchmarking-Partnern zur Verfügung gestellt. Sie stellen eine wertvolle Ideensammlung für zukünftige Wissensmanagement-Aktivitäten im eigenen Haus dar.

Referenzen

De Bono, Edward (1993): *Thinking Course.* London: BBC.

KM-Promotoren (Michael Adam, Evelyn Berner, Gerhard Hochreiter, Bernd Humpl, Angelika Mittelmann, Georg Sagerer, Kurt Wöls; 2005): *Benchmark zum Thema Wissensmanagement.* In: PWM Jahrbuch 2005, S. 55–56.

Mittelmann Angelika, Humpl Bernd, Wöls Kurt, Hochreiter Gerhard (2006): *Best Practice im Wissensmanagement: Lernen durch Benchmarking.* i-know 2006, Industry Track 1b, Graz.

Siebert, Gunnar; Kempf, Stefan (2008): *Benchmarking. Leitfaden für die Praxis.* 3. Auflage, München: Hanser.

Balanced Scorecard

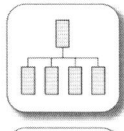

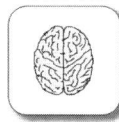

Die Balanced Scorecard unterstützt beim Steuern der Wertsteigerung der Organisation und bei der Gewährleistung eines kontinuierlichen Lernprozesses.

Daher findet man diese Methode im Semantischen Raum zwischen *Organisationen*, *Prozesse* und *Kompetenzen*.

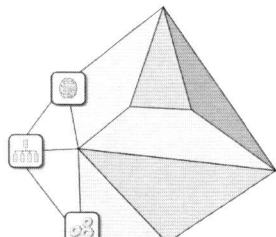

Die Methode

Der Begriff Balanced Scorecard leitet sich aus balanced (= ausgewogen, ausbalanciert) und Scorecard (= Berichtsbogen) ab. Es handelt sich also um ein ausbalanciertes Kennzahlensystem. Traditionelle Kennzahlensysteme enthalten meist ausschließlich finanzielle Indikatoren, die nur eine Vergangenheitsbetrachtung erlauben. Für die gezielte Entwicklung von Potenzialen und damit der Absicherung der Überlebensfähigkeit der Organisation sind Frühindikatoren wichtig, die eine Abschätzung gegenwärtiger und zukünftiger Entwicklungen von Kunden-, Produkt- und Marktpotenzialen ermöglichen. Ein solcher „Blick in die Zukunft" ermöglicht es Organisationen, rechtzeitig auf negative Entwicklungstendenzen zu reagieren. Das war der Hauptbeweggrund für Kaplan und Norton die Balanced Scorecard zu entwickeln.

Eine Balanced Scorecard ist ein Managementinstrument für die Steuerung von Unternehmen bzw. Unternehmensbereichen. Sie hilft der Organisation, ihre Strategie schnell und verständlich in Handlungen zu übersetzen und allen Mitarbeitern zu kommunizieren. Die Ausgewogenheit wird gewährleistet durch die gesamtheitliche Betrachtung der vier Perspektiven *Finanzen*, *Prozesse*, *Kunden* sowie *Lernen und Entwicklung*. Jeder Perspektive sind kurz- bzw. langfristiger Ziele, passend zur Strategie, zugeordnet sowie Maßnahmen, die durch monetäre und nicht-monetäre Kennzahlen überwacht (siehe Abbildung 52) werden. Die Konsistenz und Vollständigkeit des Kennzahlensystems wird durch die Bestimmung der Ursache-Wirkungsbeziehungen zwischen den Indikatoren aller Perspektiven überprüft.

Prozesse mit Wissensorientierung

Dies ist dann gegeben, wenn jedes Ziel zumindest auf ein weiteres Ziel einwirkt (siehe Abbildung 54).

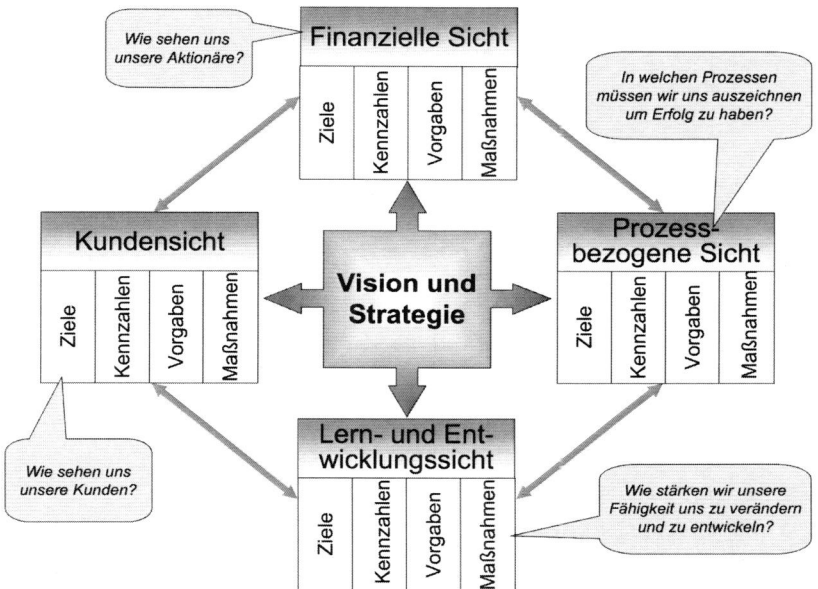

Abbildung 52: Struktur einer Balanced Scorecard

Besonders interessant an der Balanced Scorecard ist, dass Wissensmanagement-spezifische Indikatoren in allen vier Sichten integriert werden können oder als eine eigene fünfte Perspektive in die Balanced Scorecard aufgenommen werden kann.

Ziel und Nutzen

Um den steigenden Anforderungen in einem turbulenter werdenden Umfeld gerecht zu werden, bedarf es einer permanenten und schnellen Anpassung der Unternehmensstrategie und deren konsequenter Umsetzung in allen Unternehmensbereichen. Mit einer Balanced Scorecard werden neben den rein finanziellen Kennzahlen Entwicklungspotenziale in den vier Sichten auf ein Unternehmen beleuchtet. Nur diese integrierte Betrachtung aller Sichten hilft, die Wertsteigerung eines Unternehmens effektiv zu managen und einen kontinuierlichen Lernprozess zu gewährleisten.

Anwendung

Die Einführung und der Betrieb einer Balanced Scorecard sind zwei unterschiedliche Prozesse. Während die Einführung üblicherweise als Projekt abgewickelt wird, stellt der nachfolgende Betrieb eine ständige Aufgabe dar.

Einführung einer Balanced Scorecard

1. Rahmenbedingungen festlegen

Bevor mit der inhaltlichen Arbeit an der Balanced Scorecard begonnen werden kann, müssen einige Rahmenbedingungen geklärt sein. Es muss entschieden werden, für welche Organisationseinheit oder das Unternehmen als Ganzes eine Balanced Scorecard erstellt und implementiert werden soll und für welchen Zeitraum (meist jeweils für ein Geschäftsjahr). Dann legen die Entscheidungsträger fest, welche Perspektiven in die Balanced Scorecard Eingang finden sollen (die vier „klassischen" oder andere oder zusätzliche). Last but not least wird ein Projektteam, dem je ein Mitglied aus den festgelegten Perspektiven (zB Controlling, Finanzen, Verkauf, Produktion, Personal) angehört, mit der Einführung betraut.

2. Vision und Strategie des Unternehmens klären

Wenn Vision und Strategie des Unternehmens klar beschrieben sind, genügt es an dieser Stelle dem Projektteam die entsprechenden Dokumente zur Verfügung zu stellen. Wenn das nicht der Fall ist, klärt das Projektteam mit der Geschäftsführung folgende Fragen in einem oder mehreren Workshops:

o   Was ist der Zweck unseres Unternehmens?

o   Wo sehen wir uns in 10 bis 15 Jahren?

o   Auf welchem Weg wollen wir dorthin gelangen?

Das Ergebnis aus diesen Workshops ist ein Dokument, das Mission, Vision und Strategie der Organisation enthält.

3. Unternehmensziele, Kennzahlen ableiten

Aus der Strategie werden die Unternehmensziele in allen Perspektiven für die nächste Berichtsperiode (meist das nächste Geschäftsjahr) abgeleitet. Um deren Konsistenz zu überprüfen, werden die Ursache-/Wirkungsbeziehungen (siehe Abbildung 54) zwischen den abgeleiteten Zielen bestimmt. Anschließend werden die Ziele mit Indikatoren bzw. Kennzahlen (siehe Abbildung 53) versehen. Die Ableitung der Ziele und Indikatoren aus der Strategie stellt den direkten Zusammenhang zwischen langfristigen Vorgaben und kurzfristigen Entscheidungen her. Abschließend legt die Geschäftsführung die Zielwerte für die Indikatoren (für Beispiel unten: 1 Mio Euro Kosteneinsparungen für das nächste Geschäftsjahr) fest und leitet strategische Maßnahmen (für Beispiel unten: Aufbauen langfristiger strategischer Allianzen mit Kulturreise-Anbietern im europäischen Raum) ab.

4. *Ziele, Kennzahlen kommunizieren und operationalisieren*

Die Ziele, Kennzahlen und strategischen Maßnahmen werden dem Management der nächsten Ebene kommuniziert, das wiederum seine Detailziele, Kennzahlen und Maßnahmen daraus ableitet. Diese Ableitungsreihe kann bis zum einzelnen Mitarbeiter erfolgen. Meist wird bei der letzten Managementebene abgebrochen. Den Mitarbeitern werden die Abteilungsziele und -maßnahmen in Mitarbeiter- oder Mitarbeiterteamgesprächen vermittelt.

5. *Planungs-, Berichts-, und Review-Systeme anpassen*

Im letzten Schritt der Einführung wird dafür gesorgt, dass die Berichte an das Management in die neue Form der Balanced Scorecard gebracht werden. Der Befüllungsprozess muss neu definiert und, wenn möglich, mit IT-Unterstützung automatisiert werden. Zum Schluss wird die Balanced Scorecard in den Planungs- und Managementreview-Zyklus der Organisation eingebaut.

Betreiben einer Balanced Scorecard

Die Balanced Scorecard wird monatlich mit den aktuellen Kennzahlen befüllt und mit den Zielgrößen verglichen. Im Falle von gravierenden Abweichungen werden Korrekturmaßnahmen eingeleitet. Der Entwicklungszyklus wird jährlich wiederholt oder bei besonderen Vorkommnissen, die eine spontane Strategieänderung erfordern.

Beispiel

Das nachfolgende Beispiel eines mittelgroßen Unternehmens der Bildungsbranche ist eine Skizze einer Balanced Scorecard zur Verdeutlichung der Idee.

Vision des Unternehmens:
Jeder, der mit uns lernt, versteht Europa.

Strategie:
Durch kombinierte Präsenz- und E-Learning-Lernangebote steigern wir rasch und nachhaltig die Sprach- und Landeskultur-Kompetenz unserer Kunden im europäischen Raum.

Perspektive	Strategische Teilziele	Kennzahlen
Finanzen	Steigerung Ergebnis aus neuen Inhalten	Nettoerlös je Kurs
	Kostenreduktion	Administrative Bearbeitungskosten je Kurs
	...	...
Kunden	Steigerung längerfristiger Kundenverträge	Anzahl Verträge / Dauer in Monaten
	Nachgefragte kulturspezifische und sprachliche Inhalte für jedes europäische Land	Anzahl Kurse je Art und Land / Nachfrage je Kurs
	...	...
Prozesse	Verkürzung Kursanmeldeprozess	Durchlaufzeit je Kursanmeldung
	Etablierung Lessons-Learned-Prozess	Verwertungsgrad der Lessons Learned
	...	...
Lernen & Entwicklung	Erhöhung Mitarbeiterzufriedenheit	Mitarbeiterzufriedenheitsindex
	Verwendung individueller Kompetenz-Portfolios im Mitarbeitergespräch (MAG)	Anzahl individueller Kompetenz-Portfolios / Anzahl MAGs
	...	...

Abbildung 53: Auszug aus Balanced Scorecard

Zur Überprüfung der Konsistenz dient die folgende Darstellung der Ursache-Wirkungsbeziehungen.

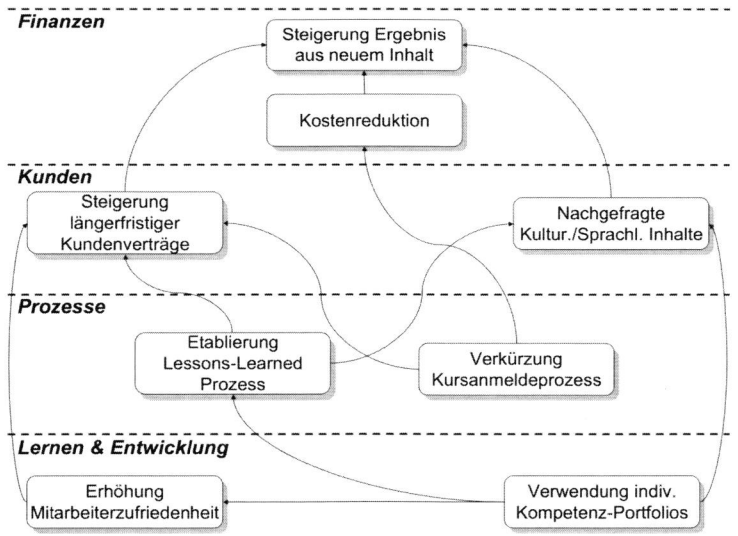

Abbildung 54: Ursache-Wirkungsbeziehungen

Referenzen

Kaplan, Robert S.; Norton, David P. (1996): *The Balanced Score Card: Translating Strategy into Action*. Boston, Watertown: Havard Business Press.

Kaps, Gabriele (2001): *Erfolgsmessung im Wissensmanagement unter Anwendung von Balanced Scorecards*. Nohr, H. (Hrsg.): Fachhochschule Stuttgart, Arbeitspapiere Wissensmanagement Nr.2/2001. http://cosmic.rrz.uni-hamburg.de/webcat/hwwa/edok01/hbi/ APW2001-02.pdf, Abruf: 28.11.2010.

Wissensbilanz

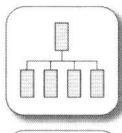

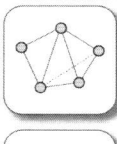
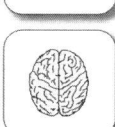

Die Wissensbilanz dient der Bewertung, Steuerung und Entwicklung des Human-, Struktur- und Beziehungskapitals einer Organisation.

Im Semantischen Raum ist daher diese Methode zwischen *Organisationen*, *Prozesse*, *Beziehungen* und *Kompetenzen* zu finden.

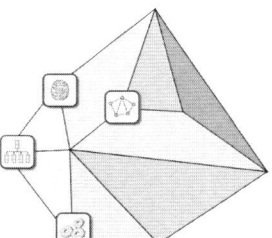

Die Methode

Die Methode Wissensbilanz wurde entwickelt, weil man immer mehr zur Überzeugung gelangt ist, dass der Wert eines Unternehmens durch eine rein finanztechnische Bewertung nicht vollständig erfasst und daher nicht hinreichend gesteuert werden kann. Heute geht man davon aus, dass sich der gesamte Wert eines Unternehmens aus physischen und immateriellen Vermögenswerten zusammensetzt (siehe Abbildung 55). Das intellektuelle Kapital stellt davon je nach Wissensintensität der Organisation einen nicht unerheblichen Teil dar. Dieses Kapital erfordert eine mindestens so gute Pflege wie das materielle, weil es die Zukunftsfähigkeit des Unternehmens unterstützt.

Das intellektuelle Kapital gliedert sich in Human-, Struktur- und Beziehungskapital. *Humankapital* umfasst die Kompetenzen und Motivation des Managements und der Mitarbeiter. *Beziehungskapital* stellt zB die Vernetzung mit Kunden, Lieferanten, sonstigen Partnern und öffentlichen Einrichtungen dar sowie die Effizienz des Recruitings. *Strukturkapital* beschreibt die Elemente der Unternehmenskultur, die Organisationsstrukturen und Prozesse, die die Produktivität und Innovationskraft der Mitarbeiter unterstützen.

         Prozesse mit Wissensorientierung

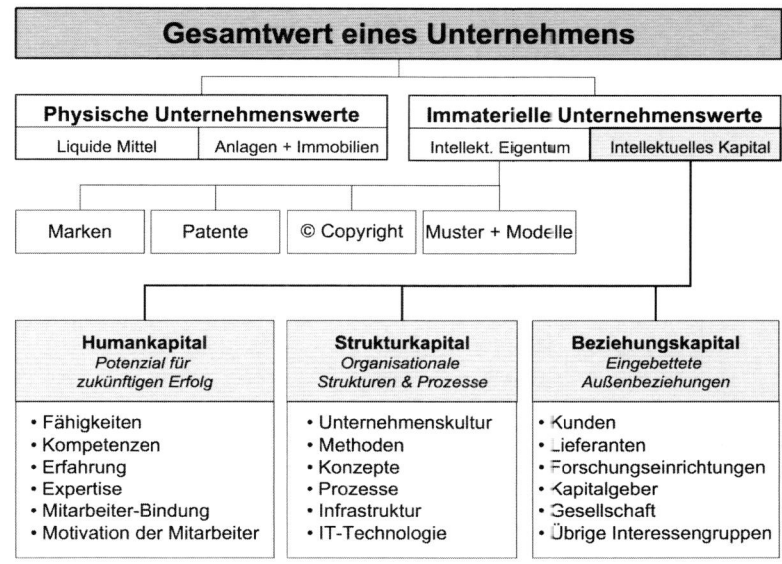

Abbildung 55: Gesamtwert eines Unternehmens

Die Wissensbilanz ist eine Methode, mit deren Hilfe Investitionen in intellektuelles Kapital und deren produktive Nutzung im Rahmen der Wertschöpfungsprozesse erfasst, bewertet, kommuniziert und gesteuert werden können. In der Wissensbilanz erfolgt die Gegenüberstellung von *Kosten* (Rahmenbedingungen, Aufwendungen) und *Nutzen* (Zielerreichung, Kompetenzaufbau, Wertschöpfung) der Wissensproduktion. Dabei werden sowohl qualitative als auch quantitative Bewertungen vorgenommen. Unter Berücksichtigung des Unternehmensumfeldes und der Strategie des Unternehmens beinhaltet die Methode die Ableitung von Maßnahmen zur Optimierung des intellektuellen Kapitals.

Ziel und Nutzen

Die Methode wurde mit dem Ziel entwickelt, der Führung wissensbasierter Unternehmen wie zB Forschungseinrichtungen ein Werkzeug in die Hand zu geben, mit dessen Hilfe sie immaterielle Vermögensbestände erfassen, bewerten und entwickeln können. Sie erleichtert dem Management die Standortbestimmung („Wo stehen wir?"), die Zieldefinition („Wohin wollen wir?") und die Kommunikation der Strategie („Wie werden wir dorthin kommen?").

Anwendung

Das ursprüngliche Modell der Wissensbilanzierung ist von den „Austrian Research Centers Seibersdorf" entwickelt und 1999 zum ersten Mal angewandt worden. Es basiert auf der Balanced Scorecard (siehe Seite 202) und dem EFQM-Modell. Die aktuelle Version hofiert unter dem Namen *Wissensbilanz A2006*. Mittlerweile gibt es sowohl in Deutschland (Alwert/Bornemann/Will: *Wissensbilanz - Made in Germany*) als auch in der Schweiz (Auer: *Intellectual Capital Management System*) Wissensbilanzierungsmodelle, die sich strukturell kaum, aber in der Vorgehensweise bei der Erstellung als auch in der Ergebnisdarstellung deutlich unterscheiden. Die nachfolgend beschriebenen Schritte sind an das etwas weniger aufwändige Modell „Wissensbilanz A2006" (siehe Abbildung 56) angelehnt.

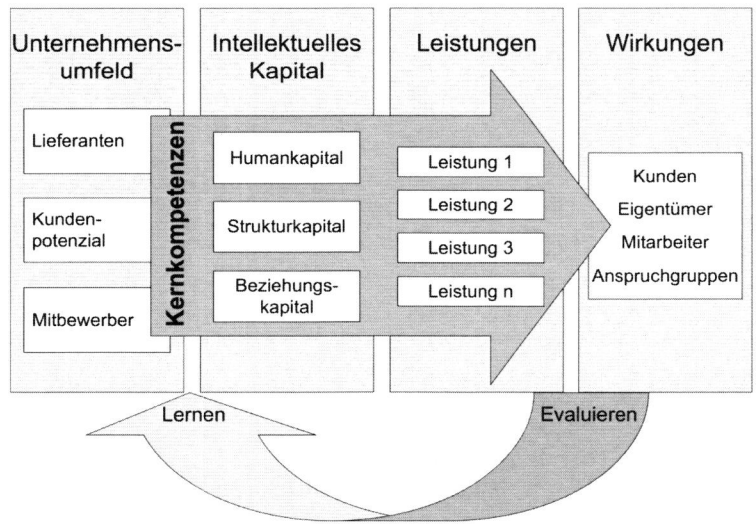

Abbildung 56: Modell der Wissensbilanz A2006 (nach Koch/Schneider)

Schritt 1: Projektmanagement aufsetzen

Für die Erstellung einer Wissensbilanz wird in der Organisation eine kleine Projektgruppe aus je einem Vertreter aus der Geschäftsführung, Finanzen und Controlling, Personalmanagement, Verkauf und der operativen Einheit gegründet, die die weiteren Schritte abwickelt. Eine andere Variante wäre eine externe Projektgruppe mit der Durchführung zu beauftragen. Die Projektphasen orientieren sich am Strukturmodell (siehe Abbildung 56), aus

Prozesse mit Wissensorientierung

dem sich die folgenden Schritte ableiten. Das Ergebnis von Schritt 1 ist die Zustimmung des Top-Managements, ein klarer Projektauftrag inkl. -plan und ein arbeitsbereites Projektteam.

Schritt 2: Kernkompetenzen festlegen

Hier erfolgen die Untersuchung des Unternehmensumfeldes (Markt- und Mitbewerbersituation, Chancen und Risiken) und die Bestandsaufnahme der Unternehmenssituation (Stärken und Schwächen der Organisation). Aus diesen Ergebnissen werden die Kernkompetenzen und strategischen Erfolgsfaktoren abgeleitet.

Kernkompetenzen sind jener Ressourcenmix aus Human-, Struktur- und Beziehungskapital eines Unternehmens, der einzigartig und für Mitbewerber schwer imitierbar ist. Er trägt zu einer deutlicher Wertschöpfung bei und sichert dem Unternehmen nachhaltig den Wettbewerbsvorteil. Es ist ratsam auf die Formulierung der Kernkompetenzen großes Augenmerk zu legen. Es soll möglichst klar beschrieben sein, was den Kundennutzen erzeugt und das Unternehmen damit erfolgreich macht.

Das Ergebnis dieses Schritts beinhaltet einen Befund über das Unternehmensumfeld und die Unternehmenssituation, eine Liste der Kernkompetenzen und strategischen Erfolgsfaktoren sowie die inhaltliche Grundstruktur der Wissensbilanz.

Schritt 3: Assessment

Durch Befragungen von wichtigen Personen aller Anspruchsgruppen werden nun die Erfolgsfaktoren des intellektuellen Kapitals, die Leistungen und Wirkungen in Bezug auf die Kernkompetenzen hinsichtlich Effizienz (derzeitige Stärke, -5 bis +5, 0 = Branchenmittel), Innovationsleistung (zukünftige Stärke, -5 bis +5) und Risikopotenzial (Bedrohung der aktuellen oder zukünftigen Stärke, 0 bis 3) eingeschätzt. Es wird auch erhoben, welche Erfolgsfaktoren (0 bis 3) für die Leistungsfähigkeit des Unternehmens am wichtigsten sind, um sich auf diese beschränken zu können (siehe Abbildung 58 auf Seite 268).

Anschließend werden mit Hilfe der Cross Impact Analyse (siehe **Abbildung 59 auf Seite 269**) die gegenseitige Beeinflussung der relevanten Erfolgsfaktoren und Leistungen festgestellt. Die ausgewählten Erfolgsfaktoren und alle Leistungen werden in einer Tabelle in den Zeilen und Spalten angeführt. Anschließend wird in jeweils einer Zelle eingetragen, wie groß der Einfluss des Erfolgsfaktors in der Zeile auf den Erfolgsfaktor in der Spalte ist (0 = kein/minimaler, 1 = geringer, 2 = deutlicher, 3 = starker Einfluss).

Die Zeilensumme ergibt die Aktiv-Summe des zugehörigen Erfolgsfaktors, die Spaltensumme die Passiv-Summe. Eine hohe Aktiv-Summe bedeutet, dass der Erfolgsfaktor andere stark beeinflusst und damit große Hebelwirkung besitzt. Daher sollten solche Erfolgsfaktoren in den Handlungsempfehlungen mit hoher Priorität versehen werden. Eine hohe Passiv-Summe bedeutet, dass der Erfolgsfaktor von anderen stark beeinflusst wird. Erfolgsfaktoren mit hoher Passiv- und Aktiv-Summe sollte man ebenfalls großes Augenmerk schenken, weil sie selbst stark beeinflusst werden, aber auch stark auf andere aktiv wirken.

Als Ergebnis dieses Schritts ergibt sich eine differenzierte Bewertung der Erfolgsfaktoren, die Wechselwirkungen zwischen ihnen sowie Handlungsoptionen mit Prioritätensetzung.

Schritt 4: Indikatoren erheben und interpretieren

Dieser Schritt dient der Verfeinerung und Schärfung der Erfolgsfaktoren. Jeder Erfolgsfaktor wird kurz und prägnant beschrieben. Es wird erklärt, warum er im Wertschöpfungsprozess wichtig ist. Danach werden die Erfolgsfaktoren mit passenden Indikatoren versehen. Dabei greift man, wenn möglich, auf Kennzahlen zurück, die im Unternehmen bereits verwendet werden. Jede Kennzahl sollte aussagekräftig und gut vergleichbar sein. Sie werden ebenfalls kurz beschrieben inkl. Berechnungs- oder Erhebungsprozedere. Visualisierungen mit Hilfe von Grafiken oder Tabellen mit Jahresvergleichen unterstützen die Lesbarkeit der Wissensbilanz.

Ein passendes Kennzahlensystem, das Detailergebnis der Wissensbilanz und ein Maßnahmenbündel sind Ergebnisse dieses Schritts.

Schritt 5: Planungs- und Steuerungsprozess festlegen

Um die Wissensbilanz dauerhaft zu nutzen, ist es sinnvoll ihre Aktualisierung in den strategischen Planungs- und Steuerungsprozess des Unternehmens einzubauen. Die Untersuchung der Entwicklung der Kernkompetenzen ist zentraler Bestandteil eines Strategieprozesses. Die Reflexion und Überarbeitung der Wissensbilanz kann diesen Prozess strukturell und qualitativ verbessern.

Durch den Einbau der Wissensbilanz in den Controllingzyklus des Unternehmens wird sichergestellt, dass neben den finanziellen Kennzahlen die in die Zukunft gerichteten Indikatoren der Wissensbilanz in die Steuerung des Unternehmens Eingang finden. Ihre nachhaltige Wirkung entfalten sie in der Realisierung der identifizierten Maßnahmen.

Werden außerdem die Ziele der Wissensbilanz in die wissensorientierten Mitarbeitergespräche (siehe 47) integriert, können die individuellen Beiträge jedes Mitarbeiters zur Erreichung der Wissensbilanz-Ziele dort vereinbart werden. Unternehmens- und Mitarbeiterziele können miteinander in Einklang gebracht werden.

Ergebnis dieses Schritts ist die Institutionalisierung der Wissensbilanzierung als Instrument der Unternehmenssteuerung.

Schritt 6: Interne und externe Kommunikation

Für die internen (Management, Mitarbeiter) und die externen Anspruchsgruppen (zB Kunden, Lieferanten, Investoren, Kooperationspartner) müssen die Ergebnisse aus der Wissensbilanz passend aufbereitet werden. Für jede Zielgruppe müssen die entsprechenden Inhalte ausgewählt und in der richtigen Informationstiefe kommuniziert werden. Intern werden die Wissensbilanzberichte entsprechend den Vorgaben aus dem Planungs- und Steuerungsprozess erstellt und kommuniziert. Externe Berichte erfolgen (meist) im Jahresrhythmus und dienen der Information sowie Kommunikation mit wichtigen Geschäftspartnern.

Die richtigen Berichte in der passenden Form und gut informierte Zielgruppen sind das Ergebnis dieses Schritts.

Beispiel

Ein Beispiel kann wegen der Komplexität des Vorgangs nur skizziert werden. Es werden nur jene Schritte beschrieben, die durch ein Beispiel leichter verständlich werden.

Das Beratungsunternehmen XY GmbH ist seit einem Jahrzehnt erfolgreich im Bereich Wissensmanagement tätig. In dem Unternehmen gibt es bereits eine etablierte Wissensbilanzierung, die in Auszügen im Folgenden dargestellt wird.

XY GmbH - Kernkompetenz 1 (KK1):

Die XY GmbH steigert die Wissensproduktivität ihrer Kunden durch maßgeschneiderte, gemeinsam entwickelte Lösungen.

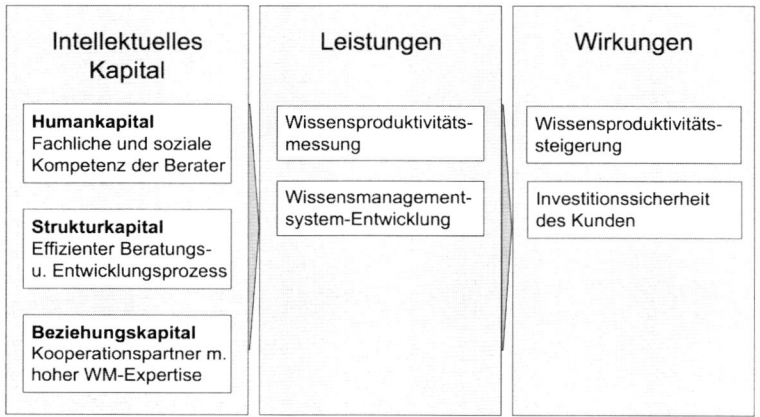

Abbildung 57: Kernkompetenz der XY GmbH

Assessment

Die in der nachfolgenden Tabelle angeführten Erfolgsfaktoren sind einige der „generischen Erfolgsfaktoren", die in der Wissensbilanz A2006 vorgeschlagen werden. Sie ist nur sehr rudimentär ausgeführt und soll nur die Vorgehensweise veranschaulichen.

Einfluss auf Kernkompetenz 1	Effiz.	Innov.	Risiko
Erfolgsfaktoren (Auswahl)			
Kundennähe	3	2	1
Zugang zu neuem Wissen	4	1	0
Mission, Werte & Führungsstärke	2	-1	2
Fachliche Kompetenz & Erfahrung	3	0	3
Leistungen KK1			
Wissensproduktivitätsmessung	4	3	1
Wissensmanagementsystem-Entwicklung	2	3	1
Wirkunden KK1			
Wissensproduktivitätssteigerung	2	2	1
Investitionssicherheit	4	1	2

Abbildung 58: Assessment-Matrix

Aus dieser Tabelle geht u.a. hervor, dass bei den Erfolgsfaktoren *Mission, Werte & Führungsstärke* und *Fachliche Kompetenz & Erfahrung* der größte Handlungsbedarf besteht.

Cross Impact Analyse

Für die Cross Impact Analyse werden die Leistungen und die für das Unternehmen relevanten Erfolgsfaktoren herangezogen.

	Leistung/Erfolgsfaktor Einfluss auf	1	2	3	4	5	6	Aktiv-Summe
1	Wissensproduktivitätsmessung	x	3	3	0	2	2	10
2	Wissensmanagementsystem-Entwicklung	1	x	3	1	2	2	9
3	Kundennähe	3	3	x	2	2	2	12
4	Zugang zu neuem Wissen	3	2	0	x	0	3	8
5	Mission, Werte & Führungsstärke	3	3	3	2	x	3	**14**
6	Fachliche Kompetenz & Erfahrung	3	3	3	2	2	x	13
	Summe passive Beeinflussung	13	14	12	7	8	12	

Abbildung 59: Cross-Impact-Analyse-Matrix

Aus der Tabelle ist ersichtlich, dass der Erfolgsfaktor *Mission, Werte & Führungsstärke* den größten Einfluss hat, da seine Aktiv-Summe den größten Wert aufweist. Die XY GmbH ist daher gut beraten, Maßnahmen zu setzen, die diesen Erfolgsfaktor und die damit verbundenen immateriellen Vermögenswerte stärkt.

Im Internet finden sich auch einige veröffentlichte Wissensbilanzen, die als Anregung dienen können:

Wissensbilanz der österreichischen Nationalbank:
http://www.oenb.at/de/img/gb_2009_tcm14-192068.pdf, Abruf: 8.1.2011

Wissensbilanz des AIT (Austrian Institute of Technology):
http://www.ait.ac.at/fileadmin/cmc/downloads/Berichte/WBs/AIT_Intellectual_Capital_Report_2009.pdf, Abruf: 8.1.2011

Wissensbilanz der Wissensregion Frankfurt/Rhein-Main:
http://www.planungsverband.de/media/custom/1169_3542_1.PDF?1287661807, Abruf: 8.1.2011

Referenzen

Auer, Thomas (2007): *Immaterielle Unternehmenswerte bilanzieren: Auf der Suche nach dem Ei des Kolumbus.* In: M&A, Separatdruck aus Heft 04/2007, Verlagsgruppe Handelsblatt.

Brandner, Andreas (Hrsg., 2006): *Wissensbilanz A2006©: Leitfaden für Klein- und Mittelbetriebe*. http://www.km-a.net/Downloads/ leitfaden_wissensbilanz_a2006.pdf, Abruf: 19.3.2011.

Alwert, Kay; Bornemann, Manfred; Will, Markus (2008): *Wissensbilanz - Made in Germany*. Dokumentation Nr. 574, Bundesministerium für Wirtschaft und Technologie. http://www.akwissensbilanz.org/Infoservice/ Infomaterial/WB-Leitfaden_2.0.pdf, Abruf: 21.12.2010.

Epilog

Die Methodensammlung auf meiner privaten Homepage (http://artm-friends.at/am/km/WM-Methoden/index.html) ist die Grundlage für dieses Buch gewesen. Ich habe es begonnen zu schreiben, als eine Anfrage zuviel ;-) bei mir einlangte, ob es diese Zusammenstellung nicht auch als Buch gäbe.

Anstatt einfach drauflos zu schreiben, habe ich zuerst eine Umfrage in meinem Freundes- und Bekanntenkreis gestartet. Ich bat um Rückmeldung, welche Methoden auf meiner Homepage unbedingt auch im Buch zu finden sein sollen, welche vielleicht und welche gar nicht mehr, und ob wichtige fehlen würden. Das Ergebnis dieser Umfrage lieferte mir eine Rangfolge der Methoden, nach der ich sie dann behandelt habe. Die drei Spitzenreiter waren übrigens „Lessons Learned Prozess", „Soziale Netzwerkanalyse" und „Knowledge Café".

Die alten Beschreibungen habe ich alle vollständig überarbeitet und ergänzt. An neuen Methoden fügte ich solche hinzu, denen meine Feedbackgeber und ich ein hohes Potenzial für die Zukunft zutrauen (zB Mikrolernen, wissensorientiertes Mitarbeitergespräch). Die neuen Beschreibungen aus diesem Buch werden auch ihren Weg wieder auf meine Homepage finden.

So ist dieses Buch in gewisser Weise als Gemeinschaftswerk anzusehen. Ich würde mich daher sehr freuen, wenn Sie, liebe Leserin, lieber Leser, diesen Gemeinschaftsgedanken fortführen würden, in dem Sie mir Ihre Anregungen und Kritik senden: angelika.mittelmann@gmail.com.

Linz, im Sommer 2011
Dr. Angelika Mittelmann

Index

2

2-5-1 Storytelling · 70

A

Akteur · 130, 132, 133, 134, 135, 200, 218
Aktionslernen · 18, 64, 65, 113, 114
Analogie · 31, 32, 88, 139
Anekdote · 90
Anwendungsszenarien · 47, 48, 197, 198
Arbeitsanweisung · 77
Arbeitsplatzwechsel · 203, 204
Argumentationskarten · 19, 162, 163, 180, 186, 187, 188, 189
Artefakt · 15, 52, 53, 54, 55, 142
Assessment-Matrix · 268
Assoziationspaarbildung · 19, 162, 163, 166, 167
Ausprägung · 30, 171, 172, 233, 234

B

Balanced Scorecard · 19, 120, 200, 256, 257, 258, 259, 260, 261, 264
Befragung · 18, 36, 64, 65, 71, 72, 86, 190, 213, 215, 219, 221, 233, 246
   mündliche · 72
   schriftliche · 72
Benchmark · 247, 255

Benchmarking · 248, 253, 255
Benchmarking-Modell · 248
Beschlagwortung · 15
Bewertung · 22, 172, 201, 228, 236, 245, 249, 262, 266
Bewertungsbuch · 248, 254
Bewertungskriterien · 248, 254
Bewertungsmodell · 249
Bewertungsschema · 253
Bewusstseinsbildung · 228
Beziehung · 76, 108, 119, 124, 125, 130, 132, 135, 155, 169, 182, 192, 242, 248
   lernpartnerschaftliche · 43, 45
Beziehungsgüte · 125, 126
Beziehungskapital · 252, 262, 265
Beziehungslandkarte · 18, 101, 122, 123, 124, 125, 126, 130
   egozentierte · 124
Beziehungslandkarte, egozentrierte · 124
Beziehungsmanagement · 18, 122, 123, 137, 138, 143
Beziehungsnähe · 124, 125, 126
Brainstorming · 165
Brücken · 133, 135

C

Charakteristik · 30, 31
Check-In · 227, 229, 230, 232, 234, 242
Checkliste · 19, 96, 162, 163, 174, 175
Cliquen · 132, 133, 135
Cluster · 92, 132, 133, 135, 211

Clusteranalyse · 211
Coach · 43, 44, 45
Coaching · 17, 22, 23, 43, 44, 45, 99, 252
Community of Experts · 142
Community of Interest · 142
Community of Practice · 142
Computerspiel · 22, 34
Critical Incident Technik · 19, 75, 200, 201, 213
Cross-Impact-Analyse-Matrix · 269

D

Datenbank · 15, 128, 190, 191, 198
Denkhaltung · 139, 140, 141
Denkhüte · 18, 122, 123, 139, 141
Denkmethode · 122, 139
Denkstühle · 17, 22, 23, 28, 29
Denotation · 193
Dialog · 18, 122, 123, 155, 156, 157, 158, 159
    generativer · 156
    reflektierender · 156
    sokratischer · 155
Dialogbegleiter · 158
Dialoggruppe · 156, 158
Dialogsitzung · 158, 159
Dienstleistungsnetzwerke · 132
Diskussionsprozess · 139, 148, 187, 235, 237
Drehscheiben · 133

E

Einflussbereich · 210
Einflussfaktor · 210, 232, 236, 237, 238

Einführung von
    Wissensmanagement · 19, 80, 201, 225, 227, 229, 230, 231, 232, 237, 244, 245
Einführungsmethode · 13, 200, 225
Einführungsprozess · 227, 229, 230, 231, 232, 234, 236
Eisbrecherfagen · 72
Empfehlung · 73, 76
Entität · 13, 14, 15, 16, 17, 18, 19, 20, 23, 65, 123, 162, 163, 180, 182, 183, 201
    Kategorien · 13, 15, 18, 20, 87, 90, 162, 163, 164, 166, 169, 171, 180, 183, 186, 192, 196, 216
    Kompetenzen · 13, 14, 15, 17, 20, 22, 23, 24, 28, 30, 34, 38, 40, 41, 43, 45, 47, 50, 52, 54, 56, 57, 58, 60, 62, 64, 65, 66, 68, 74, 80, 84, 95, 104, 108, 112, 113, 116, 119, 122, 123, 127, 137, 147, 149, 150, 155, 157, 158, 201, 203, 204, 205, 248, 250, 256, 262
    Organisationen · 13, 14, 15, 17, 18, 19, 20, 64, 65, 66, 68, 74, 80, 84, 91, 92, 94, 95, 102, 104, 108, 109, 112, 113, 116, 119, 123, 130, 131, 137, 139, 142, 147, 150, 155, 160, 163, 164, 166, 169, 171, 174, 176, 177, 178, 180, 186, 196, 200, 201, 205, 209, 218, 225, 227, 244, 245, 247, 248, 256, 262
    Orte · 13, 15, 20, 160, 190
    Prozesse · 13, 14, 15, 19, 20, 23, 62, 65, 66, 68, 71, 74, 76, 77, 113, 114, 201, 202, 203, 205,

213, 218, 219, 225, 229, 248, 256, 258, 262

Wissensgebiete · 13, 14, 15, 20, 23, 24, 34, 52, 62, 65, 71, 95, 97, 100, 108, 125, 126, 134, 163, 164, 176, 177, 178, 183, 190, 192, 202, 209, 213, 219, 221, 222, 225, 244, 245

Wissensobjekte · 13, 15, 18, 20, 23, 47, 84, 104, 145, 146, 163, 174, 176, 177, 178, 190, 200, 202, 209, 218, 219, 220, 221, 222, 244

Wissensträger · 13, 14, 15, 17, 20, 23, 24, 28, 30, 34, 38, 40, 43, 45, 47, 50, 52, 54, 60, 62, 65, 71, 95, 112, 116, 123, 124, 127, 128, 137, 142, 150, 163, 182, 183, 190, 192, 193, 198, 201, 202, 203, 213, 218, 220, 221, 227, 251

Entscheidungsprozess · 206, 208, 238

Entscheidungsträger · 212, 227, 228, 230, 231, 232, 234, 235, 236, 238, 240, 258

E-Portfolio · 17, 22, 23, 54, 59

Erfahrung · 13, 14, 15, 41, 42, 47, 48, 50, 52, 53, 64, 65, 69, 70, 71, 73, 74, 75, 76, 80, 81, 82, 84, 86, 88, 89, 90, 91, 107, 108, 109, 112, 113, 117, 120, 142, 148, 153, 154, 159, 163, 182, 183, 191, 200, 204, 206, 208, 213, 222, 225, 237, 239, 269

Erfahrungsbericht · 75, 78, 79, 98, 159

Erfahrungsdokument · 73, 84, 87, 89, 90, 91, 94

Erfahrungshistoriker · 84, 85

Erfahrungswissen · 40, 63, 64, 70, 79, 84, 85, 89, 92, 113, 169, 205

Erfassungsmethode · 75, 182

Erfolgsfaktor · 36, 92, 94, 148, 149, 183, 229, 241, 265, 266, 268, 269

Erfolgsfaktorenanalyse · 242

Erzählung 81, 82

Expert Debriefing · 18, 64, 65, 95, 96, 97, 98, 99, 103

Expertengemeinschaft · 142

Expertenprofil · 183

Extremszenarien · 211

F

Fachkompetenz · 48

Fähigkeiten · 14, 43, 44, 52, 62, 63, 72, 112, 213, 214

FAQ · 19, 62, 163, 177

Feedback · 30, 41, 44, 46, 62, 97, 107, 117

Fertigkeiten · 14, 22, 34, 52, 63

Fileserver · 15

Fragebogen · 71, 72, 215, 233

Fragen
Eisbrecher- · 72
Suggestivfragen · 72

Freigabe · 88, 91, 232, 236, 238, 240

G

Gastgeber · 153

Gedankenkarten · 186

Gelbe Seiten · 127

Gelerntes · 22, 23, 47, 57, 63, 77, 79

Gesamtkonzept · 236

Geschäftsfeld · 198, 209

Geschäftszweck · 15

Geschichte · 34, 50, 51, 80, 81, 82, 83, 87, 88, 91, 93, 144
Gestaltungselement · 88, 233, 235
Gestaltungsfeld · 209, 212
Good Practices · 94, 241
Grobsituationsanalyse · 231
Gruppeninterview · 221

H

Handbuch · 19, 26, 44, 59, 73, 115, 162, 163, 176
Handlungsfeld · 212, 235, 236, 237, 242, 243
Humankapital · 252, 262
Hypothese · 56

I

Ideenentwicklung · 22, 28
Ideengenerierung · 164, 170
Implementierungsprozess · 228
Impulsaufnehmer · 133, 135, 136
Indikator · 256, 257, 258, 266
Integrationskarten · 202
Interessensgemeinschaft · 142
Internet · 15, 31, 33, 138, 149, 152, 177, 187, 188, 269
Interview
  Gruppen- · 75, 77, 215, 221
  narratives · 71
  strukturiertes · 71

J

Job Rotation · 19, 200, 201, 203, 204, 252

Jobmap · 100, 101, 103

K

K2BE Roadmap · 19, 200, 201, 225, 227, 228, 229, 232, 242, 243
Kapital, intellektuelles · 19, 65, 200, 201, 263, 265
Kategorie · 90
Kenngröße · 210
Kennzahl · 135, 256, 257, 258, 259, 266
Kennzahlensystem · 256, 266
Kernerfahrung · 73, 77, 78
Kernfrage · 31, 69
Knowledge Café · 18, 122, 123, 150, 151, 152, 154
Knowledge Flow Artikel · 108, 110
Knowledge Flow Meeting · 18, 64, 65, 108, 111
Knowledge Map · 67, 128, 180, 185, 203
Kognitionsfähigkeit · 182
Kommunikationsforum · 18, 122, 123, 142, 144, 147, 148, 149
Kommunikationshilfsmittel · 80, 210, 240
Kommunikationsmethode · 122
Kommunikationsnetzwerke · 131
Kommunikationsprozess · 88, 104, 105, 108, 210
Kommunikationsräume · 15
Kompetenz · 63, 231, 252, 269
  Fachkompetenz · 48
  Methoden- · 48
  Schlüsselkompetenz · 30, 31
  soziale · 48, 60
Kompetenzenliste · 128
Kompetenz-Portfolio · 17, 22, 23, 60

Kompetenzstufe · 66
Konflikt · 78
Konfliktsituation · 78, 79
Konzeptualisierung · 192, 198
Kreativitätstechnik · 22, 28, 30, 141,
    171, 172, 173, 174

L

Lebenslinie · 101
Lebenszyklus · 142, 143, 251
LernCard · 19, 33, 162, 178, 179
Lernen · 15, 22, 26, 30, 31, 33, 34,
    35, 41, 44, 47, 49, 52, 53, 57, 59,
    60, 64, 65, 73, 77, 111, 113, 115,
    116, 118, 128, 141, 142, 154, 155,
    157, 165, 167, 168, 173, 201, 208,
    249, 250, 255, 256
organisationales · 17
Lernform · 116
Lerngemeinschaft · 31, 32
Lernkartei-System · 178
Lernpartner · 17, 22, 23, 38, 40, 41,
    42, 114, 115
Lernpartnerannonce · 17, 22, 23, 38,
    39, 41
Lernpartnerschaft · 17, 22, 23, 38,
    40, 41, 42
Lernplan · 97, 98
Lernprozess · 24, 30, 31, 47, 48, 54,
    55, 56, 58, 62, 64, 89, 254, 257
Lernspiel · 35, 36
Lerntag · 18, 64, 65, 112
Lerntagebuch · 17, 22, 23, 41, 47,
    49, 50, 117
Lerntandem · 98
Lernwerkzeug · 54
Lernziel · 35, 38, 41, 42, 55
Lernzweck · 34, 36

Lesemethode · 22, 24, 26
    MURDER-Schema · 23, 24, 26
    PQ4R-Methode · 26, 27
    SQ3R-Technik · 24
Lesestrategie · 24
    Primärstrategie · 24, 25
    Sekundärstrategie · 24, 26
Lessons Learned · 18, 64, 65, 73, 74,
    75, 77, 89, 97, 118, 167, 168, 241,
    251
Lessons Learned Prozess · 18, 64,
    65, 74, 75, 77, 167, 168
Line-Up · 228, 229, 235, 236, 237,
    238, 243
Lösungsstrategie · 49
Lösungsweg · 114, 115, 231

M

Managementfähigkeit · 64, 113
Manöverkritiksitzung · 18, 64, 65, 68
    After Action Review · 68, 70
Mentoring · 17, 22, 23, 45, 46
Merkmal · 30, 132, 171, 172
Metapher · 19, 30, 31, 32, 110, 162,
    163, 168, 169, 170
    kühne · 169
Mikroartikel · 17, 22, 23, 33, 50, 110
Mikrolerneinheit · 31, 32
Mikrolernen · 17, 22, 23, 30, 31, 32,
    33
    microlearning · 30
Mikrolernmethode · 33
Mikrolernprozess · 32, 33
Mind Map · 19, 32, 52, 97, 100, 162,
    163, 164, 165, 166, 172, 183, 186
Mind Mapping · 19, 100, 162, 163,
    164, 165, 166, 172

Mitarbeitergespräch · 22, 23, 58, 62, 66, 128
Modellierung · 182, 193, 199, 220, 222
Moderator · 69, 73, 96, 98, 104, 145, 146, 148, 149, 150, 151, 152, 158, 193
Morphologie · 171
Morphologisches Tableau · 19, 162, 171, 173
Multiplexität · 132

N

Narrativer Wissenstransfer · 18, 65, 71, 75, 84, 88, 89
Navigation · 203
Netzwerke
    Beratungs- · 132
    Dienstleistungs- · 132
    informelle · 130, 131
    Kommunikations- · 131
    soziale · 130
    Vertrauens- · 131
Normen · 80, 88, 116, 218, 233

O

Ontologie · 197, 198
Ontologieentwicklung · 19, 162, 163, 196
Organisation · 14, 19, 20, 40, 54, 55, 65, 66, 70, 74, 75, 77, 79, 80, 83, 84, 85, 88, 91, 95, 98, 105, 107, 108, 109, 110, 111, 113, 115, 116, 117, 118, 120, 123, 131, 134, 135, 136, 145, 150, 151, 153, 157, 170, 180, 182, 183, 200, 201, 214, 215, 218, 219, 225, 226, 228, 229, 240, 242, 243, 245, 246, 247, 248, 249, 250, 251, 252, 253, 256, 258, 259, 262, 264, 265
Originalzitat · 73, 87
Ort · 13, 15, 20, 68, 108, 160, 162, 190, 213, 215, 254

P

Partisanen Methode · 19, 200, 201, 225
Partizipation · 36
Pausenraum · 18, 122, 123, 160
Persönliche Wissensbank · 17, 22, 23, 52, 53
Planspiel · 19, 200, 201, 205, 206
Point of Clearance · 228, 229, 232, 236, 238, 240
Portfolio · 17, 22, 23, 54, 55, 56, 57, 58, 59, 60, 61, 238
    E-Portfolio · 17, 22, 23, 54, 59
    Kompetenz-Portfolio · 17, 22, 23, 60
Portfolioarbeit · 56, 57, 59
PQ4R-Methode · 26, 27
Praxisgemeinschaft · 142
Problemlösungsfähigkeit · 113
Problemlösungsweg · 231, 232, 234
Prognosemethode · 209
Projekt · 61, 165
Projektauftrag · 92, 226, 235, 237, 238, 239, 242, 243, 265
Projekt-Debriefing · 89
Projektergebnis · 77, 78, 89, 228, 238, 240, 241
Projektideen · 236
Projektlebenslinie · 93

Projektleiter · 78, 89, 94, 98, 170,
175, 221
Projektlernen · 18, 64, 65, 116
Projektmanagementprozess · 79
Projektportfolio · 237, 238
Prozess · 30, 84, 88, 89, 95, 96, 97,
101, 111, 153, 158, 168, 182, 197,
218, 221, 222, 266
Prozessablaufdiagramm · 220, 221,
222, 223
Prozessbeschreibung · 77, 101, 103,
219
Prozessmodell · 220, 222

Q

Qualifikation · 128, 252
Qualitative Inhaltsanalyse · 87, 91
quICK win · 19, 200, 244, 245, 246,
247

R

Redeobjekt · 158
Reflexion · 41, 42, 48, 56, 58, 59, 84,
105, 115, 154, 229, 244, 250, 266
Reflexions-Café · 154
Reifestadien · 142
Reziprozität · 132

S

Schlüsselfaktor · 210
Schlüsselkompetenz · 30, 31
Selbstevaluation · 47
Semantik · 196

Semantischer Raum · 13, 14, 15, 16,
17, 18, 19, 20, 23, 24, 28, 30, 34,
38, 40, 43, 45, 47, 50, 52, 54, 60,
62, 65, 66, 68, 71, 74, 80, 84, 95,
104, 108, 112, 113, 116, 119, 123,
124, 127, 130, 137, 139, 142, 147,
150, 155, 160, 163, 164, 166, 169,
171, 174, 176, 177, 178, 180, 186,
190, 192, 196, 201, 202, 203, 205,
209, 213, 218, 225, 227, 244, 248,
256, 262
Sensibilisierung · 238, 240
Serious Games · 17, 22, 23, 34, 35,
36, 37
Soziale Netzwerkanalyse · 18, 122,
123, 130, 137, 143
Soziales Netz · 15
Spezial-Café · 153
Spielfluss · 35
Spielverlauf · 36, 208
SQ3R-Technik · 24
Start-Up · 228, 229, 231, 232, 233,
236, 240, 242
Stop-Over · 228, 229, 240, 241, 243
Story Telling
siehe Narrativer Wissenstransfer ·
18, 64, 84, 91, 92, 94
Storytelling · 18, 64, 65, 80, 81, 83
Story-Telling-One-Day · 64, 65, 75,
92, 101
Strategiebewertung · 228, 240
Strategieentwicklung · 228, 232, 236
Strategieumsetzung · 228, 236
Strukturkapital · 262
Sub-Gruppen · 132, 133
Suggestivfragen · 72
Szenario · 205, 206, 212
Szenarioautor · 211
Szenariotechnik · 19, 174, 200, 201,
209, 211, 212

T

Tabuthema · 82
Take-Off · 228, 229, 235, 238, 239, 240, 241, 243
Taxonomie · 192
Teamreview · 79
Tobin's q · 18, 119
Top-Down-Strategie · 227
TransferWerk · 103, 104
Transkiption · 90

U

Unternehmenskultur · 85, 88, 89, 262
Untersuchungsgegenstand · 210
Ursache-Wirkungsbeziehungen · 256, 260

V

Variante · 20, 26, 64, 70, 92, 96, 99, 103, 132, 151, 152, 206, 264
Veränderungsprozess · 80
Verbindungsdichte · 132, 135
Verfahrensvorschrift · 77
Vergleichsmodell · 248
Verhaltensänderung · 83
Virtual Knowledge Café · 152, 154
Visualisierungstechnik · 181, 183
Visualisierungswerkzeug · 122, 180
Vorgehensmodell · 225, 227, 242

W

Werkzeugkasten · 13, 20, 97

Wertschöpfungsprozess · 266
Wirkungsmatrix · 210
Wissen · 14, 15, 22, 24, 25, 34, 40, 44, 47, 49, 50, 53, 57, 60, 62, 63, 64, 65, 66, 71, 73, 79, 80, 82, 84, 85, 88, 89, 92, 94, 95, 96, 99, 100, 102, 103, 104, 105, 106, 107, 108, 110, 111, 112, 113, 115, 118, 120, 123, 127, 128, 129, 130, 137, 141, 142, 143, 146, 147, 148, 154, 155, 156, 157, 159, 160, 162, 163, 166, 167, 168, 170, 173, 176, 178, 181, 182, 185, 190, 191, 192, 193, 195, 197, 202, 208, 212, 214, 215, 216, 218, 219, 220, 221, 222, 223, 229, 231, 234, 242, 244, 245, 246, 247, 249, 250, 251, 252
    Aggregationszustand · 190
    implizites · 71, 93, 104, 167, 169
    personales · 111
Wissensanwendung · 20, 47
Wissensanwendungskarten · 19, 66, 180, 200, 201, 202
Wissensaustausch · 80, 89, 91, 133, 134
Wissensbasis · 47, 68, 104, 106, 107, 109, 112, 116, 201, 204
Wissensbereich · 14
Wissensbestand · 144, 190
Wissensbestandskarten · 19, 162, 163, 180, 190, 191, 219, 220
Wissensbewertung · 104, 105
Wissensbilanz · 19, 200, 250, 262, 263, 264, 265, 266, 267, 268, 269, 270
Wissensbilanzierungsmodell · 264
Wissensdokumentation · 20, 98
Wissensdomäne · 14
Wissensentwicklungskarten · 18, 64, 65, 66, 180

Wissenserweiterung · 201, 204
Wissenserzeugung · 20, 82
Wissensfluss · 109, 130, 133, 134, 135, 220
Wissensgeber · 99, 100, 101, 103
Wissensgebiet · 15, 24, 34, 52, 53, 66, 127, 128, 162, 164, 183, 190, 193, 197, 198, 202
Wissenskarten · 19, 128, 162, 163, 180, 181, 182, 183
  Argumentationskarten · 19, 162, 163, 180, 186, 187, 188, 189
  Beziehungslandkarte · 18, 101, 122, 123, 124, 125, 126, 130
  Integrationskarten · 202
  Wissensanwendungskarten · 19, 66, 180, 200, 201, 202
  Wissensbestandskarten · 19, 162, 163, 180, 190, 191, 219, 220
  Wissensentwicklungskarten · 18, 64, 65, 66, 180
  Wissensstrukturkarten · 19, 162, 163, 180, 192, 196, 202
  Wissensträgerkarten · 18, 122, 123, 127, 180
Wissenskommunikation · 18, 98
Wissenslandkarte · 97, 100, 180
Wissensmanagement
  organisationales · 13, 20, 225
  persönliches · 20, 95
Wissensmanagement Benchmarking · 19, 200, 201, 248
Wissensmanagementaktivität · 15
Wissensmanagement-Marketing · 234
Wissensmeeting · 18, 64, 65, 104, 105, 106
Wissensmoderator · 106
Wissensnehmer · 99, 100, 101, 102, 103

Wissensnetzwerk · 18, 122, 123, 142, 143, 144, 145, 146, 167
Wissensobjekt · 174, 176, 177, 178, 190
Wissensorientierte
  Geschäftsprozessanalyse · 200, 201, 218
Wissensorientiertes
  Mitarbeitergespräch · 17, 22, 62
Wissensorientierung · 201, 252
Wissensproduktivität · 200, 244, 245, 247
Wissensprotokoll · 104
Wissensreport · 104
Wissensreporter · 104, 105, 106, 107
Wissenssicherung · 65, 92
Wissensstafette · 96, 99, 100, 101, 102, 103
Wissensstrukturierung · 18, 20, 163
Wissensstrukturkarten · 19, 162, 163, 180, 192, 196, 202
Wissensträgerkarten · 18, 122, 123, 127, 180
Wissenstransfer · 20, 42, 64, 78, 85, 92, 94, 99, 102, 103, 104, 112, 137, 146, 151, 247
Wissenstransfer-Methode · 40
Wissensvermittlung · 34, 37, 112
Wissensziel · 22, 61, 62, 116, 117, 250
Workshop
  Transfer- · 91
  Transition- · 96, 100, 102
World Café · 150, 151, 152
World Café Etikette · 151

Z

Zentralität · 132, 135

Zielerreichung · 41, 57, 61, 215, 237,
    263
Zielerreichungsgrad · 117, 241, 242
Zielgröße · 259

Zielkriterien · 215
Zukunftsbild · 210
Zukunftsprojektion · 210, 211

Aktuelles zum Werkzeugkasten

Auf der Web-Seite http://artm-friends.at/wm-werkzeugkasten/ finden Sie in unregelmäßigen Abständen aktuelle Infos rund um den Werkzeugkasten Wissensmanagement.

Um möglichst rasch und bequem zu dieser Web-Seite zu gelangen, installieren Sie einfach einen QR-Code Scanner auf Ihrem Handy. Dann lesen Sie den obigen QR-Code mit Hilfe dieser Software und Ihrer Handy-Kamera ein. Die Web-Seite wird automatisch geöffnet.